고대
건축기술_의
비밀

고대
건축기술의
비밀

초판 1쇄 인쇄 2024년 1월 17일
초판 1쇄 발행 2024년 1월 24일

지은이 김예상
펴낸곳 ㈜엠아이디미디어
펴낸이 최종현
기 획 김동출
편 집 최종현
교 정 최종현
마케팅 유정훈
경영지원 윤석우
디자인 무모한 스튜디오, 한미나

주소 서울특별시 마포구 신촌로 162, 1202호
전화 (02) 704-3448
팩스 (02) 6351-3448
이메일 mid@bookmid.com
홈페이지 www.bookmid.com
등록 제2011-000250호
ISBN 979-11-93828-14-4 (03540)

고대
건축
기술의
비밀

인류 문명을 열다

김예상 지음

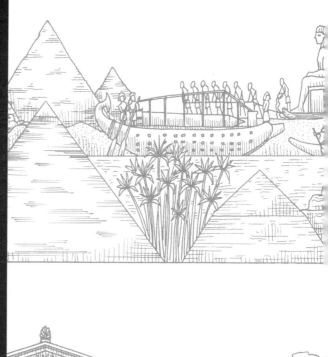

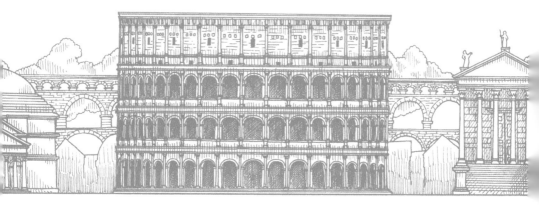

MID

들어가면서

누구나 버킷 리스트에 멋진 해외여행지 한둘쯤은 담아 놓았을 것이다. 풍광 좋은 곳에서 힐링의 시간을 갖거나, 우리와 전혀 다른 문화를 만나 새로운 경험을 하고 맛있는 음식을 즐기며 여유로운 시간을 가질 수도 있다. 이런 꿈만 같은 여행지에서 빠질 수 없는 코스를 하나 더하자면, 아마도 그 지역에서 유명한 건축물들을 찾아보는 일일 것이다. 어느 나라, 어느 도시를 여행해도 그곳의 대표적인 건축물을 못 보고 돌아온다면 아예 방문의 의미가 없다고 생각할 정도다.

수천 년, 수백 년의 역사를 가진 건축물들은 보는 사람들에게 감탄을 금치 못하게 한다. 정말 오래된 건물인데도 규모가 엄청나고 화려하기가 그지없다. 이럴 때 나오는 탄성이 있다.

먼저. "우와~ 멋지다!"
그 다음으론.
"도대체 그 옛날에 이런 건물을 어떻게 지은 거지?"

그런데 이 질문은 그때뿐일 때가 많다. 사람들은 건물의 외관과 내부의 생김새에 감탄하지만, 그것을 만들어내기 위해 어떤 방법을 썼는지, 어떤 기술이 동원됐는지, 얼마나 큰 노력이 있었는지, 즉 건축기술에 대한 궁금증은 금방 잊어버린다. 이런 수명이 짧은 궁금증에는 이유가 있다. 건축기술은 눈으로 보는 것보다 뭔가 복잡하고 전문가가 아니면 알아듣기도 힘들 것 같기 때문이다. 눈 호강만으로도 충분하고 더는 심각해지고 싶지 않다. 조금 더 알아보려 해도 '건축'이라 하면, 이미 보고 온 건물의 화려한 사진으로 장식된 책들이 대부분이고 인터넷에 올라오는 정보들은 아주 단편적이거나 여기저기에 서로 다른 내용이 실려 있어 믿을 수도 없다. 정말 알고 싶어도 딱히 알려주는 사람도 없다. 종종 매스컴에 건축가들이 등장하지만, 그들이 하는 얘기는 역시나 건축의 생김새나 유명한 건축가에 관한 것뿐이다.

이 책은 그런 궁금증을 해소하기 위해, 그러니까 고대엔 어떤 건축기술이 있었으며 그것이 어떻게 발전해왔는지, 그 수준은 어떠했으며 현대의 기술에 어떤 영향을 미쳤는지를 알아보기 위해 시작됐다.

그렇지만 이 궁금증을 풀어가는 방법과 과정은 쉽지 않았다. 우선 어느 시대, 어느 곳에서부터 시작해야 할지, 건축기술의 범위와 대상을 어떻게 잡아야 할지 결정하기가 어려웠다. 인류가 동굴에서 탈출해 집을 짓기 시작했을 때부터 나름의 기술이 있었을 텐데 그때부터 시작해야 할까. 동서양을 막론하고 지구상의 모든 곳에서 나타난 신기한 기술을 찾아야 할까. 또 기술이란 것이 규모나 복잡도 면에서 천차만별일 텐데 그 중요도를 어떻게 판별해야 할 것이며, 중요하다고 판단한 기술의 발전사와 그에 대한 정보를 어떻게 구할 것인지도 고민이었다. 시작부터 이런 고민에 오랫동안 빠져 있다가 결론에 도달했다.

이 책은 전공자, 전문가를 위한 것이라기보다 건축에 관심을 가진 사람을 대상으로 한다. 물론 전공자들에게도 유익한 내용이 될 것이라 믿는다. 필자를 포함해 우리 공학도들은 대학에서 이런 내용을 배워본 적이 없으니까. 어쨌든 다양한 독자층을 위해 전공용어보다는 되도록 쉬운 표현을 쓰고, 공학적 접근보다는 머릿속에 기술을 그려보고 쉽게 이해할 수 있도록 풀어가려 했다. 같은 맥락에서 시대나 지역, 대상 건축도 많은 사람이 알고 있는 것에서부터 시작했다.

먼저 건축기술의 역사를 쫓아가자 했으니까 먼 과거로 가보되 기술다운 기술이 시작된 '문명의 탄생' 시기로 시작점을 잡았다. 우리가 잘 아는 인류의 고대 문명에서부터다. 여기에는 메소포타미아, 이집트, 황하, 인도 문명이 포함되지만, 그중에서도 많은 정보를 얻을 수 있는 메소포타미아와 이집트에서 출발했다. 지역적으로도 이 문명이 이어지는 유럽에 초점을 두었다. 이 지역이라면 독자들에게도 익숙하고 그리스, 로마로 이어지는 과정에서 우리 눈에 익숙한 건축이 많다는 장점이 있다. 또 대상 기술 역시 이 지역과 시대에서 우리가 익히 잘 알고 있는 건축물을 선정하고 거기에 적용된 핵심적인 기술들을 뽑아봤다.

그리고 그 시대의 역사도 추적해봤다. 필자가 대학 시절 '건축사'를 배울 때 항상 아쉬웠던 것이 어떤 시대, 어떤 나라의 건축이 어떤 맥락에서 비롯되었으며, 같은 시대에 주변에선 어떤 일이 벌어지고 있었는가를 이해하기 어려웠다는 것이다. 우리는 역사를 배울 때 종적인 관계는 매우 익숙하지만, 횡적인 부분은 이해하지 못하는 경우가 많다. 필자가 역사학자는 아니지만, 또 집필 과정에서 역사란 단시간에 채워지는 지식이 아니란 것을 절실히 깨달았지만, 건축기술을 더 흥미롭게 바라볼 수 있도록 간단하나마 시대적인 배경을 함께 넣어봤다.

 집필을 시작하면서 독자들이 이 책이 전달하고자 하는 것을 어떻게 받아들일까에 대해서도 많은 고민이 있었다. 결론은 단순한 정보와 지식의 전달에 그쳐서는 안 된다는 것이었다. 건축은 인류의 시작부터 있었고 인류가 존재하는 한 함께 할 것이다. 그런데 그런 건축에 대한 시각이 설계, 디자인 분야에만 치우쳐있는 것이 항상 안타까웠고, 건축과 관련된 분야들이 수없이 많으며 모두 다 중요하다는 사실을 알리고 싶었다. 고대의 기술이 있었기에 현대의 건축이 존재하고 그것이 발전돼 미래의 건축이 만들어질 것이라는 메시지를 전달하고 싶었다. 독자들이 이 책을 정보 서적이 아닌 건축에 대한 또 다른 이야기로 이해해주면 좋겠다.

 또 다른 고민은 '기술'은 글로써 표현하는 데 한계가 있다는 것이었다. 전문가들에겐 복잡한 공식과 계산이 더 도움이 될 수도 있다. 허나 건축기술에 대해선 눈으로 보는 것이 제일이므로, 되도록 적절한 이미지와 함께 쉽게 설명하려고 노력했다. 부족함이 많겠지만, 독자들께서 책을 읽어가며 더 많이 상상하고 더 많은 이미지를 떠올려 보기를 기대한다.

이 책에서는 등장하는 인물, 사건, 사물에 연대와 외국어 표현을 함께 첨부해 놓았다. 연대는 역사적인 흐름을 이해하는 데, 외국어 표현은 이 책의 내용을 바탕으로 더 많은 정보를 얻는 데 도움을 주기 위함이다. 다만, 시대적으로 오래전 이야기이고, 역사적으로 여러 나라를 거치다 보니 문헌마다 조금씩 상이한 정보를 제공하고 있어 혼동을 줄 수 있다. 이런 경우, 가장 최근의 것이거나 가장 많이 인용되고 있는 자료를 참고했다.

목차

I장
최초의 문명, 메소포타미아의 건축기술

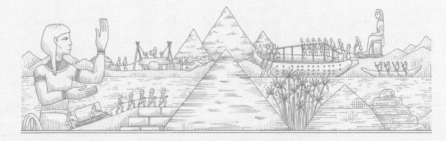

II장
신비한 나라 이집트의 신비한 건축기술

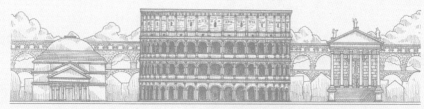

I 장

최초의 문명,
메소포타미아의 건축기술

인류 최초의 문명, 메소포타미아의 시작

인류의 고대문명 중 가장 오래되었다고 알려진 메소포타미아Mesopotamia. 이 문명이 탄생한 것이 수천 년 전이라니 참으로 놀라우면서도, 너무나 옛날 일이라 이런 의구심이 들 수 있다.

"그들이 만들어놓은 것, 남겨놓은 것이 대단해 봐야 얼마나 대단하겠는가, 잘 해봐야 석기시대나 청동기시대의 원시인 수준 아니었을까?"

그러나 이들이 남겨 놓은 것들의 면면을 알게 되면 그야말로 감탄을 금치 못하며 질문은 바로 이렇게 바뀔 것 같다.

"이런 물건과 기술이 그 옛날에 있었단 말인가? 그것이 어떻게 가능할 수 있었을까? 도대체 그들의 지혜는 어디서 왔단 말인가?"

이 책에서는 이런 질문 중에서도 특히 건축기술에 대한 답을 찾으려고 한다.

그 전에 간단히 알아보고 갈 것이 있다. 그 시대와 지역의 역사다. 역사는 그저 "그때 그런 것이 있었지"라는 단순한 이야기가 아니라, 시간의 흐름과 환경의 변화, 주변의 문명 등을 함께 볼 수 있는 시야를 가져다주고 인류의 발전을 좀 더 입체적으로 이해하는 데 도움을 주기 때문이다. 건축과 건축기술에 대해서도 마찬가지다.

그러면 메소포타미아 문명은 어떻게 시작되었고 어떤 역사를 가지고 있을까.

이 문명은 페르시아만으로 흘러 들어가는 티그리스강과 유프라테스강

Tigris-Euphrates river system 사이의 평야에서 시작되었고, '메소포타미아'란 이름은 이런 지리적 특징 그대로, '사이'를 뜻하는 그리스어 'meso'와 '강'을 뜻하는 'potam'에서 유래했다. 그래서 언뜻 생각하면 메소포타미아 문명의 위치가 두 강이 만나는 하구 쪽에 한정된다고 생각하기 쉽지만, 현대의 지도로 보면 이라크 대부분 지역과 넓게는 시리아의 북동부, 이란의 남서부, 쿠웨이트, 튀르키예의 일부 지역까지 포함될 정도로 그 영역이 넓다. 또 메소포타미아는 어느 특정한 나라나 왕국, 민족을 지칭하는 것이 아니라 이 지역에서 흥망성쇠를 이룬 여러 나라와 이런저런 문명을 통칭하는 말로, 왕조는 수없이 바뀌었어도 한 지역에서 하나의 나라로 명맥을 이어온 이웃 이집트와는 성격이 다르다. 학자들은 메소포타미아 문명의 시작점을 이곳에 사람들이 모여들기 시작해 후기 신석기 문화를 형성한 BC 7000~BC 6000년경이라 보고 있고, 이집트와 막상막하이기는 하지만 지금까지 발굴된 여러 가지 문명의 흔적으로 보아 '세계 최초의 문명'이라는 명예를 부여했다.

한편, 이 시대와 지역을 설명할 때면 나름 익숙한 이름들이 함께 등장한다. 수메르, 아카드, 아시리아, 바빌로니아 등이 대표적인 예로 이 도시나 나라들은 넓은 지역 중 농경이 가능한, 소위 '비옥한 초승달 지대Fertile Crescent*'에 위치하고 있다. 이 중에서도 수메르Sumer는 메소포타미아 문명의 시작점이자 핵심 주인공으로, 종종 메소포타미아 초기 문명 그 자체를 '수메르 문명'이라 부르기도 한다. '수메르' 역시 특정 국가를 지칭하는 것

---

* 1916년 미국의 고고학자 제임스 헨리 브레스테드James Henry Breasted가 메소포타미아 문명이 자리 잡았던 비옥한 지역이 초승달 모양을 닮았다 해서 붙인 이름으로, 현대 이집트 북동부에서 레바논, 이스라엘, 팔레스타인, 요르단, 시리아, 이라크에서 이란고원까지 이어지는 지역이 포함된다.

이 아니라 메소포타미아의 남쪽 지역, 그곳에 살았던 민족, 또는 그들의 문명을 일컫는 말로, 그 시작은 BC 5500~5000년경[†] 본격적인 농경사회가 형성되면서부터이다. 비옥한 땅에 사람이 모여드니 인구가 많아지고 경제 활동이 왕성해졌으며, 모든 일들을 생산적으로 하려다 보니 하나둘 새로운 발명품과 기술이 생겨났고, 이런 사회를 효율적으로 관리하기 위해 권력과 정치가 생겨나 마침내 '문명'이라는 발전이 이루어졌다.

문명의 시작은 도시의 형성과 발전과도 맥을 같이 하는데, 초기에는 몇몇 지배력을 가진 도시를 중심으로 우바이드 시대Ubaid period(BC 5900~BC 4000)[‡], 우르크 시대Uruk period(BC 4000C~BC 3100)라 부르는 초기 문명이 형성되었고, BC 3200년경부터는 강력한 힘을 가진 도시국가들이 등장하면서 문명화가 가속화된다. 이때 대표적인 도시국가가 에리두Eridu, 아카드Akkad, 니푸르Nippur, 키시Kish, 우르크Urk, 우르Ur 등이다. 이중 우르의 세력이 가장 우세해지면서 여러 세대의 왕조를 이어가는데, 그들의 세력이 지배한 BC 2900~BC 2350년까지를 '수메르 초기 왕조시대'라 부른다.

그러다가 BC 2350년경 아카드의 사르곤 1세Sargon I, Sargon of Akkad(재위 BC 2334~BC 2279)[§]가 주변 도시국가를 정복해 제국을 세우게 되는데 그것

[†] 고대문명에 대한 연대기는 어떤 시점, 또는 어떤 관점에서 보는가에 따라 문헌마다 차이가 있으며 1,000년 이상의 시차가 발생하기도 한다.

[‡] '우바이드'는 실제 존재했던 도시의 이름이라기보다, 메소포타미아 선사시대의 유적지 '텔 알 우바이드Tell al-'Ubaid'에서 온 말로, 발굴된 유적으로 미루어보았을 때 이 지역에 존재했을 것으로 추정되는 문명의 기간을 우바이드 시대라 칭한다. 반면 '우르크 시대'의 '우르크'는 실존했던 도시의 이름으로 현재는 와카Warka라고 불린다.

[§] 사르곤 1세란 이름의 왕은 400년 뒤 구아시리아 시대에도 있었다(재위 BC 1920~BC 1881). '사르곤'은 아카디어로 "왕은 옳다The king is legitimate"라는 뜻으로 구아시리아의 사르곤 1세가 아카드의 사르곤을 따라 이름을 지은 것으로 보인다. 즉, 구아시리아의 사르곤과 아카드의 사르곤과는 직접적인 혈연관계가 없다. 뒤에 나오는 신아시리아의 사르곤 2세 역시 이들과는 직접적인 관계가 없다.

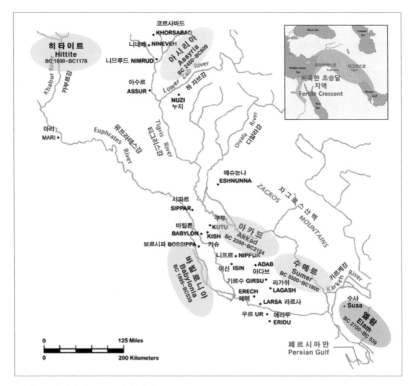

… 메소포타미아의 주요 도시와 국가

이 메소포타미아 지역 최초의 통일제국, 더 크게 보면 세계 최초의 제국
인 아카디아 제국Akkadian Empire(아카드 왕국)이다. 그러나 제국으로서의 수명
은 그리 길지 않아서 BC 2154년, 자그로스 산맥Zagros Mountains*을 넘어온
구티족Gutians에게 정복당하고 만다. 이후 혼란기를 거치다 남쪽 도시 우르
의 지배자 우르 남무Ur Nammu(BC 2112~BC 2075)가 메소포타미아 지역을 차
지하면서 우르 3왕조가 열린다. 학자들은 아카드 왕국과 우르 3왕조까지

---

* 지금의 이란고원 남서쪽 가장자리에 뻗어있는 산맥. 튀르키예, 시리아, 이라크와도 접해 있다.

를 수메르 문명의 전성기로 평가한다. 특히 우르 왕국은 '대 지구라트Great Ziggurat'로도 유명한데, 얼마 가지 않아 소왕국으로 분열되고 외부의 침입에 시달리다가 결국 바빌론의 함무라비Hammurabi(BC 1810~BC 1750) 왕에게 정복당하면서 BC 1698년 역사에서 사라진다.

이 와중에 메소포타미아 북부에서 세력을 키워가던 나라가 있었다. BC 20세기경부터 도시국가로 시작한 아시리아Assyria(BC 20세기경~BC 609)다. 아시리아는 아카드 제국의 전성기 때 그 지배하에 있기도 했지만, BC 12세기 말에서 11세기 초까지 바빌론과 미탄니Mitanni† 지역, 페르시아만에서 지중해 연안, 소아시아에 이르기까지 영토를 넓히는 등 전성기를 구가했다. 남쪽 문명의 발상지와는 지리적으로 거리가 있었지만, 아시리아는 수메르인, 아카드인, 아모리인Amorites, 바빌로니아인들이 세워놓은 메소포타미아 문화를 계승·발전시켰고, 크게 초기 아시리아(BC 2500~BC 2025), 구아시리아(BC 2025~BC 1378), 중아시리아(BC 1392~BC 934), 신아시리아(BC 911~BC 605)로 구분된다. 전체적인 기간으로 보면 1,800년이 넘도록 국가체제를 유지하여 메소포타미아에서 장수한 나라 중 하나다. 아시리아는 BC 612년 신바빌로니아의 초대 왕 나보폴라사르Nabopolassar(BC 625~BC 605)와 메디아인Medes‡의 동맹군에 의해 멸망하고 만다.

한편, 이미 BC 4000년경부터 메소포타미아 남동쪽 지역에 형성되기 시작한 수메르인의 도시국가 바빌로니아Babylonia(BC 1895~BC 539)도 메소포

---

† BC 1500년경부터 BC 1300년경까지 지금의 시리아 북부 지역과 아나톨리아 남동부 지역을 지배했던 국가. 바빌로니아 멸망 후 메소포타미아 북부지역의 실세가 되기도 했으나 아시리아의 침공으로 세력을 잃고 제국의 한 지방으로 전락하게 된다.

‡ 이란인의 선조 격인 민족으로 BC 11세기경부터 현재 이란의 북서쪽에 국가로 터전을 잡아 세력을 키웠으며 BC 6세기 중반경 아케메네스의 키루스왕에게 정복당한다.

타미아 문명의 주역 중 빼놓을 수 없는 존재다. 바빌로니아는 BC 1895년에서 BC 1595년까지의 고바빌로니아 시대, BC 1595년에 히타이트Hitttie의 왕 무르실리 1세Mursili I에게 정복당한 점령기, 그러다 바빌로니아 도시국가 중 하나였던 칼데아Chaldea가 BC 626년 건국한 신바빌로니아Neo-Babylonian Empire, Chaldean Empire까지, 1,000년이 넘는 세월에 걸쳐 그 세력을 유지한다. 그중에서 가장 화려하고 강력했던 때를 꼽으라면 함무라비 법전으로 유명한 함무라비 대왕 시절로, 그는 작은 도시국가에 불과했던 나라를 넓은 영토와 강력한 힘을 가진 패권국으로 성장시켰다. 그러나 신바빌로니아가 BC 539년 페르시아의 아케메네스 제국Achaemenid Empire의 키루스 대왕Cyrus the Great(BC 600~BC 530)에 의해 정복당하면서 유구한 메소포타미아 문명도 막을 내리게 된다.

인류 최초의 발명품과 건축기술

문명이란 인류가 원시적 생활에서 벗어나 물질적, 기술적, 사회적으로 진보해 이뤄놓은 것을 말한다. 그러니까 메소포타미아를 비롯한 고대문명에는 원시인의 생활방식을 획기적으로 바꿔놓은 무엇인가가 있었고, 지금도 우리가 사용하고 있는, 그러나 그 오랜 옛날에 만들어졌을 것이라고는 상상하기 어려운, 그야말로 경이로운 발명품들이 탄생했다. 더욱 놀라운 것은 메소포타미아를 대표하는 여러 발명품 중 많은 것들이 초기 수메르 문명에서부터 아카드 제국 시대까지, 즉 지금부터 4,000~5,000년 전에 이미 완성됐다는 것이다.

대표적인 예가 점토판에 간단한 기록을 남기는 '쓰기' 즉, 표기법의 개념이다. 이것은 처음부터 언어를 표현한 것은 아니었지만, 인류가 사용한 최초의 문자, 즉 쐐기문자cuneiform(또는 설형 문자楔形文字, BC 3600년경)로 발전해 무려 3,000년 이상이나 이 지역에서 사용됐다. 본래 수메르어를 표기하는 데에서 시작됐는데, 아카드어나 히타이트어까지도 이 문자로 표기되었고, 심지어 페르시아 문자에도 영향을 주었다고 한다. 처음에는 주로 신전에 바치는 곡물, 가축, 노예 등의 종류와 수를 표기하는 데서 시작하여 상거래나 일상생활에 필요한 정보를 기억하기 위한 용도로 사용되었고, 그 때문에 수메르에는 쐐기문자 이전에 이미 수학의 개념이 존재했을 것이라 전해지며, 이 문자 체계는 후대에 표음문자로 발전했다. 현대에 메소포타미아에 대한 많은 정보를 얻을 수 있는 것도 그들이 남겨놓은 쐐기문자와 점토판 덕분이다. 특히 점토판은 글자를 새기는 데 좀 더 번거롭고 힘들었겠지만, 이집트의 종이, 파피루스와는 달리 오래 보존될 수 있어서 고고학적 측면에서 정말 고마운 일이 아닐 수 없다.

BC 3100년경에는 인류의 건축을 획기적으로 바꿔놓은 벽돌을 만들어 대량 생산하기까지 한다. 규모 면에서 이집트의 피라미드와 견주어지는 메소포타미아의 지구라트도 벽돌을 주재료로 하였으니, 세계 최초의 인공 건축자재라 할 수 있는 벽돌의 발명과 대량 생산은 건축계에 커다란 사건이라 할 수 있다.

뒤이어 물건과 사람을 나르는 바퀴가 발명된다(BC 3000년경). 바퀴가 없던 세상에선 어떻게 물건을 날랐을까가 더 궁금해지지만, 이들이 없었다면, 또는 후대에 누군가가 바퀴를 발명하기까지 기다려야 했다면 인류의 역사가 한참 후퇴했을지도 모른다. 이외에도 60진법을 기반으로 하는 60분, 24시간 등의 시간 개념이 생겨났고(BC 3000년경), 적어도 BC 2500년경에는 지도의 개념도 등장한다.

이와 같은 발명품들은 당시 메소포타미아인들의 지식과 기술 수준을 말해주는 증거물들이다. 또 이 중 대부분은 건물을 짓는 것과 무관하지 않다. 예를 들어, 글자는 건축에 사용되는 자재와 인력을 관리하고 기록을

··· 메소포타미아의 철제 바퀴

… 고대 아시리아의 수도 니네베Nineveh의 왕궁에서 발굴된 아슈르나시르팔 2세Ashurbanipal, BC 883~BC 859의 사자 사냥 부조(대영 박물관 - 바퀴가 달린 마차가 보인다).

남기는 데 필수적이었을 것이고, 바퀴와 수레는 벽돌과 같은 건축자재를 운반하는 데 동원됐을 것이며, 숫자와 수학 역시 건축물을 공학적으로 계획하는 데 큰 도움을 주었을 것이다.

그렇다면 그들의 건축기술은 어떠했을까. 문명이 시작된 뒤라면, 원시시대에 사람들이 살 집을 만들고 작은 마을을 이루던 때와는 건축의 수준이 달라졌을 것이다. 왕국이 생겨나면서 왕궁이 만들어졌고, 특히 하늘에 의존해야 했던 농경사회에서는 신의 존재가 중요했기에 신전과 종교시설 등의 건축도 함께 이루어졌다. 귀족과 지배층, 사제와 같이 높은 사회적 지위를 가진 자들에게도 그들의 신분에 걸맞은 시설이 제공되었다. 경제활동을 뒷받침할 수 있는 인프라 시설도 건설되고 도시의 면모도 갖추게 되었으며 건축물의 규모는 거대해지고 내용은 화려하면서 정교해졌다.

다만 안타깝게도 수천 년 전 메소포타미아의 건축물들은 온전한 상태로 남아있는 사례가 이웃 이집트와 비교했을 때 상대적으로 많지 않다. 그도 그럴 것이, 이 지역에서는 여러 도시국가나 제국의 흥망성쇠가 되풀이

되어 한 왕조나 정권이 당대에 막강했다 해도, 잦은 침략과 이전으로 도시와 건축물들이 오래 살아남기 어려웠다.

또 건축재료 측면에서도 이집트와는 달랐다. 마땅한 건축용 석재를 구하기 힘들어 주로 벽돌에 의존했지만 오랜 시간을 버티기에는 내구성이 떨어졌고, 심지어 지역 주민들에겐 사용하지 않는 건축물의 벽돌을 빼다 다른 곳에 사용하는 일이 일상이었다. 게다가 당시 이 지역 사람들은 집이나 신전을 벽돌로 지었다가 예전 것을 허물어 평평하게 깔고 그 위에 새로운 건물을 세웠다. 그러니까 부서지고, 흩어지고, 아직도 땅속에 묻혀 발굴되지 않는 유적들이 엄청나다는 얘기다.

그럼에도 지금까지 남아있거나 기록이 전해주는 메소포타미아의 건축기술은 현대인들을 놀라게 하는 데 충분하다. 학자들이 말하는 메소포타미아의 대표적인 건축기술을 꼽으라면, 혁신적 건축자재였던 벽돌, 수메르 시대 때부터 명성이 높았던 수로체계water system, irrigation system, 그리고 이집트의 피라미드와 견줄 수 있는 지구라트 등이 있다. 이제 이런 대표작을 중심으로 메소포타미아의 건축기술을 살펴보기로 하자.

··· 수메르 지역의 대표적인 도시국가였던 에리두Eridu의 유적지
- 그냥 보아선 유적지라 알아채기 힘든 구릉지에 가까운 모양이다.

강이 내려준 선물, 갈대와 진흙

누구나 한 번쯤은 "타임머신을 타고 수백, 수천 년 전으로 돌아간다면 내가 가지고 있는 현대 지식으로 수많은 발명품을 만들어내고 세상을 휘어잡을 수 있을 텐데..."하는 생각을 해보았을 것이다. 그런데 정말 그럴 수 있을까? 정작 빈손으로 과거로 돌아간다면 내 손으로 만들어낼 수 있는 것이 얼마나 될까? 지식을 발휘할 만한 마땅한 재료나 도구, 장비가 없다면 오히려 선인들의 지혜에 감탄하면서 그들에게서 배울 것이 더 많을 것이다.

그러면 이제 막 원시생활을 끝내고 문명이 시작될 찰나로 돌아가 당신이 살 집을 스스로 만들어야 한다고 생각해 보자. 과연 무엇으로 어떻게 집을 지을 수 있을까. 눈에 보이는 것이라곤 강과 습지, 초원과 사막밖에 없는 곳에서 말이다. 우선 적당한 건축재료를 구해야 할 텐데, 당장 쉽게 구할 수 있는 재료로 나뭇가지나 통나무, 돌 등이 떠오른다. 콘크리트나 철근 등은 당연히 엄두도 못 낼 것이다. 문제는 고대 메소포타미아에서는 이 단순한 재료를 사용하는 데에 한계가 있었다는 것이다.

먼저 나뭇가지를 구해보자. 인류가 최초로 '집'을 짓고 살게 된 것은 30~40만 년 전으로 쓸 만한 나무 기둥과 가지로 엮은 움막 형태에서부터 시작됐다. 그러니 BC 7000~BC 6000년경 메소포타미아 지역에 사람들이 몰려들던 시기, 또는 본격적으로 수메르 문명이 시작된 BC 3000년경에 아직도 움집을 짓고 산다면 문명을 일으킨 사람들로선 자존심 상하는 일일 것 같다. 적어도 그보다는 좋은 집이어야 할 텐데 말이다. 그런데 이 지역에는 울창한 숲이 없었으므로 그나마 움집을 지을 만한 나뭇가지마저

구하기가 쉽지 않았다. 실패다.

통나무는 더 말할 것도 없었다. 지금의 시리아나 튀르키예가 있는 북쪽으로 가면 울창한 숲이 있지만, 수메르 지역에서 나무라곤 대추야자 나무와 포플러, 버드나무, 향나무 등이 띄엄띄엄 자라고 있는 정도였다. 그마저도 마구잡이로 베어다 쓰는 바람에 더 귀한 재료가 되고 말았으며, 때문에 목재는 궁전이나 신전과 같이 화려한 건축물에만, 그것도 주로 북쪽 지방에서 수입된 재료들이 사용됐다. 결론적으로 메소포타미아는 목재나 통나무로 집을 짓기엔 적합하지 않은 지역이었다.*

돌, 즉 석재도 사정이 다르지 않았다. 메소포타미아 북부 아시리아 지역에선 어느 정도 석재가 났지만, 남부에서는 쓸 만한 석재가 귀해 아주 중요한 건축물의 특수한 부분이나 여닫이문의 소켓을 만드는 데 주로 사용됐다.† 석재가 풍부했던 이집트와는 대조적인 상황이었다.

자, 그렇다면 메소포타미아인들의 선택은 무엇이었을까. 우리가 익히 잘 알고 있는 건축재료가 부족했던 환경에서 이들은 엄청난 발명을 해내고 만다. 강이 준 선물, 갈대와 진흙을 이용한 것이다.

---

* 통나무집log cabin에 대한 공식적인 기록은 로마의 건축가 비트루비우스Marcus Vitruvius Pollio, BC 80~70~BC 15가 튀르키예 지역에서 통나무를 길게 눕혀 쌓아 나무 조각과 진흙으로 빈틈을 메운 건축물을 만들었다고 언급한 것이 처음이라고 한다. 그러나 북유럽이나 동유럽, 북부 러시아 등과 같이 울창한 숲이 있는 지역에서 이미 BC 3500년경부터 통나무집이 존재했다는 주장이 있어 원조의 역사는 생각보다 꽤 오래된 것으로 보인다. 다만, 이때는 아직 청동기시대를 벗어나지 못한 시기라, 어떤 연장으로 치목治木: 목재를 깎고 다듬어 재목으로 만드는 일 작업을 했을지가 궁금해지는 대목이다.

† 이 지역에서는 4,000~5,000년 전부터 여닫이문을 만들었는데, 큰 문짝의 한쪽 단 아래위에 청동으로 된 피벗pivot을 달고 문지방에 돌로 된 소켓socket을 만들어 문을 회전시켰다.

갈대로 만든 집

메소포타미아 문명의 원천인 유프라테스강과 티그리스강은 아르메니아 지방의 높은 산맥 위에 쌓여 있는 만년설에서 시작해 그 길이가 각각 2,800km, 1,850km에 달한다.[‡] 이 강들이 페르시아만에 다다르면 약 340km에 이르는 구간에 표고 차가 34m에 불과할 정도로 평지를 이루게 되고 유속이 느려진 하구에는 퇴적물이 쌓여 습지가 만들어진다. 여기에 무성한 갈대숲이 형성되어 지금도 이라크의 습지대는 유네스코 세계문화유산으로 등재(2016)되어 있을 정도로 유명하다.

'갈대' 하면 이집트 나일강의 갈대도 빼놓을 수 없는데, 메소포타미아의 갈대와는 종류가 다르다고 한다. 이집트에는 종이의 원조로 잘 알려진 '파피루스papyrus'[§]가 있었고 메소포타미아 습지에는 우리가 일반적으로 갈대라 부르는 '프라그미테스 오스트레일리스Phragmites australis'가 널리 분포했다.[¶] 어쨌든 두 지역에서는 종류가 다른 갈대를 비슷한 용도로 사용했다. 바구니 같은 소품은 물론이고 심지어 갈대의 자연적인 부력을 이용해 배까지 만들었다.

그런데 메소포타미아에서는 갈대의 중요한 용도가 따로 있었다. 바로 집을 짓는 재료로 사용한 것이다. 언뜻 대나무도 아니고 연약한 갈대 줄기가 어떻게 건축재료가 될 수 있을지 의아하겠지만, 갈대를 여러 겹의 다발

[‡] 이 두 강의 길이는 서로 다른 측정 방법 때문인지 문헌에 따라 50~100km 정도 차이가 난다.

[§] 파피루스는 본래 이집트에서 자라는 갈대과 식물의 명칭이다.

[¶] '프라그미테스 오스트레일리스'에 비하면 분포가 적지만 다른 종류인 '아룬도 도낙스(무늬물대 Arundo donax)'도 서식했다.

로 묶어 사용하면 얘기가 달라진다. 질기고 튼튼한 재료가 될 수 있고, 강렬한 햇빛과 선선한 계절이 있는 메소포타미아 지역에서는 여러 겹의 갈대 다발이 단열과 보온성을 높여주어 더 좋은 성능을 발휘했을 것이다.

메소포타미아의 갈대집은 아랍어로 '무디프mudhif'라 부른다. 습지대에 살던 마단족Madan 또는 마쉬 아랍인Marsh Arabs의 전통 가옥으로, 이들은 약 5,000여 년 전부터 이런 집을 짓고 살았다. 그 대표적인 증거는 우르크 지역에서 출토돼 대영박물관이 소장하고 있는 작은 여물통인데, 학자들은 이 여물통이 갈대집을 만들고 살던 사람들이 당시 가축을 키울 때 사용한 것이라 추정했고, 탄소 연대 측정법으로 테스트해본 결과 대략 BC 3200년경의 것이라 밝혀졌다.

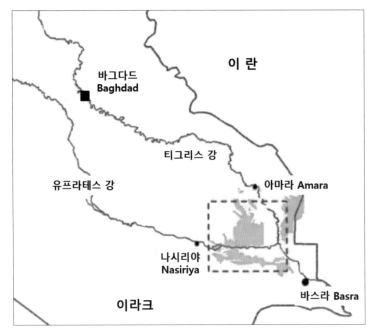

··· 현재 이라크 지역의 습지대 분포도
- 푸른색으로 표시된 부분이 큰 면적의 습지대이고 이 외에 산발적으로 수많은 습지가 분포되어 있다.

··· 갈대로 만든 선박*

··· 메소포타미아의 습지와 인근에 만들어진 갈대집
- 현대에도 이런 전통이 이어지고 있다.

---

* 메소포타미아인들은 돛을 단 갈대배를 만들어 세계 최초로 '항해술'을 발명해낸 것으로도 유명하다. 그들은 이 배로 긴 강을 여행했으며 바다를 건너 다른 나라와 교역을 했다.

초기의 갈대집은 실내 부분이 조금 내려앉은 원형의 오두막 형태였다. 원형 평면의 바깥 테두리를 따라 연속해서 구멍을 파고, 거기에 원뿔 모양의 길고 굵은 갈대 단을 꽂아 넣은 뒤, 그 꼭지를 중앙에서 묶어 완성하는 방식이다. 미국 서부영화에서 종종 보는 인디언들의 텐트를 연상하면 쉽게 이해되는 구조다.

좀 더 규모가 크고 발전된 형태는 평면이 직사각형인 갈대집으로, 이번엔 갈대 단을 꽂을 구멍을 평행하게 2열로 파서 만든다. 이 구멍에 갈대 단을 꽂고 서로 마주 보는 양쪽의 갈대 단을 가운데로 구부려 묶으면 아치 모양의 뼈대가 만들어지고, 뼈대 사이에 역시 갈대로 만든 큰 매트를 덮어 지붕 겸 벽을 만든다. 두툼한 갈대 단은 햇볕을 막아주는 동시에 훌륭한 단열재가 된다.

이렇게 쉽게 구할 수 있는 재료로 신속하게, 그것도 성능이 좋은 집을 지을 수 있었지만, 단점도 있었다. 우리나라의 초가집 지붕도 1년에 한두 번씩 갈아줘야 했듯이 갈대도 풀이므로 썩거나 벌레가 꼬이는 문제는 어쩔 수 없었을 것이다. 집으로서의 유효기간이 짧았을 것이란 얘기다.

중요한 것은 갈대가 단열성능 외에 건축재료로서 성능을 갖출 수 있느냐다. 갈대 한 가닥은 너무 연약하지 않은가. 하지만 이것이 다발로 묶이면 얘기가 달라진다. 미국 샌프란시스코의 금문교Golden Gate Bridge에 가보면 누구나 사진 한 장 찍고 가야 하는 포토존이 있는데, 바로 다리 위에 걸려 있는 케이블의 단면을 잘라 기념물로 전시한 곳이다. 금문교의 교각 사이에 멋진 곡선을 그리며 연결된 이 케이블은 지름이 92.4cm이고 이 케이블 속에 27,572개나 되는 가는 와이어가 들어차 있다. 같은 크기라면 한 두 개의 굵은 선으로 만든 케이블보다 가는 와이어 수천 개로 된 것이 훨씬 강해진다는 좋은 예다. 공학적으론 '인장력이 커진다'는 뜻이다.

　한편, 재료의 강성을 따질 때는 인장력과 함께 압축력에 대한 저항력도 중요한데, 갈대에서 압축력을 기대하기란 어림없는 얘기다. 그런데도 갈대집이 가능했던 것은, 이 건축물이 기본적으로 단층 구조이고 기둥이자 서까래 역할을 하는 갈대 단에 상부로부터 큰 하중이 작용하지 않기 때문이다. 아마도 갈대집을 지었던 사람들은 어떤 규모에 어느 정도 갈대를 사용해야 할지, 또 갈대를 어떻게 엮어야 할지 오랜 시간 시행착오를 겪었을 것이다.

　금문교의 케이블처럼, 갈대집 갈대 단의 크기는 예사롭지 않다. 갈대 단 밑동의 지름이 약 60cm, 꼭대기는 30cm 정도로, 집의 규모는 갈대 단으로 만들어진 아치의 개수, 즉 전체 길이에 따라 정해진다. 보통 집의 길이는 약 7.5m에서 크게는 30m에 이르고 폭은 3~4.5m 정도 된다. 그러면 면적이 최대 135m^2, 41평에 이르니까 현대 아파트로 치면 꽤 넓은 평수다. 당시가 대가족 제도의 시대이기도 했지만, 가족의 규모가 클수록, 권세와 재력 등이 클수록 집을 크게 지었고, 집 안에는 갈대로 만든 매트, 형편이 나은 집이라면 러그나 융단을 깔고 생활했다.

··· 샌프란시스코 금문교에 사용된 케이블의 단면

여기에 사용되는 갈대는 습지에서 채취해 집을 지을 현장까지 배로 운반하고 집터 옆에서 이파리를 제거한 후 말려서 사용했다. 갈대 단을 만들고 갈대를 엮을 때는 칼 외에 별다른 장비가 없었기 때문에 숙련된 장인들만이 작업할 수 있었고, 장비가 발전되기 전까지 이들은 대를 이어 비법을 전수하기도 했다. 메소포타미아에서 청동기시대가 시작된 것이 5,500년 전쯤이고 갈대집을 짓기 시작했던 때도 딱 그 무렵이니까 칼이나 연장이 있었어도 그리 성능이 좋았을 것 같지는 않다.

한편, 집 한 채 짓는 것은 그저 건축 행위로만 끝나는 것이 아니라 부족 공동체를 끈끈하게 결속시키는 역할도 해서, 약 20명 정도의 인력이 투입되는 이 공사에 각 가족은 인력을 지원하거나 돈을 보태는 방식으로 서로를 도왔다.

현대의 이라크인들은 이러한 갈대집과 전통 방식이 사라져가는 것을 안타까워하고 있다. 인간의 개발과 생태계 변화로 습지가 줄어들고 사람들은 더 영구적인 건축물에 살기를 원하며 장인들은 얼마 안 가 영원히 사라져 버릴 가능성이 크다. 부족 사람들이 서로 도와 집을 짓는 훈훈한 모습도 기대하기 어려울 것이다. 그렇다고 옛날 방식을 고수하라고 강요할 수도 없는 노릇이다. 그나마 세계문화유산으로 등재되는 등 세계인의 관심이 높아지고 있다니 메소포타미아인들의 지혜가 조금은 더 보호받고 이어지기를 기대할 뿐이다.

··· 갈대집의 뼈대를 만드는 과정과 완성된 모습(현대 사례)

··· 메소포타미아 점토판에 그려진 갈대집

점토벽돌의 탄생과 벽돌쌓기

메소포타미아의 강과 습지가 내려준 선물은 갈대뿐만이 아니었다. 그 선물은 메소포타미아인들뿐만 아니라 현대의 모든 인류에게 축복과 같은 것이었다. 바로 진흙mud 또는 점토clay다.

이 두 가지 용어는 종종 헷갈리거나 혼용되기도 하고, 이 재료로 만든 벽돌도 누구는 진흙벽돌, 누구는 점토벽돌이라 한다. 이에 대해 간단히 정의하자면, 진흙은 점토를 포함하는 찰지고 고운 성분의 흙으로, 이를 구성하는 성분 중에 입자 크기가 0.02~0.002mm의 것은 실트silt, 그 이하면 점토라 하며*, 이 중 메소포타미아 지역에선 입자가 고운 점토를 쉽게 구할 수 있었다. 이 흙은 물과 섞이면 소성塑性을 띠며 건조하거나 가열하면 매우 단단한 강도를 갖는다. 어릴 적 찰흙 놀이를 할 때 적당히 물을 섞으면 만지는 대로 모양이 만들어지고(소성) 햇볕에 말리면 단단히 굳게 되는 이치와 같다. 이런 점에서 진흙과 점토는 참 쓸모가 많은 재료였다. 메소포타미아인들이 쐐기문자를 기록해 놓은 것도 점토로 만든 판이고 역시 세계 최초로 만들어낸 도자기도 점토가 있었기에 가능했으며 이들이 만들어놓은 점토 제품 덕에 후세 사람들이 그들의 역사를 배울 수 있었다.

건축에서도 점토는 요긴한 재료였다. 처음에는 진흙 덩어리를 툭툭 쌓아 집의 벽체를 만들었고 얼마 지나지 않아 그들은 일정한 형태를 갖춘 벽돌을 만들어냈다. 현대 건축에서 벽돌은 너무 흔한 재료라 대수롭지 않게 생각할 수 있지만, 흔하다는 것 자체가 얼마나 쓰임새가 많고 건축에 없

---

* 점토와 실트의 구분 기준이 되는 입자의 크기는 학문 분야에 따라 다른데 지질학자나 토양학자들은 0.002mm를, 퇴적학자들은 0.004~0.005mm를 사용하기도 한다.

… 현대의 벽돌제조 과정 (출처 : 토우세라믹)

어서는 안 될 재료인지를 말해준다. 정확한 통계자료는 없지만, 국내 어느 벽돌 제조업체의 경우 한 공장에서만 하루에 찍어내는 벽돌이 20~30만 장이 넘는단다. 그것도 사람의 손이 필요 없는 전자동 시스템으로 순식간에 벽돌을 찍고 구워내는 과정이 아주 놀랍다. 이 벽돌이 탄생한 게 수천 년 전이라니 더 놀랍지 않은가.

학자들이 말하는 벽돌의 역사는 무려 9,500년, 길게는 10,000년 전까지 거슬러 올라가며 메소포타미아 지역의 사람들이 그 주인공이었다는 것이 정설이다. 물론 벽돌은 다른 문명에서도 단골 건축재료였고, 특히 메소포타미아의 라이벌인 이집트의 벽돌은 유물이나 전해 내려오는 정보 등에 있어 메소포타미아와 쌍벽을 이룬다. 벽돌의 강도를 높이고 균열을 방지하기 위해 짚여물과 동물의 배설물을 함께 섞은 것도 똑같다. 이집트야 메소포타미아 지역과 비교적 근거리에 있었고 오래전부터 교역이 있었으니까 벽돌에 대한 노하우를 서로 교류했을 수 있었겠지만, 멀리 떨어진 인더스나 황하 문명에서도 벽돌이 사용됐다는 사실은 우연인지, 기술이 전파된 것인지 신기할 따름이다. 어쨌든 메소포타미아인들은 벽돌의 첫 번째 발명가로, 또는 적어도 최초의 대량 생산자로 인정되고 있다. 이것은 시리아의 수도 다마스쿠스Damascus 근교에 위치한 '텔 아스워드Tell Aswad'에서 가장 오래된 벽돌(BC 7500년경)이 발견되었다는 점과 세계에서 가장 오래된 도시로 알려진 트뤼키예 남부의 차탈 휘위크Çatal Hüyük(BC 7500~BC 5600)나 이스라엘 인근 예리코Jericho(BC 7000~BC 6500) 등의 유적에 근거한 것이다. 모두 메소포타미아의 영역에 해당하는 지역들이다.

이 연대기만 놓고 보면 메소포타미아 지역에 사람들이 모여들기 시작함과 동시에 벽돌이 만들어졌고, 갈대집보다 역사가 더 길다는 얘기가 된다. 갈대집의 경우 재료 자체가 영구적이지 않아 실제 역사가 밝혀진 것보다 더 오래됐을 수도 있겠지만, 벽돌집을 만드는 일이 갈대집보다 더 복잡하단 것을 고려하면 대단한 일이 아닐 수 없다.

그런데 무엇이 먼저였는가보다 집을 지을 재료를 선정하는 데에는 지역적 요인이 크게 작용했을 것이다. 즉, 강 주변 습지대에 살던 사람들은 갈대로 집을 지었고, 습지대에서 떨어진 곳에서는 벽돌을 주로 사용했다는 말이다. 추측해 보면, BC 3500년경 수메르에는 이미 바퀴와 수레가 존재했으므로 굳지 않는 진흙더미나 벽돌을 옮기는 것이 큰일이 아니었겠지만, 갈대는 키가 큰 식물인데다 갈대 단의 부피가 커서 오히려 훨씬 더 어려운 작업이었을 것 같다.

또 벽돌을 만들거나 집을 지을 때는 한 가지 특별한 제약이 있었다. 점토 못지않게 중요한 '물'이었다. 점토를 반죽하려면 물이 필요했고 특히 줄눈에 사용할 점토는 현장에서 바로 물과 비벼 만들어야 했으므로 강가가 아닌 지역에서는 어떻게 물을 구해야 할지가 관건이었다. 메소포타미아인들은 이 문제까지도 자연스럽게 해결해버렸는데, 농사를 짓기 위해 만들어놓은 우물과 관개수로灌漑水路를 이용하는 것이었다. 이렇게 그들의 발명품들은 서로 밀어주고 끌어주듯이 완벽하게 연결되어 있었다.

벽돌 굽기

벽돌의 종류와 모양, 크기 등은 수 세기에 걸쳐 여러 형태로 나타난다. 우선 벽돌은 생산 방법에 있어 햇볕에 말린 벽돌과 가마kiln에 구운 벽돌로 크게 구분할 수 있는데, 메소포타미아는 BC 3500년경부터 벽돌을 구워 만드는 신기술을 선보인다. 메소포타미아의 대표 도시이자 문명 시대를 연 우르크에서 구운 벽돌이 등장한 것인데, 이집트의 구운 벽돌이 기원전 11세기경(제19왕조 시대, BC 1293~BC 1185)에서야 나타난 것에 비하면 꽤 앞선 것이었다. 단, 햇볕에 말리느냐, 가마에 굽느냐가 반드시 기술력의 차이를 의미하는 것은 아니다. 이집트에선 1년 내내 강렬한 햇볕이 내리쬐니 굳이 가마를 사용할 필요가 없어서 구운 벽돌 이전에 자연 건조한 벽돌을 사용했던 반면, 메소포타미아는 계절 변화가 있는 지역이라 건기에 해당하는 3월 중순부터 10월 중순까지 연중 7개월 정도가 벽돌을 말리기에 적당한 기간이었다. 그러니까 이 기간에 좀 더 빨리 많은 벽돌을 만들 필요가 있었다. 그러다 점토 도자기가 한번 구워지면 강도와 방수 성능이 더 커진다는 이치를 발견한 이들은 시간에 쫓겨 벽돌을 건조하는 것보다 굽

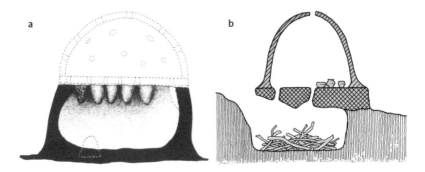

··· a. BC 6800년경 우르크 유적지 초가 미시(Chogha Mish, 이란)에서 출토된 가마의 상상도
··· b. BC 3500년경 우르크 유적지 하부바 카비라(Habuba Kabira, 시리아)에서 출토된 가마의 상상도

는 것이 훨씬 효과적이라는 것을 알아냈다. 더구나 메소포타미아에는 습하거나 지하수위地下水位가 높은 지역이 많아, 물기가 닿으면 강도가 약해지는 말린 벽돌의 단점을 보완하기 위해서라도 벽돌을 굽는 것은 훌륭한 아이디어였다. 사실 도자기를 굽는 용도의 가마는 벽돌을 굽기 훨씬 전부터 존재해서 우루크 지역의 여러 유적지에서는 적어도 8,000년 전(BC 6000년경)의 것으로 추정되는 가마가 다수 발견된 바 있다.

벽돌의 형태

메소포타미아의 벽돌은 점토의 출처에 따라 색깔과 용도가 달랐고 시간이 흐름에 따라 모양도 변화했다. 벽돌의 색깔은 붉은 갈색과 회색으로 구분되는데, 붉은 벽돌은 주로 지구라트나 신전처럼 기념비적이거나 대량의 벽돌이 필요한 곳에 사용되었고 주거지로부터 멀리 떨어진 벌판이나 농지에서 만들어졌다. 회색 벽돌은 조금 품질이 떨어지고 저렴한 벽돌로,

주거지 가까운 곳에서 부스러기 흙이나 퇴적층 흙으로 만들었으며 일반 가옥이나 평범한 건축물에 사용했다.

벽돌의 모양은 크게 네 가지로 구분된다. 우르크 시대에는 얇고 투박한 직육면체(Patzen형, LxWxH = 800×400×150mm), 또는 조금 더 길고 좁은 형태(Riemchen형, 320×160×160mm)로 만들어지다가, 초기 왕조시대에는 윗면이 볼록하게 솟아오른 플래노-콘벡스형(Plano-convex형, 340×190×100mm) 벽돌이, 이어 아카드 시대에는 정육면체(360×360×360mm) 벽돌이 사용됐다. 물론 이 모양과 크기가 시대나 지역별로 엄격하게 정해진 것은 아니었고 여러 변형된 형태도 나타난다.

특이한 것은 요즘 국내에서 사용되는 표준형 붉은 벽돌(190×90×57mm)과 비교할 때 상당히 사이즈가 크다는 것이다. 벽돌의 사이즈가 작으면 한 손으로 잡기 쉽고 작업 효율을 높일 수 있는데, 당시에는 큰 덩어리를 한 번에 쌓는 것이 더 효과적이라 생각한 것인지 그 이유가 좀 의아하다. 어찌 됐든 지금도 일부 지역에서 만드는 벽돌은 크기가 옛날과 크게 다르지 않다.

크기 외에 현대 벽돌과 확연히 다른 것이 있는데, 바로 플레노-콘벡스 벽돌이다.

이 당시 벽돌을 만들 때는 한 번에 벽돌을 한 개에서 두 개까지 찍어낼 수 있는 나무 형틀을 사용했는데, 이때 윗면을 평평하게 깎아내지 않고 볼록하게 만든 다음, 그 윗면에는 움푹 들어간 구멍을 내놓았다. 이런 형태의 플래노-콘벡스 벽돌은 메소포타미아 건축에서만 볼 수 있는 특이한 것으로, 현대의 벽돌쌓기 방법을 생각하면 잘 이해가 되지 않을 수 있다. 한 켜씩 쌓아 올리는 벽돌쌓기에서 윗면이 볼록하면 벽체가 불안정해질 수밖에 없기 때문이다. 하지만 이런 형태가 가능했던 것은 벽돌의 크기가 크

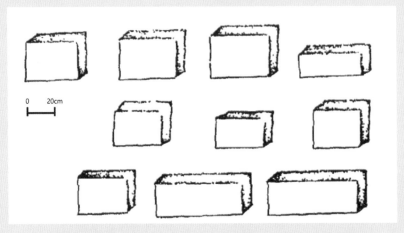

··· 메소포타미아 점토벽돌의 모양

··· 현대 이라크 지역에서 생산되는 전통 점토벽돌과 벽돌쌓기

다는 것, 벽돌쌓기를 수평으로만 하는 것이 아니라 옆으로 비스듬히 눕혀 쌓는 방법, 즉 헤링본 패턴herringbone pattern(오늬무늬 쌓기)을 사용했다는 것*, 그리고 줄눈에 점토 반죽을 사용할 경우, 둥글고 거친 면이 더 점착력을 발휘할 수 있고 줄눈 두께가 충분히 컸기 때문이다. 이 벽돌은 주로 구조적으로 힘을 받아야 할 모퉁이나 문틀 주변, 또는 볼트와 아치를 만들 때 사용됐고, 지구라트, 플랫폼, 요새의 두꺼운 벽체, 주택, 배수로, 원형 평면 등 다양한 곳에서 찾아볼 수 있다.

벽돌 쌓기의 비법, 역청

자연이 메소포타미아에 준 선물은 또 하나가 있었다. 지도를 보면 알 수 있듯이 메소포타미아 지역, 그리고 그 대부분을 차지하는 이라크는 대량의 석유가 생산되는 곳이다. 지금과 같은 용도로 석유가 채굴되고 사용된 것이 19세기 중반쯤이니까 수천 년 전에 석유를 캐내 에너지로 사용할 일은 없었겠다. 하지만 이 지역에는 자연 상태의 역청bitumen이 넘쳐났고, 메소포타미아인들은 BC 7000~BC 6000년경부터 그것을 다양한 곳에 사용할 줄 알았다. 역청의 산지는 주로 티그리스강 남쪽이나 유프라테스강 중부, 메소포타미아 북부 지역에 분포해 있었으며 액체 상태로 지표면으로 흘러나와 웅덩이를 이루거나 흘러나온 역청이 돌덩이처럼 굳어진 것도 있었다. 어쨌든 땅을 파고 채굴해야 하는 것이 아니라 그냥 걷어내기만

---

* 헤링본herringbone이란 원래 청어나 물고기의 뼈 모양을 뜻하며, 옷감 등을 디자인할 때 빗살무늬가 서로 어긋나게 짜 맞춘 무늬를 가리키기도 한다. 주로 재킷 같은 의류에서 많이 볼 수 있는 문양이다.

··· 이라크 우베이드 지역에서 출토된 플래노-콘벡스 벽돌 (BC 2500)

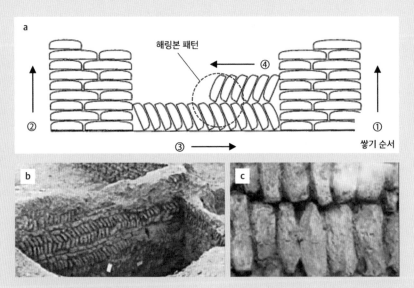

a. 벽돌쌓기 패턴과 쌓기 순서
b. 해링본 패턴 쌓기 사례
c. 세워쌓기 사례

··· 플래노-콘벡스 벽돌쌓기

··· 자연 상태의 역청

하면 됐고 굳은 역청은 녹여 쓰면 됐으니까 사용하기에 너무 편했다. BC 5000년경부터는 주요 도시들이 산지로부터 역청을 대량 수입했다고 하니 이 재료의 쓰임새가 얼마나 요긴했는지 알 수 있다.

역청은 '자연 아스팔트natural asphalt', 또는 '타르tar'라고도 하는데, 과학적, 화학적으로는 굉장히 복잡하게 설명된다. 사전적으로 간단하게 풀이하면 "석유를 정제할 때 잔류물로 얻어지는 고체나 반고체의 검은색이나 흑갈색 탄화수소 화합물로, 유전에서 천연으로 얻을 수도 있으며 가소성, 접착성, 탄성, 전성, 전기 절연성 따위가 풍부하다"[*]로 정리된다. 한 문장이긴 하지만, 여전히 어렵긴 하다.

우리 주변에서 찾아보면 도로포장에 사용하는 검고 걸쭉한 액체 상태의 아스팔트를 예로 들 수 있고, 옛날 사람들은 이것을 바구니 같은 생활용품의 방수제나 접착제로, 장신구나 조각품, 심지어 이집트에선 미라를 만드는 재료로도 사용했다. 특히 방수제나 접착제로서의 성능이 우수해서 성경에서 노아가 방주를 지을 때 여호와가 직접 역청을 사용하라 지시

---

* 국립국어원, 표준국어대사전

··· 메소포타미아의 역청 산지

··· 역청으로 줄눈을 시공한 우르(Ur)의 벽돌쌓기

하는 구절이 나오기도 한다.* 이 성능은 벽돌을 쌓을 때도 위력을 발휘해서 메소포타미아인들은 벽돌 켜 사이의 줄눈에 역청을 사용했고 사실상 이것이 역청의 가장 일반적인 용도였다. 벽돌쌓기에서 줄눈은 각각의 벽돌을 하나의 벽체로 결속해주고 강성을 더해주는 중요한 요소로서, 현대에는 모래와 시멘트를 섞은 모르타르를 사용하지만, 당시에는 기본적으로 점토벽돌과 같이 성분의 굳지 않은 점토반죽을 사용했으며 좀 더 세련된 형태로 잘게 썬 갈대, 점토, 모래와 역청을 섞어서 대체 모르타르를 만들었다.

---

* 창세기 6장 14절 : 너는 고페르 나무로 너를 위하여 방주를 만들되 그 안에 칸들을 막고 역청을 그 안팎에 칠하라.

강의 위협을 극복한 관개 시스템

　서울의 한강이 지금과 같은 모습을 갖추기 한참 전에는 여름철 장마만 지면 어김없이 강물이 넘쳐 홍수가 나곤 했다. 한강은 강바닥이 주변의 육지면보다 높은 천정천天井川이라 불어난 강물은 쉽게 강둑을 무너뜨렸고, 인근 주택에 물이 쳐들어와 실의에 빠진 수재민 뉴스가 연례행사처럼 방송되곤 했다. 그러다 1980년대 '한강종합개발계획'에 의해 지금과 같은 둔치와 한강보가 설치됐고 그제야 범람에 대한 걱정을 덜게 되었다. 강은 '젖줄'이라 표현될 만큼 우리 인간들에게 필요불가결한 존재이지만 이렇게 재난과 재해를 가져다주기도 한다.

　메소포타미아의 두 강 역시 예외가 아니었다. 유프라테스강과 티그리스강은 농경과 문명의 원천이 되었지만 수시로 발생하는 범람은 엄청난 골칫거리이기도 했다. 특이한 점은 이 범람이 하늘에서 내리는 비 때문이 아니란 것이다. 두 강은 메소포타미아의 북부, 튀르키예 동부의 산악 지대에서 시작되는데 따뜻한 봄이 오면 이곳에 쌓였던 눈이 녹기 시작하고 이로 인해 강물이 불어나 메소포타미아의 중부와 남부 지역에 피해를 줬다.

　반면, 메소포타미아의 여름은 건기에 해당해, 남부의 평야 지대에선 기온이 50~60℃로 매우 덥고 습도는 15%가 안 될 정도로 건조하다. 강렬한 햇빛이 대지의 수증기를 모두 하늘로 올려버리고 그 덕에 가을이 되면 습도가 조금 올라가지만, 연간 강수량은 150~200ml도 안 되며 그나마 겨울철 북쪽 지방에 내리는 눈이 강수량 대부분을 차지한다. 여름 장마철에 내리는 비가 연간 강수량의 70%에 이르는 우리나라와는 전혀 다른 환경으로, 수천 년 전이라 해도 지금의 중동지방을 생각하면 떠오르는 그 모습과 크게 다르지 않았다.

　범람의 양상은 두 강이 조금 달랐다. 유프라테스강은 길이가 티그리스강에 비해 1.5배에 달할 정도로 긴 구간을 달려오는데, 상류에 해당하는 튀르키예 국경에서 바그다드 부근 구간까지 낙차가 크고 유속이 빨라 이 지역에서 범람이 잦았고 강물이 최고수위에 이르는 5월이 가장 위험했다. 티그리스강의 사정은 유프라테스강 쪽보다 더 심각했다. '티그리스'는 '화살같이 빠르다' 내지 '급류急流'를 의미하는 말로* 유프라테스강보다 강폭이 좁고 수량은 1.6배나 된다. 그만큼 피해가 더 심했고 상류 지방의 경우 유프라테스강 지역보다 약 한 달 정도 일찍 범람이 일어나 농사를 본격적으로 시작하기도 전에 큰 피해를 줬다.

　하류로 가면 두 강 모두 유속이 느려지면서 넓은 지역에 퇴적물을 쌓아놓는다. 그런데 수천 년에 걸쳐 만들어진 이 퇴적층은 그 성분이 매우 부드러워서 자연적인 강둑이 쉽게 무너지기 일쑤였고, 강줄기의 방향이 갑자기 변하는 현상이 발생해 또 다른 범람의 원인이 됐다. 이래저래 두 강은 하늘이 내려준 축복이면서 동시에 인명과 재산을 위협하는 존재였다.

　강과 관련된 문제는 범람뿐만이 아니었다. 강 주변이야 물을 쉽게 구할 수 있고 토양도 비옥했지만, 사람이 몰려들어 정착촌이 생겨나고 도시가 만들어지면서 물에 대한 수요가 커졌다. 따라서 이들에게 물을 골고루 나눠줄 시스템이 필요해졌고 이는 단순히 농사꾼 스스로가 해결해야 할 문제를 넘어 지배세력이 해결해야 할 정치적, 사회적 문제로 확대됐다. 또,

---

* '유프라테스'의 어원은 '매우 넓다'라는 뜻이다.

물을 평야 곳곳에 대주는 것도 큰일이었지만 범람으로 평야에 들이찬 물을 빼주는 일도 중요했다. 메소포타미아의 대표적 건축물인 지구라트가 홍수 뒤에 물이 빠질 때까지 사람들이 높이 올라가 기다리던 대피 시설 역할도 했다고 하니, 넓고 평평한 평야에서 물 빠지기가 쉽지 않았음을 짐작할 수 있다. 게다가 산에서 내려온 지하수에는 다량의 염분이 포함되어있었고 이 염분은 수천 년에 걸쳐 땅속에 유입되었다가 모세관 현상으로 다시 지표면으로 올라오곤 했기 때문에 작물 재배에 나쁜 영향을 끼쳤다. 현대 기술이라면 땅속에 구멍을 뚫고 지하수를 퍼내어 담수화 작업을 했겠지만 아무리 현명한 메소포타미아인들이라 해도 여기까지는 어찌할 방법이 없었다. 결과적으로 지속해서 농사를 지으려면 신선한 물을 계속 공급해줄 방법이 절실했다.

이렇게 복합적인 문제를 해결하기 위해 메소포타미아인들은 또 다른 발명품을 만들어낸다. 인류 최초이자 당시 최첨단 기술이었던 관개시설 irrigation system, 灌漑施設이 바로 그것이다.

관개 시스템의 시작

'관개'란 "농작물 관리를 위해 필요한 물을 인공적으로 농지에 공급하는 일"을 말한다. 다시 말해 하늘에서 내리는 비만 기다리는 것이 아니라 어디에선가 물을 적극적인 방식으로 끌어와 농작물 재배에 공급하는 것이다.

현대의 관개 방법은 지표면에서 물을 흐르게 해 공급하는 '지표관개', 지하에서 파이프를 이용하여 물을 대는 '지하관개', 최상류 쪽의 경작지에 유입된 물을 다시 하류로 흘려보내는 '월류관개越流灌漑', 기계장치를 이용하여 공중에서 물을 뿌리는 '살수관개' 등 여러 가지로 분류되는데, 메소포타미아에선 이미 살수관개 외에 웬만한 방법들을 모두 사용하고 있었다.

메소포타미아에서 '관개'의 개념이 시작된 것은 기원전 6000~5000년경 부터라고 한다. 연대기로 보면 본격적인 문명이 시작되기 한참 전의 일로, 그 시대 사람들에게 '관개'는 농사의 수단 이전에 생존의 문제였고, 이것이 해결되었기에 이후 문명을 꽃피울 수 있었다.

학자들은 이라크 바그다드 북동쪽 약 110km 정도 떨어진 초가 마미 Choga Mami(BC 5600~4800)에서 발견된 유적이 이 시기 관개시설의 증거라고 주장한다. 이 지역은 메소포타미아의 초기 정착지 중 하나인데 벽돌집의 흔적과 함께 물을 대기 위해 사용된 것으로 보이는 폭 2m 정도의 도랑이 발굴된 것이다. 반면, 농경이 더 번성했던 남쪽 지방의 경우 초가 마미처럼 오래된 유물은 발견되고 있지 않다. 이는 남쪽으로 갈수록 지반이 무르고 물길의 변화가 심해서 관개시설이 원형대로 남아있을 수 없기 때문이라 추측된다.

이렇게 일찌감치 시작된 메소포타미아의 관개 작업은 지역적인 조건에 따라 다양한 형태로, 또 시간이 흐르면서 점점 더 발전된 모습으로 나타난다. 그들의 관개시설은 어떻게 시작됐고, 어떻게 생겼으며, 기술사적으로 어떤 가치를 갖는 것일까. 이에 대해 알아보려면, 먼저 주요 용어들을 간단히 이해하고 가는 것이 좋을 듯하다. 전문적이거나 헷갈리는 용어들이 많기 때문이다.

일반적으로 관개시설은 댐dam, 제방堤防, levee 또는 dike, 수문水門, water gate, 수로水路, canal, 수도水道, aqueduct, 채널water channel, 도랑ditch 등으로 구성된다. 그

런데 이 용어들을 들여다보면 외래어나 영어 표현과 우리말을 비교했을 때 혼동되거나 의미가 중복되는 것들이 있다. 그중 대표적인 것이 바로 'canal'이다. 보통 'canal' 하면 스웨즈 운하처럼 큰 배가 통과하는 '운하'가 연상되지만, 메소포타미아의 관개시설에서 이런 용어를 쓰는 것은 좀 과한 느낌이다. 물론 비가 많이 오거나 본류로부터 흘러들어온 물 때문에 수심이 깊어지면 이 'canal'에 배를 띄워 인근 지역을 오가며 교역의 통로로 사용하기도 했단다. 하지만 규모 측면이나 그들이 본래 의도했던 목적으로 보아 'canal'은 대략 인공적으로 바닥을 파내고 물길을 돌려 지류처럼 만든 '수로'로 이해하면 좋을 것 같다. 'aqueduct'와 'channel'이란 용어도 애매하다. 'canal'과 함께 모두 '물길', '수로'로 해석할 수 있지만, 그 의미는 조금씩 다르다. 'aqueduct'는 고대 로마의 '수도교水道橋'로 익숙한 용어인데, 그렇다고 해서 반드시 'aqueduct = 수도교'는 아니며 인공적인 재료와 구조적인 방법을 동원해 만든 '물 통로'를 통칭해서 '수도'라 하는 것이 맞겠다. 한자로 쓰면 '수로水路'나 '수도水道'나 같은 뜻이겠지만, 일단 이렇게 구분해 놓자. 'channel' 역시 '물길', '통로' 등을 의미하는데, 다른 단어들과 구분할 수 있는 우리말 표현이 마땅치가 않다. 생긴 모양으로 구분해 보면 '수도'는 뚜껑이 없는 열린 형태의 물길이고 'channel'은 터널과 같이 아래위가 닫힌, 즉 거대한 파이프와 같이 생긴 공간에 가깝다. 다만, 우리말 표현으로 적당한 용어가 없는 것 같아, 이 책에서는 원어 그대로 '채널'이라 표현하도록 한다.

메소포타미아 관개 시스템의 유적지로 알려진 '초가 마미'는 티그리스강에서도, 지류인 디얄라강Diyala river에서도 꽤 멀리 떨어져 있다. 가까운 곳에 다른 강이나 시내가 있었는지 모르겠지만, 그 정도 거리에서 물을 끌어 오려면 이미 수준급의 관개기술이 있었다는 얘기다. 그러나 이곳의 관개시설이 처음부터 완벽했을 리 없다. 메소포타미아 지역의 지역적인 특성과 시대변화에 따라서, 또 사회발전과 인구증가에 따라 관개기술이 변화하고 발전해갔기 때문이다. 예를 들어, 원시 기후 데이터에 의하면 BC 6000~BC 3000년 사이, 즉 우바이드 시대 전후로는 그 이후 시대보다 강수량이 일곱 배나 더 많아 비에 의존해 농사를 지을 수 있었고 따라서 관개 시스템에 대한 필요성이 상대적으로 낮았다. 또, 아직 정착지의 크기가 작고 여기저기 흩어져 있었기 때문에 관개시설의 규모도 크지 않았다. 반면 남쪽의 강 주변과 어귀 지역에서는 농사에 필요한 물을 구하기 쉬웠기 때문에 정착지가 밀집해 있었고 규모도 컸는데, 이것은 더 많은 물을 확보하고 더 먼 곳까지 물을 공급할 수 있는 관개 시스템의 필요성도 높았음을 의미한다. 실제로 후기 우르크 시대에는 많은 정착지가 강줄기를 따라 생겨났고 충적평야alluvial plain가 도시화 되었으며 이때부터 본격적인 관개 시스템의 진화가 시작됐다.

관개 시스템의 진화와 구조

초기의 관개 방법은 자연적으로 생긴 강둑을 적당히 무너뜨리고 물길을 만들어 경작지에 물을 대는 것이었다. 다행히 강 주변의 땅이 무른 편이어서 이런 작업이 어렵지 않았고, 전반적으로 강의 수면이 평야보다 높아, 둑의 경사를 이용하면 쉽게 물을 흘려보낼 수 있었다. 그러다 더 넓은 경작지에 더 먼 곳까지 물을 흘려보내기 위해 생각해낸 것이 '수로'였다. 큰 강줄기의 옆을 따내고 우회 물길을 만든 것이다. 이 수로는 강에 물이 불어날 때 물길을 분산시켜 수위를 낮추고 범람의 위험을 줄여주는 역할을 했으며 반대로 강 수위가 낮아지면 입구와 출구를 닫아 물을 저장하는 기능을 했다. 이 수로를 '대 수로'라고 하면 여기에서 작은 수로를 만들고 다시 더 작은 수로를 만들어 가면서 최종 목적지까지 물을 공급했고, 중간중간 저수지를 만들었는가 하면, 경작지 둘레에는 도랑을 파서 항시 경작지에 물을 댈 수 있도록 했다.

강이나 수로의 물길을 유지하기 위해선 견고한 제방을 쌓을 필요가 있었다. 여기에는 그들에게 이미 익숙한 재료와 공법을 동원했는데, 먼저 역청을 섞은 갈대로 기초를 만들고 그 위에 구운 벽돌, 또는 모래주머니를 쌓았다. 이때도 역청을 접착제로 사용했고, 이렇게 하면 제방의 높이를 높일 수 있을 뿐만 아니라, 물결로 침식이 일어나는 것을 막을 수 있었다. 또, 수로에는 물을 유입하거나 물을 막거나 가둬두는 목적으로 수문을 만들어 달았다. 초기에는 수로만 만들고 수문은 없었는데 기술이 발전하면서 역청을 먹인 갈대나 나무로 수문을 만들었고 강에서 수로로, 또는 큰 수로에서 작은 수로로 물을 공급할 때는 '둑weir'으로 먼저 물을 막고 수문을 열어 흐름을 바꿨다. 샤도프shadoof[*]나 노리아noria[†] 등과 같은 일련의 기계장치도 만들었는데, 건조기나 적은 양의 물을 옮겨야 할 때 제방 위로 물을 퍼올리는 도구로 사용했다.

관개 시스템의 전체적인 모습은 어떠했을까. 기원전 3000년에서 2000년 시기에 만들어진 관개 시스템의 모습은 강 양쪽 면에 제방을 만들고 여

---

[*] 관개용 방아두레박으로 메소포타미아에서는 BC 3000년대에 이 도구를 사용했다. 이집트에서도 유사한 도구를 사용했는데 시기적으론 BC 2000년대로 메소포타미아보다 훨씬 늦게 나타난다.

[†] 양동이가 달린 물방아로 기원전 4세기경 이집트가 처음 만들었다고 하며 이어 중동, 인도, 중국 등의 고대문명 지역에서 널리 사용됐다.

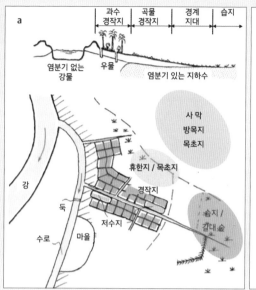

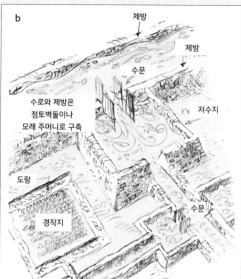

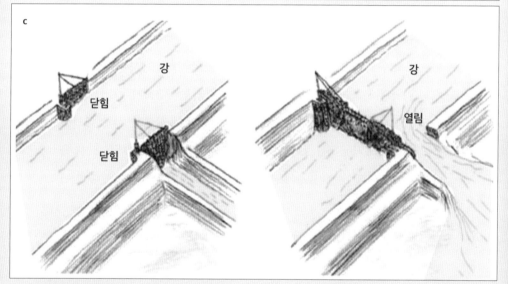

a. 수로와 경작지
b. 수로, 제방, 수문, 저수지 등의 구조
c. 수문과 둑의 작동

… 메소포타미아 관개 시스템의 구조

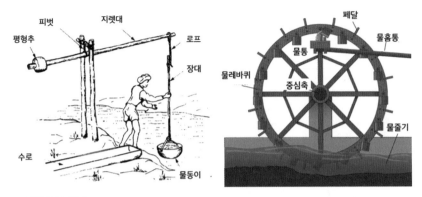

피벗　지렛대

평형추

로프

장대

수로

물동이

물레바퀴

중심축

페달

물홈통

물통

물줄기

··· 샤도프와 노리아

기서 마치 생선 가시처럼 작은 수로가 뻗어 나오는, '헤링본 구조'가 대표적이었고 좀 더 큰 시스템에서는 '나뭇가지 구조dendritic structure'가 사용됐다. 헤링본 구조는 1~3km 정도로 비교적 짧은 길이의 수로가 일정한 간격으로 강의 양쪽 제방으로부터 경사를 타고 흐르는 방식으로, 한 단위의 관개 시스템은 하나의 중심 수로와 거기서 물을 대는 경작지, 그리고 기타 용도의 부지까지 2km² 정도로 비교적 대상 면적이 작았다. 물론 예외도 있어서 우르크 시대에서 초기왕조 시대 사이에* 번성했던 수메르 도시 움마Umma에서는 길이가 15km에 달하는 인공 수로가 발견되기도 했다. 반면 나뭇가지 구조는 말 그대로 수로가 나뭇가지 모양으로 지형에 따라 불규칙한 형태로 뻗어가면서 더 넓은 지역을 커버했다.

---

* 이 시기를 젬데트 나스르 기Jemdet Nasr Period(BC 3100~BC 2900)라 한다.

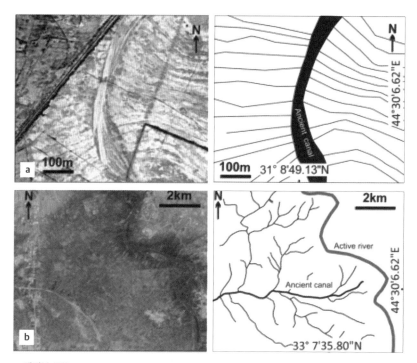

a. 해링본 구조
b. 나뭇가지 구조

··· 메소포타미아 관개 시스템의 기본 구조

메소포타미아 관개 시스템의 결정판

관개 시스템의 기본적인 개념과 구조가 수메르 시대에 정착되었다면, 그 결정판은 시간이 꽤 흐른 다음에 나타난다. 메소포타미아인들은 고도의 수공학적 기술과 측량기술, 그리고 시공능력을 동원해 엄청난 길이의 수로와 터널을 만들고 거대한 면적의 시스템을 완성해 간다. 신아시리아 제국 시대 Neo-Assyrian Period(BC 911~BC 612) 센나케립 왕King Sennacherib(BC 745~BC 681) 때 완성된 프로젝트가 대표적으로, 그는 수도와 제방을 포함해 총 길이 150km에 달하는 수로 시스템을 만들었다. 센나케립 왕은 신아시리아 제국의 전성기를 연 사르곤 2세Sargon Ⅱ(BC 770~BC 705)의 아들로 아버지 못지않은 많은 업적을 남겼는데, 특히 왕위에 오르자마자(BC 705) 두르-샤루킨Dur-Sharrukin에서 티그리스강 동쪽의 니네베Nineveh로 수도를 옮기면서 당대 가장 큰 도시를 건설했으며 이때 이 대규모 수로도 함께 건설했다.

그의 수로 사업은 네 단계로 구분된다. 첫 번째는 티그리스강의 지류인 코서강Khosr River 상류, 키시리Kisiri로부터 물을 끌어온 16km에 달하는 수로로, 새로운 수도의 궁전과 정원에 물을 대는 것이 주목적이었고, 이어 BC 694년에는 무스리 산Mount Musri의 여러 수원지로부터 약 20km에 달하는 수로를 건설해 도시 안에 있는 과수원과 곡창 재배지에 물을 공급했다.

3단계는 타스산Mount Tas에서 물을 끌어와 복잡한 경로를 통해 니네베로 들어오는 총 18개의 수로 건설사업으로(BC 690년), 아주 방대하고 복잡한 시스템이었다. 이 프로젝트에서 특이한 것은 인공 수로뿐만 아니라 '와디'를 수로화 했다는 것이다.* '와디wadi'란 사막 지역에서 가끔 내리는 호우 때문에 지표면에 일시적으로 하천이 생기고 비가 그치면 물이 말라 자국만 남았다가 다시 비가 내릴 때 물길이 되는 골을 말한다. 이 와디는 물이 흐르기 좋은 지형이었으므로 수로를 만들고 유지하기에 효과적이었다.

마지막 단계는 아시리아의 북쪽 도시 키니스Khinis에서 니베네까지 이어지는 총 90km의 수로로, 시작점부터 55km까지는 인공 수로로 만들고 그 뒤 34km는 코서강과 바로 이어 물길을 완성했다. 이 경로에서 획기적이고 기념비적인 수공학적 유물이 발견되는데, 저완Jerwan 지방에서 발

---

* '와디wadi'는 아랍어로 우리말로는 '건곡乾谷'이라고도 한다.

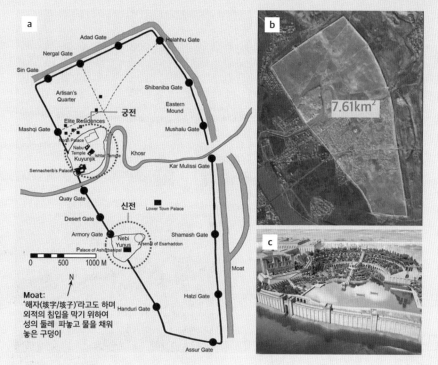

a. 관개 시스템 복원도
b. 니네베 항공 사진
c. 니네베 궁전과 정원의 상상도

··· 아시리아 수도 니네베의 관개 시스템

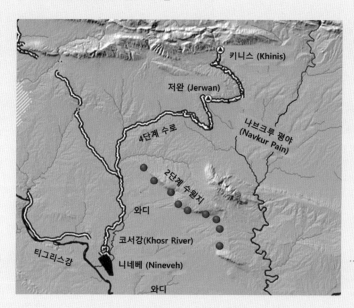

··· 센나케립 왕의
4단계 수로
시스템

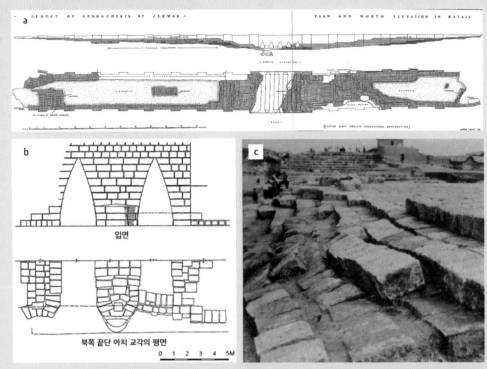

a. 수도·수도교의 입면 및 평면 복원도
b. 수도교 아치 부분의 입면과 평면도
c. 수도 유적지의 석재 블록
d. 수도 및 수도교의 전경 상상도

··· 센나케립 왕의 수도와 수도교

견된 '수도'와 '수도교'가 그것이다. '센나케립 왕의 수도Sennacherib's Aqueduct at Jerwan'라고도 불리는 이 수도는 특히 수도 가운데 놓인 수도교가 로마의 것보다 수백 년 앞선, 세계에서 제일 먼저 만들어졌다는 점에서 주목할 만하다. 남아있는 수도는 길이가 280m, 폭이 22m 정도이고, 최대 높이 9m의 5개 아치 교각으로 된 수도교가 중앙에 있으며 그 밑으로 케니스강 Khenis River이 흐른다.

그 구조를 좀 더 자세히 살펴보면, 수도의 윗부분, 즉 물이 흐르는 표면부에는 40cm 두께로 석회석을 깔았고, 그 위에 여러 층의 돌 블록으로 포장을 했으며 수로 양옆에는 ⊔ 모양으로 난간을 만들었다. 현재 상태로 난간의 높이를 정확기 가늠하기가 어렵지만, 폭이 약 1.6m나 되는 것으로 보아, 높고 육중했음을 알 수 있다. 주요 재료로는 평균 50m³, 무게 250kg의 석재블록 약 200만 개가 사용된 것으로 추정된다.

약 2,700여 년 전에 이 모든 것을 완성해 내는 것이 가능했을까. 당시 아시리아인들은 이미 철기를 사용했고 일찌감치 수학적인 지식을 쌓아왔으며 바퀴나 수레 등, 훌륭한 장비와 도구를 갖추고 있었으므로, 여기에 그들의 지혜가 더해졌다면 충분히 가능한 공사였을 것 같다. 거기다 수로의 길이나 규모, 물의 양과 물살의 속도, 구조물의 강도와 내구성, 방수 성능 등을 고려한 다양한 공학적 분석도 한몫했을 것이다.

신박한 관개기술, 카나트

한편, 센나케립 왕의 아버지인 사르곤 2세는 접경국가인 우라르투Urartu Empire(BC 860~BC 590)를 침공했을 때[*] 아주 신박한 관개기술을 배워온다. 그는 이란 북서쪽 우르미아호Lake Urmia, Uroomiye Lake[†] 근처에 있는 작은 도시를 점령했을 때, 주변에 강도 없고 눈에 보이는 수원지도 없는데 많은 식물과 곡물이 풍요롭게 자라고 있는 것을 보고 놀라게 된다. 그 이유를 알아보니 우라르투의 왕 루사 1세Rusa I(또는 우르사Ursa, BC 735~BC 714)가 갈증에 시달리는 시민들을 구제하기 위해 만든 '카나트qanat(또는 카레즈karez)' 덕택이었다. 이 관개기술의 역사는 약 3,000년 전까지 거슬러 올라간다고 하는데 실제 누가 발명했는지는 정확하지 않고, 페르시아인들이 고대 이란 지역에 만들었다는 설명이 있을 뿐이다. 어쨌든 이 관개기술은 지금 봐도 어떻게 저런 아이디어를 냈을지, 아이디어가 있었다 해도 그것을 어떻게 실현해 냈는지 아주 놀랍다.

카나트의 원리는 말로 설명하는 것보다 그림을 보면 훨씬 쉽게 이해가 된다. 그래도 대략 설명을 해보면, 먼저 황무지를 건너 멀리 떨어진 산꼭대기로 가서 지하수가 흐를만한 지점을 찾아 우물을 파듯 수직 통로를 파 내려간다. 이 수직 통로를 'mother well'이라고 하는데 이것이 지하수와 만나면 거기서부터 지하수가 통로를 타고 더 깊은 곳으로 흘러가고, 수직 통로의 지하 끝부분부터 수평 방향으로 '채널'을 파, 멀리 떨어진 경작지까지 물을 흘려보낸다. 'mother well'로부터 경작지에서 물이 나오는 출구에 이르

---

[*] 사르곤 2세는 즉위하자마자 우라르투를 침공해 아시리아-우라르투 전쟁Urartu-Assyria War(BC 714-BC 600년대 중반)을 일으켰고, 이후 사마리아, 시리아, 이집트, 에티오피아, 바빌로니아 등을 침략, 정복하여 아시리아의 세력과 영토를 넓혔다.

[†] 우르미아호는 염분이 높은 사해死海로 어류가 살지 못하며 농수로도 사용할 수 없다.

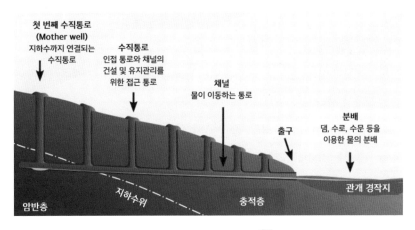

첫 번째 수직통로
(Mother well)
지하수까지 연결되는
수직통로

수직통로
인접 통로와 채널의
건설 및 유지관리를
위한 접근 통로

채널
물이 이동하는 통로

출구

분배
댐, 수로, 수문 등을
이용한 물의 분배

암반층

지하수위

충적층

관개 경작지

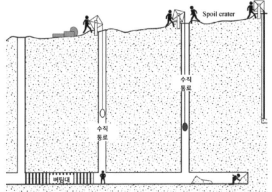

Spoil crater

수직
통로

수직
통로

버팀대

··· 카나트의 구조와 개념 / 카나트의 시공

는 수평 채널에는 중간중간 지상과 연결된 수직 통로를 뚫어 놓는데, 이 통로는 채널 공사와 유지관리를 위해 사람이 오르내리는 길이 되고 채널 안에 공기를 공급해주는 역할을 한다. 공중에서 줄지어 뚫린 수직 통로의 입구를 바라보면, 마치 땅속에서 움직이는 벌레들의 숨구멍처럼 보인다.

첫 번째 수직 통로의 깊이는 지하수와 만나는 지점을 기준으로 30m에서 깊게는 100m가 넘는 것도 있고 지름은 대략 80~100cm이며, 채널로 이어지는 수직 통로는 20~200m 간격으로 파낸다. 채널의 크기는 보통 높이 1.2m, 폭 0.8m 정도로 사람이 허리를 굽힌 채로, 큰 카나트의 경우 똑바로 서서 다닐 수 있을 정도로 공간이 넉넉하고, 그 속에 흐르는 물은 맑고 아름답기까지 하다.

이렇게 채널을 흘러 최종 출구에서 나오는 물의 양은 시간당 평균 $60m^3$, 많게는 $300m^3$까지 됐다는데, 현대 일반 가정의 수도꼭지에서 시간당 $1m^3$의 물이 나오면 '콸콸' 흐르는 느낌이라고 하니까 그 수량이 적지 않은 수준이었음을 알 수 있다.

지역에 따라 다르지만, 카나트 지하 채널의 길이는 긴 것은 수십 km에서 100km를 넘는 것도 있어서 아무나 만들 수 있는 것이 아니었다. 수직 통로를 뚫는 일, 완성된 후에 유지관리를 하는 일 모두 고도의 기술이 필

··· 카나트의 지하 채널

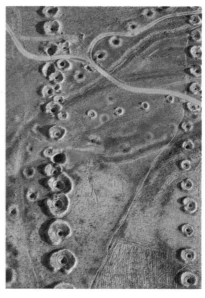

··· 공중에서 본 카나트의 수직 통로

요한 것이어서 전문기술자들이 생겨났고 이들은 일종의 길드와 같은 조합을 만들기도 했으며 지금도 그 기술이 전수되어 내려오고 있다. 또, 공사와 유지에 많은 돈이 들었기 때문에 부유층이나 지주들이 카나트를 개인적으로 개발하고 소유해서 물의 사용료를 받는 경우가 많았다.

　이 기술의 원조가 어디였든 간에 아시리아 외에도 카나트를 도입해 사용한 나라들은 의외로 많았다. 페르시아와 중동, 메소포타미아 지역을 넘어 이집트나 아프리카, 스페인 등의 유럽지역까지 전파되었고 중국에서도 카레즈에 어원을 둔 '칸얼칭Kan er jing, 坎儿井'이라는 관개 시스템이 사용되었을 정도다. 아쉬운 것은 현대 기술의 발전 때문인지 필요성이 시들해져서인지 카나트의 이용도가 점점 낮아지고 있다는 것인데, 물을 얻기 힘든 지역에서는 아직도 카나트가 주요한 관개 기능을 담당하고 있다.

　메소포타미아의 관개 시스템에는 기술적인 성공 그 이상의 의미가 있다. 우선, 관개 시스템의 정착은 농부들에게 더 많은 수확을 가져다줬고, 이 덕에 농부들은 온종일 농사일에 매달리지 않아도 먹고 살 만큼 사정이 넉넉해졌다. 밭에 나가 일하는 것 말고도 다른 일을 할 수 있는 시간이 생긴 것이다. 하지만 사람들에게 여유가 생겼다 해도 누군가는 수로와 관개 시설을 늘 새로 만들고 관리해야 했으므로 농사 대신 그 일에만 종사하는 기술자들이 생겨났고, 이들은 점차 전문가로서 확고한 대우를 받게 되었으며 노임을 받고 일하거나 정부에 정식으로 고용되기도 했다. 초창기에는 농사가 가족이나 씨족 단위로 행해졌기 때문에 관개시설에 대한 관리 책임도 그들에게 있었지만, 법과 제도가 만들어지면서 범람이 일어나거나 새로운 수로를 건설할 때, 또는 오래된 수로를 수리할 때면 모든 사람이 괭이와 삽을 들고나와 서로 도와야 한다는 규정을 두기도 했다.

그러다가 정착지의 규모가 커지고 도시와 국가가 생겨나면서 한 차원 높은 관리 시스템이 필요해졌다. 백성들을 잘 먹여 살려야 하는 것이 정부의 책임이었으므로 당연히 수로 관리도 정부의 주요 임무이자 최우선 과제가 된 것이다. 경작지와 수로의 규모가 작은 경우라면 물을 사용하는 사람이나 공동체가 직접 관리하도록 했지만, 대규모 수로 시스템이라면 정부가 나서 전문가에게 공사와 유지를 맡겼고 관리책임자를 직접 지정하거나 사용자나 개인 사업자가 고용한 관리자를 정식으로 지정해 관리 시스템을 강화해갔다.

인간 창조의 이야기를 담고 있는 메소포타미아의 신화 『아트라하시스 서사시Atra-Hasis』*에는 이런 구절이 나온단다.

"신들은 물길을 파야만 했네
물줄기가, 땅의 생명줄이 흐르게 해야 했다네
신들은 티그리스강 바닥을 팠네
그리고 유프라테스강을 팠다네"

메소포타미아 신화에는 신들의 사회에도 계급이 있어서 대기와 땅의 신인 '엔릴Enlil'이 하급 신들에게 농사와 강, 수로를 관리하는 일을 맡겼는데 그들이 고되게 일을 하는 장면을 묘사한 시란다. 결국, 이 일이 너무 힘들어 하급 신들이 반란을 일으키자, 또 다른 신 '엔키Enki'과 '마미Mami'가

---

* 기원전 18세기경 아카디어로 점토판에 기록된 서사시로 『홍수 서사시』라고도 하며, 인간 창조와 바빌로니아 홍수에 대한 내용이 적혀있다.

의기투합해 노역을 대체할 인간을 창조하게 된다. 여기까진 신화이지만, 수로를 파고 만드는 것이 얼마나 힘들었으면 신들마저 못 하겠다고 했을까. 결국, 이 일이 인간에게 평생의 노역이었음을 말해주는 것이기도 하다. 하지만, 메소포타미아인들은 이것을 기술로 승화시켰고 문자와 점토판을 통해 그 지혜와 기술을 꼼꼼하게 기록해 놓았다. 나아가 현대 관개 시스템의 개념이 옛것과 크게 다르지 않음을 발견하는 순간, 그들의 문명과 기술이 얼마나 훌륭했던가에 다시 한번 감탄하게 된다.

속이 꽉 찬 벽돌 산, 지구라트

사람들에게 고대문명의 건축물 중 가장 먼저 떠오르는 것이 무어냐고 물어보면 많은 사람이 이집트의 피라미드라고 대답할 것이다. 그만큼 피라미드는 우리에게 친숙한 건축물이고 생긴 모양도 아주 인상적이다. 하지만 메소포타미아에는 그에 못지않은, 어쩌면 더 위대한 건축물이 있었으니 바로 '지구라트Ziggurat'다.

두 건축물은 지리적인 환경도 다르고 건축물의 기능, 재료, 방법 등에서 차이가 나지만, 생김새도 비슷하고 당대에 인간이 지은 가장 큰 건축물이었다는 점에서 종종 비교된다. 이 둘 중에 지구라트가 위대할 수 있다는 것은 바로 시간적 차이와 그럼에도 불구하고 피라미드와 견주어 절대 뒤지지 않는 거대한 규모 때문이다. 우선 이집트에서 건설된 최초의 피라미드는 BC 2630년에 지어진 '조르세(재위 BC 2630~BC 2611)의 피라미드Pyramid of Djoser'라 알려져 있는데, 메소포타미아의 지구라트는 현재로부터 길게는 6,000년 전, 그러니까 기원전 4000년부터 지어지기 시작했다. 피라미드보다 약 1,400년 정도 앞서는 셈이다. 게다가 피라미드는 거의 전수 조사와 발굴이 이루어진 반면, 지구라트는 아직도 발굴되지 못한 것들이 있음을 감안할 때 시간 차이는 더 벌어질 수 있다.

그렇다면 규모는 어땠을까. 사실 지구라트와 피라미드의 규모를 정확히 비교할 수는 없다. 우리가 알고 보아온 피라미드는 상대적으로 온전한 상태이지만, 지구라트는 대부분 많이 손상되어있고 발굴 중인 것도 있어서 전체 규모, 특히 높이를 가늠하기가 어렵다. 그렇다 해도 여러 학자가 지구라트의 규모를 추정해놓은 것이 있는데, 그에 대해선 대표적인 지구라트를 설명하면서 살펴보도록 하자.

그런데 그들은 왜 이 거대한 건축물을 만들었던 것일까? 도대체 어떤 기술과 방법으로 그것이 가능했을까?

먼저 '지구라트'의 어원에 대해선 여러 가지 설이 있다. 철자나 발음에는 차이가 있겠지만, 이 단어는 메소포타미아 지역에서 패권을 차지했었던 수메르, 엘람, 바빌로니아 등 내로라했던 도시국가나 제국의 기록에 빠지지 않고 나타나며, 기본적으로 '높음, 정점', '산 정상', '뾰족한 산봉우리' 또는 '높은 곳에 건물을 세운다' 등을 의미한다. '지구라트'는 이 단어들에 대해 영어식 표기와 발음으로 굳어진 이름이다.

지구라트라는 현재 지도로 따지면 주로 이라크 지역에 모여있지만, 여러 지역에서 널리 분포되어 있고 주로 당시 각 나라의 수도에서 발견된다. 이렇게 지구라트의 위치가 퍼져 있는 이유는 수메르 문명 초기부터 형성된 도시국가 체계와 이 지역의 종교적인 공통점 때문이다.

메소포타미아의 종교는 매우 복잡해서 수많은 신들이 등장하고 그들을 부르는 이름도 지역별로, 나라별로 달라 한평생 연구를 해도 이해하기 어려울 정도다. 그래도 공통점이 있다면, 지구라트가 나라나 도시를 지켜주는 수호신이 머무는 곳, 그 수호신에게 예배를 드리고 제사를 지내는 곳이라는 점이다. 지구라트가 없으면 신의 가호가 있을 수 없으므로 국왕이나 지배자에게는 지구라트를 건설할 책임이 있었고, 왕권이 바뀔 때마다 수도를 옮기는 일도 빈번해서 옮겨가는 곳마다 지구라트는 새 도시의 첫 번째 프로젝트가 되곤 했다. 죽은 왕의 무덤인 이집트의 피라미드와는 건축물의 목적이 전혀 다른 것이다.

이 때문에 생긴 모습에도 공통점이 있다. 기본적으로 지구라트는 위로 올라갈수록 좁아지는 여러 층 또는 여러 단으로 구성된 구조물로 맨 위의 단에는 신전이 올려져 있다. 지구라트는 하늘과 땅을 연결하는 다리, 또는 신과 인간을 연결해주는 거룩한 계단, 그리고 신전은 신과 인간이 교감하는 장소로 여겨졌기 때문에 좀 더 하늘에 가까이 가려는, 좀 더 높이 지으려는 욕망은 너무나 당연한 것이었다. 신전까지는 오직 성직자들만이 올라갈 수 있었고 가파른 계단이나 돋음식 램프로만 접근할 수 있었으며, 이런 형태는 이들이 외부로부터 방해받지 않고 종교의식을 치르기에, 또 경비를 서기에도 적합했다.

이집트의 피라미드 내부에는 파라오의 묘실과 복잡한 통로가 숨어있지만, 지구라트에는 맨 위층의 신전 외에 전혀 내부공간이 없었다. 다만, 도시의 행정 센터로서, 또는 '신전 콤플렉스'의 일부로서 성직자와 노예들을 위한 작업장, 곡물 창고, 상점, 주방 등의 공간이 아래 단에 있었다. 그런데 재미있는 것이, 지구라트가 종교적 건축물이고 신전으로써의 기능을 했다고 알려지지만, 그 근거는 헤로도토스Herodotos(BC 484?~BC 425?)의 언급이나 이후 점토판의 기록에 의한 것이고, 물리적인 유물이나 흔적이 남지 않아 실제 어떤 일이 행해졌는지는 알 수 없다고 한다. 게다가 지구라트는 피라미드처럼 멀쩡한 상태로 남아있는 것이 하나도 없다. 외부 세력에게 정복당하면 도시가 아예 사라지거나 같은 나라라 해도 수도를 자주 이전하면서 장기적인 관리가 이뤄지지 않았고, 대부분 땅속에 묻혀있었거나 뭔지 모를 형태로 머리만 살짝 내밀고 있어서 발굴이 어렵고 상태도 좋지 않다. 현재 대략 25개의 지구라트가 알려졌지만, 원래 상태의 높이로 남아있는 것은 하나도 없다. 그중에서 가장 대표적이면서 이야깃거리가 있는 지구라트들의 면모를 간단히 살펴보면 다음과 같다.

지구라트의 면모

아누 지구라트

Anu Ziggurat, Ziggurat of Uruk, BC 4000~3000, 또는 BC 3517~3358, 이라크

아누 지구라트는 현존하는 또는 지금까지 발견된 가장 오래된 지구라트로, 시기적으로 수메르 문명 초기에 해당하는 후기 우르크 시대나 우르크 3왕조 때 지어진 것으로 추정된다. 그러니까 글자나 바퀴가 발명되기 전, 또는 이제 막 그런 발명품들이 나오기 시작할 즈음이었다. 그런데 일반적인 지구라트들이 다단 구조인 반면, 이 지구라트는 단순한 기단基壇 모양을 하고 있어서 이 다음에 소개되는 시알크 지구라트를 가장 오래된 것이라 보는 견해도 있다.

특이하게도 이 지구라트에는 정상에 있어야 할 신전이 약 500년이 지난 후에야 따로 지어졌다고 한다. 지구라트의 기능상, 어떤 방식으로든 종교의식이 치러졌을 텐데, 그 시간 동안 종교의식의 변화가 있었던가, 그제야 신전이라는 개념이 생겨난 듯싶다. '화이트 템플White Temple'이라 불리는 이 신전은 수메르 신화에 나오는 신들의 왕이자 하늘의 신 아누Anu를 섬기기 위한 것으로, 현재는 아쉽게도 건물이 존재하지 않고, 민둥산 같은 기단부만 발굴된 상태다. 후세 사람들이 만든 신전의 상상도를 보면 아주 심플하면서 현대적인 느낌을 주는데, 발굴 현장에서 발견된 흰색 유물 조각들로부터 이런 모양과 이름이 지어진 것 같다.

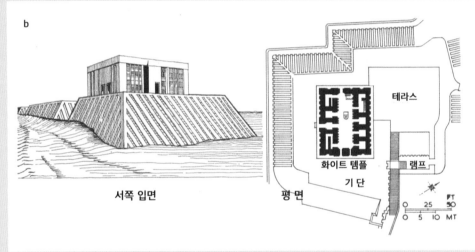

서쪽 입면

테라스

화이트 템플

램프

기 단

평 면

O 25 FT
    50
O 5 10 MT

a. 발굴 당시의 모습
b. 화이트 템플이 세워진 아누 지구라트 상상도

… 아누 지구라트

시알크 지구라트

Sialk Ziggurat of Kashan, BC 3000~2500, 이란

'시알크'는 이란의 오아시스 도시 카샨Kashan 인근의 선사시대 유적지로, 학자들은 BC 6000~BC 5500년경 이 지역에 사람들이 정착하기 시작했고 여러 차례 이주민들이 유입되면서 BC 3000~BC 2500년경 지구라트가 건설되었을 것으로 보고 있다.

이 유적지를 '테페 시알크Tepe Sialk'라고도 부르는데, '테페', '텔tell' 또는 '탈tall'이란, 메소포타미아 지역에서 주로 발견되는 인공의 넓고 낮은 언덕을 일컫는 단어로, 이 이름은 발굴 당시 지구라트를 정점으로 형성된 언덕 때문이다.

최초 발굴은 1930년대에 이루어졌다가 1999년부터 10여 년간 다시 간헐적으로 이어졌지만 아직도 지구라트의 실제 높이가 얼마였는지는 밝혀지지 않았다.

발굴된 부분에만 35x35x15cm 크기의 벽돌이 12만 5천 장 사용된 것으

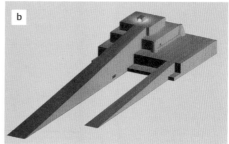

a. 발굴 후 현재 모습
b. 고고학적 증거에 의한 CAD 모델

··· 시알크 지구라트

로 추정되고 전체적인 모습은 단순한 기단 형태의 아누 지구라트와는 달리 3단의 플랫폼으로 되어있다. 하지만, 오랜 세월에 훼손돼서 아래 단 또는 온전한 상태의 전체 크기는 정확히 알 수가 없고, 남아있는 유적의 높이는 지면으로부터 14m 정도 되며, 꼭대기까지 가는 데에는 길고 완만한 경사 램프를 사용했던 것으로 보인다.

우르의 대 지구라트

The Great Ziggurat of Ur. 또는 Ziggurat of Ur, Ziggurat of Ur-Nammu. BC 2100년경, 이라크

메소포타미아 지역에서 발견된 것 중 가장 크고 비교적 완전한 형태로 발견된 지구라트다. 초기 청동기에 해당되는 기원전 21세기 우르 3왕조의 우르남무Ur-Nammu 왕(재위 BC 2112~BC 2094) 때 짓기 시작했지만, BC 6세기에 폐허가 됐고 신바빌로니아 제국의 마지막 왕 나보니두스Nabonidus(재위 BC 556~BC 539년)에 의해 재건되는 등(BC 600~BC 500), 우여곡절을 겪다가 1980년대 이라크 통치자 사담 후세인 때 원형을 살려 복원됐다. 우르남무가 시작한 지구라트가 언제 완성되었는지는 정확하지 않은데, 아들 슐기 왕King Shulgi(재위 BC 2094~BC 2046) 또는 그 이후까지 공사가 이어졌다는 설이 있어서, 아버지의 재위 기간 18년, 아들의 48년을 더하면 66년 이상 걸렸을 수 있다.

복원 후에는 세 개 단으로 된 형태를 갖추고 있지만, 원형은 네 개의 단에 맨 위층에 신전이 놓인 구조였고 첫째 단의 높이가 9.75m, 둘째 단은 첫째 단으로부터 4m, 세 번째 단은 2.5m, 네 번째 마지막 단은 2.3m로 추정되며 합하면 신전을 제외한 총 높이가 18.55m에 이른다. 맨 아래 단은

a. 발굴 당시 모습
b. 현재 복원된 모습
c. 원형 지구라트의 상상도

··· 우르의 대 지구라트

64x45m 크기에 면적이 2,880m^{2}이고 여기에만 약 720,000개의 벽돌이 사용됐다. 이 지구라트는 우르의 수호신이자 달의 신 난나르Nannar를 섬기기 위한 것으로 현재 신전은 존재하지 않지만, 본체에 사용된 것과는 다른 검은색 벽돌이 출토되어 신전의 내부 장식이었으리라 추측되고 있다.

1850년 처음 발견되어 아래 단과 계단부를 현재 상태로까지 복원하기까지 100년이 넘게 걸렸고 지구라트에 대한 많은 정보와 발굴과정의 생생한 기록이 전해지는 가장 상징적이며 대표적인 지구라트다. 1991년 걸프전 당시 사담 후세인이 연합군 폭격기가 고대 유물에 폭격을 가하지 못하리라 생각하고 그의 미그기를 지구라트 옆에 세워놓기도 했다는데, 결국 총탄과 폭격으로 손상을 입어 가까이 가서 보면 4개의 포탄 구멍과 400여 개가 넘는 총탄 구멍이 보인다.

아칼 쿠프 지구라트

Ziggurat of Aqar Quf, 또는 Ziggurat of Dur-Kurigalzu, BC 1400년경, 이라크

구바빌로니아의 멸망 후 이 지역을 통치했던 카시테스 제국Kassites Empire (BC 1531~BC 1155)의 17대 왕, 쿠리갈주 1세Kurigalzu 1(?~BC 1375) 때 세워진 지구라트로, 관개시설과 홍수 신화에서 등장하는 엔릴 신을 모시는 곳이 었다. 첫째 단의 한 변 길이가 70~80m 되는 거의 정사각형 평면을 가진 건축물로, 원래는 총 6단이었고 높이는 50~80m였던 것으로 보이며, 우르 의 대 지구라트처럼 중앙에 있는 3방향 계단으로 윗단에 오르게 돼 있다. 1940년대 최초 발굴이 시작되어 1980년까지 간헐적으로 이어졌고 사담 후세인 집권 시에 아래 단과 계단 등에 복원이 이루어졌다. 사진만 보면 이 거대한 구조물이 어떻게 땅속에 묻혀있었을까 의아한데, 메소포타미아 문명의 역사적 특징에서 보았듯이 하나의 지배세력이 정복당하면 도시 전체가 버려지는 결과가 발생해버렸기 때문인 것 같다. 이 지구라트 역시 걸프전 때 피해를 보았고, 복원 작업 이후에 오히려 풍화작용 등 환경적인 영향으로 심각한 손상이 나타나고 있다.

a. 발굴 당시 모습
b. 현재 복원된 모습

… 아칼 쿠프 지구라트

초가 잔빌 지구라트

Chogha Zanbil Ziggurat, 또는 Ziggurat of Dur-Untash, BC 1250년 경, 이란

기원전 1250년 엘람 제국의 운타시 나피리샤 왕Untash-Napirisha(재위 BC 1275~BC 1240)이 당시 수도였던 수사Susa로부터 약 30km 떨어진 곳에 종교적 수도를 건설하면서 그 도시 안에 만들어졌다. 현재의 이란에 위치하며, 티그리스강에서 한참 동쪽으로 메소포타미아 중심 지역에서 벗어난 몇 안 되는 지구라트 중 하나다. 그 이름에서 'Chogha'는 '언덕'을 의미하고 'Zanbil'은 풀로 만든 '바구니'를 뜻하는데, 거대한 지구라트가 처음 땅속에서 모습을 나타냈을 때, 마치 뒤집어 놓은 바구니같이 생겼다고 해서 지어진 이름이다.

이 지구라트는 아주 우연히 발견됐다. 1935년, 한 석유회사가 유전을 찾기 위해 탐사비행을 하다가 상공에서 특이한 지형을 발견했고 이후 유전 현장에서 일하던 엔지니어들이 그곳에서 발견한 문자가 적힌 고대 벽돌을 발굴팀에게 전달하게 된다. 연구팀이 이 유물을 해독하고 발굴에 나선 결과, 거기에 지구라트가 묻혀있음을 발견했고 이것이 첫 번째 발굴(1951~1962)로 이어졌다. 발굴 이전에 이 지역 사람들은 이것이 그저 낮은 구릉이라고만 생각했지 지구라트라는 사실을 까맣게 몰랐다.

원래는 5단의 지구라트였지만, 아쉽게도 발굴 도중 2개의 단이 사라져 지금은 3개 단만이 남아있으며, 원래 상태라면 아래 단 각 변의 길이가 105m인 정사각형에 높이는 약 60m였을 것으로 추정된다. 지금은 25m 정도만 남아있지만, 그래도 가장 잘 보존된 최대의 지구라트 중 하나로 알려져 있고, 수메르의 신 인슈시나크Inshushinak와 옛 수도 안샨Anshan의 수호신 나피리샤Napirisha의 신전이 있었다고 한다.

a. 발굴 후 현재 모습
b. 고고학적 증거에 의한 상상도

··· 초가 잔빌 지구라트

이 지구라트가 위치한 두르 운타쉬Dur U ntash에는 관개 시스템의 하나라
고도 볼 수 있는 아주 독특한 급수 시스템이 있었다. 이 도시 근처에는 데
즈강Dez River이 흐르고 있었는데, 강보다 도시의 고도가 높아서 물을 끌어
올 수 없었고, 부득이 카르케흐강Karkheh River으로부터 45km의 수로를 건설
해 물을 공급해야만 했다. 그런데 이 방법에도 문제가 있었다. 강물에 진
흙이 섞여 있어서 도시 거주민들이 그대로 사용하기에 적합하지 않았던
것이다. 이런 이유로 성 밖에 정화시설을 만들고 물의 속도를 낮춰 진흙을
침전시킨 뒤 깨끗한 물을 공급하는 아이디어를 개발해냈다. 세계에서 가
장 오래된 이른바 도시 정화 급수시설을 만들어낸 것이다.

두르-샤루킨 지구라트

Dur-Sharrukin Ziggurat 또는 Khorsabad Ziggurat, BC 630년경 또는 BC 720~BC 540, 이라크

현재 이라크의 크로사바드Khorsabad에 위치한 이 지구라트는 어느 정도 드러나 있던 것이 아니라 학자들이 연구를 통해 찾아내고 발굴한 최초의 지구라트다. 이 도시는 사르곤 2세가 건설한 새로운 수도로, 지구라트는 BC 630년경 (또는 BC 720~BC 540) 역시 아시리아의 왕 아슈르바니팔Ashurbanipal의 명령으로 건설됐다. 원래는 7층 구조물이었지만 발굴 당시에는 4개 층만이 남아있었고, 다른 지구라트와는 달리 돌음식 경사로로 꼭대기 층까지 올라가게 되어있다. 또, 현장의 유물들을 분석한 결과, 이 지구라트는 아래층부터 한 층씩 올라갈 때마다 흰색, 검은색, 붉은색, 푸른색, 주홍색, 은색, 금색 유약을 칠한 벽돌로 치장되었을 것으로 추정된다. 지금까지 발굴된 지구라트 중 가장 특이하고 화려한 모습으로, 최초의 지구라트로부터 많은 세월이 흐르면서 신전에 대한 욕망과 기술이 정점에 달했음을 보여준다.

지혜와 예언, 쓰기, 풍작의 신 나부Nabu를 위한 지구라트였다는 설이 일반적이지만, 유적지에서 발견된 부조浮彫에서 사르곤 2세가 적을 무찌르는 위대한 왕으로 묘사되어있고 그의 위풍이 배경에 그려진 신들을 압도해, 신보다 사르곤 2세를 기리기 위한 건축물이란 해석도 있다. 일설에 의하면 2015년 3월 이슬람 근본주의 국제 범죄 단체인 ISthe Islamic State of Iraq and the Levant (ISIS)가 이 지역을 점령하고 두르-샤루킨 유적지를 파괴했다고 한다.

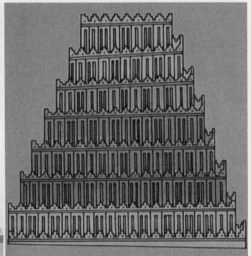
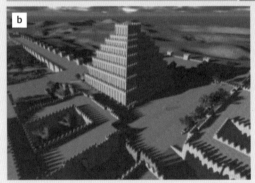

a. 발굴 당시 모습과 층별 색상이 반영된 상상도
b. 3D 이미지로 복원된 모습

··· 두르-샤루킨 지구라트

지구라트의 구조와 시공기술

　지구라트는 한마디로 속이 꽉 찬 벽돌 산이다. 시대나 지역별로 규모와 모습에 차이가 있지만, 지구라트의 기본 재료는 점토벽돌이었고 일반적으로 내부에는 생산비용이 저렴한 햇볕에 말린 벽돌을, 화려함이 강조되어야 할 외부에는 구운 벽돌을 사용했다. 잘 보존된 지구라트의 외관에 붉은색이 나는 것은 바로 이 구운 벽돌을 사용했기 때문이다.

　이집트처럼 쓸만한 석재를 구하기 어려웠던 메소포타미아에서 지구라트의 건축재료로 벽돌을 사용한 것은 어쩔 수 없는 선택이었을 것이다. 그런데 벽돌이란 재료의 단점을 해결하기 위해선 공학적 기술이 동원되어야 했다. 특히 말린 벽돌은 습기에 약했고 비가 오면 물 먹은 벽돌이 무너져내릴 수 있었다. 실제로 발굴된 지구라트에서 노출된 벽돌이 부서지거나 풍화에 취약한 현상이 발생하기도 했다.

　메소포타미아인들이 이런 문제를 처음부터 알았을 것 같지는 않고 오랜 세월 동안 시행착오를 겪었을 것 같은데, 그들의 해결방법은 지구라트의 내부에서 바깥 면까지 숨구멍을 내어 환기를 시키는 것이었다. 지구라트의 외벽을 보면 수백 개의 사각형 구멍이 뚫려 있는 것을 볼 수 있는데, 이 구멍들이 그런 기능을 한다. 또, 지구라트의 테라스에는 겨울철 빗물이 잘 빠지도록 배수구도 만들었고 외벽 면은 경사지게 만들어 빗물이 잘 흘러내리도록 설계했다. 벽돌을 쌓을 때 접착력과 내구성을 보강하기 위해 갈대와 역청을 사용했음은 당연한 시공방법이었다.

　갈대와 역청은 벽체에만 적용된 기술이 아니라 건축물에 가장 중요한 기초에도 사용됐다. 기초는 일반 사람들의 눈에는 보이지 않기 때문에 그 존재를 인식하기 어렵지만, 모든 건축물에는 아무리 가벼운 단층 건물이

··· 복원된 대 지구라트 벽면의 환기 구멍 모습

라 해도 지반 면에 건축물의 하중을 효과적으로 전달해주고 지반이 그 하중을 잘 버틸 수 있도록 기초를 설치해야 한다.

우리나라에서 제일 높은 빌딩인 롯데 타워를 예로 들어보자. 지상 123층인 이 빌딩의 무게는 자그마치 75만 톤. 그 무게를 버텨내기 위해 암반 속 38m까지 콘크리트 파일 108개를 박고 그 위에 다시 6.5m의 콘크리트 덩어리 기초를 깔아 놓았다. 세상에서 가장 든든한 재료인 콘크리트를 사용해도 이런 어마어마한 기초가 필요한 것이다.

그러면 지구라트는 어떠했을까. 대 지구라트의 사례를 보면, 여기에 사용된 벽돌은 한 개의 크기가 평균 29x29x7cm, 무게는 약 15kg 정도였고 가장 아래 단에 사용된 말린 벽돌만 72만 개였다. 전체 무게를 추산해보면 약 10,800톤, 아프리카의 대형 코끼리의 몸무게가 8톤 정도라니까 135만 마리, 70kg 성인으로 치면 15만 4천여 명의 무게가 된다. 우리나라 중소 도시 한 곳의 인구를 몽땅 한 곳에 모아 놓은 것만큼 육중한 무게다. 게다가 지구라트가 세워진 메소포타미아 지역은 지층이 무르고 그런 토질에 건물을 짓는 것은 상당히 위험한 일이다. 기초에 쓸 만한 암석도 구하기 어려웠다. 성경에 나오는 바벨탑이 지구라트 중 하나였을 것이란 주장이 있지만, 이런 상황이라면 사람들의 언어가 달라져 탑이 무너져 내리기 전에 기초 부실로 파괴되었을 것이다.

　메소포타미아인들은 그들이 즐겨 사용한 건축재료의 장점을 이용해 이 문제를 해결했다. 그들은 맨 밑에 벽돌, 그 위에 모래, 그리고 갈대로 짠 매트를 모래와 자갈층 사이에 50~200cm 간격으로 평평하게 깔고 이 층을 반복적으로 설치해서 기초를 만들었다. 벽돌은 수직 하중을 담당하고 질긴 매트는 벽돌의 결속력을 높이는 한편, 구조물에 습기가 찰 때 무너져 내리는 것을 막도록 한 것이다. 또 갈대로 엮은 지름 70cm 정도의

　⋯ 아칼 쿠프 지구라트에서 발견된 갈대 매트

··· 아누 지구라트의 갈대 밧줄 관통 구멍

밧줄을 건물 중심부에 가로질러 설치해 외부 벽을 잡아주는 벨트 역할을
하도록 했다.

　날씨만 바라봐야 했던 농경사회에서, 더구나 하천의 범람이 잦았던 환
경에서 하늘과 신에게 의지해야 했던 메소포타미아인들은 좀 더 높은 곳
에서 신과 가까이하려 했다. 좀 더 높고 큰 지구라트는 숙명적이었다. 그
런데 벽돌을 쌓아 이런 건축물을 만드려면 얼마나 큰 노력과 많은 시간이
필요했겠는가. 그것도 수천 년 전에 말이다. 하지만 그들의 놀랄만한 공학
적, 기술적 능력은 이 위대한 건축물을 남기기에 충분했다.

II장

신비한 나라 이집트의
신비한 건축기술

5,000년을 이어온 이집트의 역사

우리에게 가장 친숙하고 잘 알려진 고대 문명을 꼽으라면 뭐니 뭐니 해도 고대 이집트를 들 수 있다. 영화나 매스컴 등에 등장하는 고대 이집트인들의 화려한 모습과 문화, 그리고 휘황찬란한 건축물들은 이집트를 평생에 꼭 한번 가봐야 하는 버킷 리스트 중 하나로 꼽게 하는 데 충분하다. 지구라트는 몰라도 이집트의 피라미드를 모르는 사람은 없고, 이집트가 메소포타미아보다 더 오래된 문명이라 알고 있는 사람들도 많을 것 같다.

실제로 이집트의 시작은 아주 먼 고대로 거슬러 올라간다. 나일강 주변에 사람들이 모여들기 시작한 것이 약 12만 년 전쯤부터라는 주장이 있을 정도다. 그것이 얼마나 정확한 것인지는 알 수 없지만, 아프리카의 기후가 덥고 건조해지면서 강이 흐르고 비옥한 초원이 펼쳐져 있던 이 지역은 척박해진 땅을 떠나 농사를 짓고 삶의 터전을 만들어야 했던 사람들에게 신이 내린 선물이었다. 그러면 이 시기에 이집트 문명이 시작됐다고 보아야 하는가? 겨우 구석기 시대에나 머물러 있던 때인데? 메소포타미아보다 더 빨랐던 것은 아닌가? 당연히 궁금해지는 부분들이다. 그러나 이때부터 이집트에 '문명'이 있었다고 이야기하는 것은 큰 비약이다. 단순히 사람이 모여들었다고 해서 문명이라고 부를 수 있는 것은 아니기 때문이다.

이집트를 '문명'이라 부를 만한 변화가 일어난 것은 BC 6000년에서 BC 5500년 사이 나일강 주변과 계곡에 작은 부족들이 형성되면서부터다. 특히 나일강의 중간 지역쯤에서 시작해 BC 4000년 무렵 전성기를 이루었던 바다리안 문화Badarian culture나 더 남쪽 지역에 자리 잡았던 나카다 문화Naqada culture(BC 4400~BC 3000) 등이 주목할 만한 발전이었다. 이제 비로소 사람들은 구리와 같은 금속을 사용할 줄 알게 됐고 도자기를 만들기도 했으며 바야흐로 문명이 싹트기 시작한 것이다. 이 기간을 이집트 역사에서 선왕조 先王朝, predynastic 시대라고 한다.

본격적으로 이집트 역사를 따라 들어가기 전에 몇 가지 의문들을 풀고 가보자. 먼저 모든 나라의 이름에는 어원이 있을 터인데, '이집트'란 이름은 어디서 왔으며 무슨 뜻일까. 뜻밖에도 고대 이집트인들은 그들의 나라를 발음 그대로 '이집트'라 부르지 않았다. '이집트'란 명칭은 그리스어 '이집토스 Aegyptos'에서 왔다고 하는데, 정작 그 어원에 대해서는 학자들 간에 여러 설이 있다. 어떤 학자들은 그것이 이집트인들의 조상이자 그리스 신화에 나오는 전설적인 이집트 왕의 이름이었다 하고, 혹은 고대 이집트의 창조신이자 현재 이집트 도시 멤피스의 수호신이었던 "'프타 Ptah 신'의 집 Hwt-Ka-Ptah, Mansion of the Spirit of Ptah"이라는 의미에서 온 것이라고도 한다. 또는 고대 이집트인들이 자신들의 나라를 불렀던 명칭의 발음이 변화된 것이라는 설도 있다. 어쨌든 이집트란 명칭은 수천 년을 거치면서 아랍어, 그리스어, 프랑스어, 라틴어, 영어 등, 역사만큼이나 길고 복잡한 과정을 거치면서 지금의 발음 또는 표기법으로 정착되었다.

또, 이집트의 역사에 관심 있는 사람들이라면, 시대나 왕국, 왕조 등 역사를 구분하는 복잡한 체계에 대해 들어보았을 텐데, 이것 역시 이집트인들 스스로가 만들어놓은 것이 아니다. 그 기원은 기원전 3세기 초 이집트의 왕권이 그리스 프톨레마이우스 왕조의 손에 넘어갔을 때, 당시 대사제이자 역사가였던 마네토 Manetho가 이집트 파라오의 연대기를 정리해『이집트 역사(아이귑티카 Aegyptiaca)』를 편찬한 데에서 시작됐고, 이후 오랜 기간 고증과 검증을 거치며 현대까지 이어져 오고 있다.

이런 시대 구분을 기반으로 학자들은 선왕조 시대부터 통일 이집트가 탄생하기 전까지의 약 100년간을 따로 구분해 '원왕조原王朝, protodynastic 시대'라 부른다. 이 시기에는 나일강 주변에 여러 소규모 도시국가들이 생겨나고 몇 개의 핵심적인 세력으로 통합되어 간다. 나일강 삼각주와 누비아Nubia 사이, 즉 상이집트Upper Egypt라 부르는 지역에 티니스Thinis, 나카다Naqada, 네켄Neken 등 강력한 도시들이 생겨났고, 각자 섬기는 신이 달랐던 이 도시들이 패권을 다투다 결국 호루스Horus 신(대기와 불을 상징하는 신, 태양의 신)을 섬기던 티니스가 나머지 도시들과 하이집트Lower Egypt를 정복하게 된다. 티니스의 지배자 메네스Menes(재위 BC 3200~BC 3000년 사이)가 이 위대한 업적의 주인공으로, BC 3150년 이집트의 통일을 이뤄낸 그는 초대 파라오로 등극하고 이를 기점으로 초기 왕조(BC 3050~BC 2686, 제1~2왕조)시대가 시작된다. 따라서, '이집트'라는 나라의 역사를 얘기하려면 이때를 시작점이라 보는 것이 적합할 것 같다.

보통 이집트의 왕이라 알고 있는 '파라오Pharaoh'는 실은 이집트의 정치적·종교적 최고 통치자를 의미하며, 바로 메네스부터 사용된 용어이다. 더 정확히는 '두 땅의 주인Lord of the Two Lands'과 '모든 사원의 수장High Priest of Every Temple'이라는 두 가지 뜻을 가지는데, 전자는 파라오가 상이집트와 하이집트 전체의 통치자라는 뜻이고, 후자는 그가 지상에서 신들을 대표하는 존재임과 동시에 모든 신들에 대한 제사장이란 의미였다. 이집트의 파라오들이 화려한 신전들을 건설하고 그들의 무덤을 엄청난 규모의 피라미드로 꾸민 것은 바로 그가 권력의 핵심이면서 신이자 제사장이었기 때문이다.

제1~2왕조로 초기 왕조시대를 연 이집트는 이후 고왕국 시대(BC 2686 ~

BC 2181), 제1중간기, 중왕국, 제2중간기 시대(BC 2181~BC 1570), 신왕국 시대(BC 1570~BC 1070), 그리고 다시 제3중간기(BC 1069~BC 664)를 거쳐 말기 왕조 시대(BC 664~BC 332)로 이어진다.

통일을 이룬 초기 왕조가 시작된 시대는 메소포타미아의 수메르, 아카드 문명과 겹쳐지는 시기이지만, 그 역사는 무려 3,000년 가까이 지속된다. 왕조는 바뀌었지만, 하나의 국가로서 확고한 체계를 유지한 것이다. 이 오랜 기간 중 가장 번영했던 시기는 이집트 제국이라 불렸던 신왕국 시대로, 특히 리비아, 누비아, 팔레스타인까지 세력을 확장했던 제19왕조(BC 1293~BC 1185) 람세스 2세Ramesses II(BC 1303~BC 1213)* 때가 이집트의 황금기로 평가된다. 그는 20m의 좌상들과 암벽을 60m 깊이로 파서 만든 아부심벨 신전Abu Simbel Temple†, 현존하는 신전 중 최대 규모를 자랑하는 카르나크 신전Karnak‡, 람세스 2세 자신에 대한 숭배를 위한 라메세움 신전Ramesseum§ 등, 피라미드만큼이나 유명하고 거대한 건축물들을 이집트 전역에 건설해 놓았다.

하지만 이때를 정점으로 점차 쇠약해진 이집트는 말기왕조 시대에 아

---

* 많은 학자들은 성경에 나오는 출애굽기의 배경이 람세스 2세 때일 것으로 추측하고 있다.
† BC 1264년~BC 1244에 건설된 신전으로 람세스 2세 자신을 위한 대신전과 왕비 네페르타리 Nefertari 를 위한 소신전으로 되어 있다. 이집트 누비아 지방의 나세르 호수Lake Nasser 근처에 있던 이 신전은 애초에 천연 사암층을 뚫어서 만들었지만, 아스완댐 건설로 수몰되게 되자 원형 그대로 65m를 끌어올려 이전한 것으로도 유명하다. 신전의 이름은 1813년 스위스 탐험가 요한 루트비히 부르크하르트Johann Ludwig Burckhardt 가 이 신전을 처음 발견했을 때 탐험단을 안내했던 아부심벨이란 소년의 이름에서 따왔다고 한다.
‡ 고대 이집트 최대 규모의 신전으로 아메넴헤트 1세Amenemhat I(제12왕조의 창시자, 생애 미상)가 착공하여 람세스 2세뿐만 아니라 여러 파라오를 거치며 증축, 신축되었다. 아문Amun , 무트Mut , 멘투Mentu 신에게 바치는 세 개의 신전으로 구성되어있으며 룩소르에 있다.
§ 고대 이집트에서는 파라오가 죽은 뒤에도 그의 영혼과 영원한 생명에 대해 기도하고 제사를 지내기 위한 사원을 건설했다. '라메세움 신전'은 람세스 2세를 위한 것으로 신전의 이름은 후세 사람들이 그의 이름을 따 붙였다. 역시 룩소르에 있으며, 이런 사원을 '장제전葬祭殿, mortuary temple '이라고도 한다.

··· 람세스2세 때 건설된 아부심벨 신전, 카르나크 신전, 라메세움 신전

시리아 등 외세의 침략에 흔들리기 시작했고, 결국 제26왕조 프삼틱 3세 Psamtik III(재위 ?~BC 525) 때 아케메네스 왕조의 페르시아 제국에게 정복당하고 만다(BC 525, 아케메네스 왕조의 1차 점령기). 그 결과, 제27왕조의 초대 파라오인 캄비세스 2세Cambyses II(재위 BC 530~BC 522)가 이집트 출신이 아닌 점령국 페르시아의 황제였으므로 페르시아에 의한 1차 점령 시기를 고대 이집트의 최후로 보는 견해도 있다.

이어 제28왕조의 유일한 파라오 아미르타이오스Amyrtaeus(재위 BC 404~BC 399)가 이집트인의 후예로 잠시 독립을 이루지만(BC 404) BC 343년 다시 페르시아 제국에게 점령을 당해(아케메네스 왕조의 2차 점령기) 이집트인 왕조의 명맥이 완전히 끊기게 된다.

이렇게 페르시아인에 의한 제31왕조가 시작되지만, 이 또한 오래가지 못했다. 불과 10년 만에 마지막 파라오이자 페르시아 제국의 마지막 왕이었던 다리우스 3세Darius III(BC 380~BC 330)가 알렉산드로스 대왕에게 정복당하면서 이집트는 약 300년 동안 마케도니아 프톨레마이우스 왕조의 지배를 받았고(BC 332~BC 30) 그다음에는 로마와 비잔틴 제국의 영토가 되기도 했다(BC 30~AD 641). 이후에도 여러 차례 다른 나라의 지배를 받아야 했던 이집트는 1953년이 되어서야 지금의 국가로 독립을 이루게 된다.

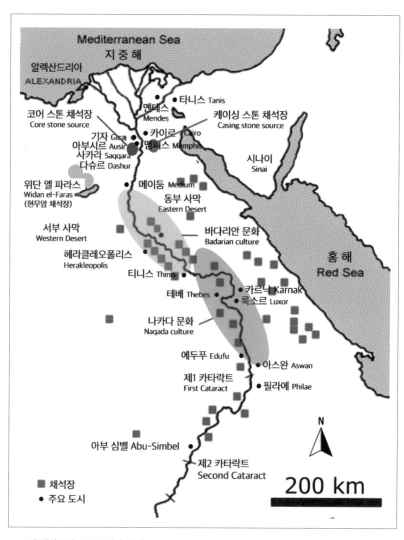

Mediterranean Sea
지 중 해

알렉산드리아
ALEXANDRIA

코어 스톤 채석장
Core stone source

메데스
Mendes

타니스 Tanis

케이싱 스톤 채석장
Casing stone source

기자 Giza
아부시르 Ausir
사카라 Saqqara
다슈르 Dashur

카이로 Cairo
멤피스 Memphis

시나이
Sinai

위단 엘 파라스
Widan el-Faras
(현무암 채석장)

메이둠 Medium

동부 사막
Eastern Desert

서부 사막
Western Desert

바다리안 문화
Badarian culture

홍 해
Red Sea

헤라클레오폴리스
Herakleopolis

티니스 Thinis

테베 Thebes

카르낙 Karnak
룩소르 Luxor

나카다 문화
Naqada culture

에두푸 Edufu

아스완 Aswan

제1 카타락트
First Cataract

필라에 Philae

아부 심벨 Abu-Simbel

제2 카타락트
Second Cataract

N

200 km

■ 채석장
● 주요 도시

… 고대 이집트의 주요 도시와 지명

고대 이집트 왕조의 연대기

시대 구분	왕조	수도	통치 기간			통치자	
			시작	끝	기간	첫 번째 파라오	마지막 파라오
초기 왕조	제1왕조	티니스Thinis	BC 3150	BC 2900	250년	나르메르Narmer	카아Qa'a
	제2왕조	티니스Thinis	BC 2880	BC 2686	204년	헤텝세켐위 Hotepsekhemwy	카세켐위 Khasekhemwy
고왕국	제3왕조	멤피스Memphis	BC 2687	BC 2613	73년	조세르Djoser 또는 사나크테Sanakht	후니Huni
	제4왕조	멤피스Memphis	BC 2613	BC 2494	112년	스네프루Sneferu	세스카프Shepseskaf 또는 탐파시스Thamphthis
	제5왕조	멤피스Memphis	BC 2494	BC 2345	149년	유저카프Userkaf	우나스 Unas
	제6왕조	멤피스Memphis	BC 2345	BC 2181	164년	테티Teti	메렌레 2세Merenre Nemtyemsaf II 또는 네체르카레Netjerkare Siptah 또는 니토크리스Nitocris
제1 중간기	제7왕조	멤피스Memphis	미상	미상	미상	미상	미상
	제8왕조	멤피스Memphis	BC 2181	BC 2160	21년	네체르카레 Netjerkare Siptah 또는 멘카레Menkare	네페리카레 2세 Neferirkare II
	제9왕조	헤라클레오폴리스 마그나Herakleopolis Magna	BC 2160	BC 2130	30년	메리브레 케티 1세 Meryibre Khety I	미상
	제10왕조	헤라클레오폴리스 마그나Herakleopolis Magna	BC 2130	BC 2040	90년	메리하토르Meryhathor	미상
중왕국	제11왕조	테베Thebes	BC 2130	BC 1991	139년	인테프Intef	멘투호테프 4세 Mentuhotep IV
	제12왕조	이티타위Itjtawy	BC 1991	BC 1802	189년	아메넴하트 1세 Amenemhat I	소벡네페루 Sobekneferu
	제13왕조	이티타위Itjtawy	BC 1803	BC 1649	154년	세케므레 쿠타비 Sekhemre Khutawy 소베코텝Sobekhotep	미상
제2 중간기	제14왕조	아바리스Avaris	BC 1725	BC 1650	75년	약빔 세켄레 Yakbim Sekhaenre	미상
	제15왕조 (힉소스)	아바리스Avaris	BC 1650	BC 1550	100년	샐리티스Salitis	카무디Khamudi
	아비도스 왕조	아비도스Abydos	BC 1650	BC 1600	50년	미상	미상
	제16왕조	테베Thebes, 아바리스Avaris	BC 1649	BC 1582	67년	아나트허Anat-her	미상
	제17왕조	테베Thebes	BC 1580	BC 1550	30년	라호테프Rahotep	카모세Kamose
신왕국	제18왕조	테베Thebes, 아마르나Amarna	BC 1550	BC 1292	258년	아흐모스 1세Ahmose I	호렘헵Horemheb
	제19왕조	테베Thebes, 멤피스Memphis, 파이람세스Pi-Ramesses	BC 1292	BC 1189	103년	람세스 1세Ramesses I	투셋Twosret
	제20왕조	파이람세스Pi-Ramesses	BC 1189	BC 1077	112년	세트나흐테Setnakhte	람세스 11세

시대 구분	왕조	수도	통치 기간			통치자	
			시작	끝	기간	첫 번째 파라오	마지막 파라오
제3 중간기	제21왕조	타니스Tanis	BC 1069	BC 943	126년	스멘데스Smendes	프수센네스 2세 Psusennes II
	제22왕조 (메쉬웨스)	타니스Tanis, 부바스티스Bubastis	BC 943	BC 720	223년	쇼셴크 1세Shoshenq I	오소르콘 4세Osorkon IV
	제23왕조 (메쉬웨스)	헤라클레오폴리스 마그나Herakleopolis Magna, 헤르모폴리스Hermopolis, 테베Thebes	BC 837	BC 728	109년	하르시에세 A Harsiese A	루다문Rudamun
	제24왕조	사이스Sais	BC 732	BC 720	12년	테프나흐트Tefnakht	바켄라네프Bakenranef
	제25왕조 (누비아)	멤피스와 나파타Napata	BC 744	BC 656	88년	피예Piye	탄타마니Tantamani
말기 왕조	제26왕조	사이스Sais	BC 664	BC 525	139년	프삼틱 1세Psamtik I	프삼틱 3세Psamtik III
	제27왕조 (페르시아)	바빌론Babylon	BC 525	BC 404	121년	캄비세스 2세 Cambyses II	다리우스 2세Darius II
	제28왕조	사이스Sais	BC 404	BC 398	6년	아미르타이오스 Amyrtaeus	아미르타이오스 Amyrtaeus
	제29왕조	멘데스Mendes	BC 398	BC 380	18년	네페라이트 1세 Nepherites I	네페라이트 2세 Nepherites II
	제30왕조	세베니토스Sebennytus	BC 380	BC 343	37년	넥타네보 1세 Nectanebo I	넥타네보 2세 Nectanebo II
	제31왕조 (페르시아)	바빌론Babylon	BC 343	BC 332	11년	아닥사스다 3세 Artaxerxes III	다리우스 3세Darius III
그리스- 로마 시대	아르게아드 왕조 (그리스)	펠라 Pella	BC 332	BC 309	23년	마케도니아의 알렉산더 3세 Alexander III	마케도니아의 알렉산더 4세 Alexander IV
	프톨레마이 오스 왕조 (그리스)	알렉산드리아 Alexandria	BC 305	BC 30	275년	프톨레마이오스 1세 소테르 Ptolemy I Soter	카이사리온 Caesarion
	BC 30년에 로마 공화국에 통합						

고대 이집트가 남긴 업적들

이토록 긴 역사를 자랑하는 만큼 이집트가 인류 최초로 만들어낸 업적들은 무수히 많다. 아니, 웬만큼 오래됐다 싶으면 무엇이든 자기네가 원조라고 주장할 정도고, 때로는 메소포타미아의 것들과 겹치기도 한다. 예를 들어, 앞서 메소포타미아에서 얘기했던 벽돌, 갈대 배, 수로와 관개 시스템 등이 이집트에도 있었고 관점에 따라 발명의 원조로서 이집트의 손을 들어주기도 한다. 그런 부분이 헷갈릴 수 있지만, 메소포타미아의 나라들과는 서로 침략을 주고받는 관계이기도 했고 지정학적으로 충분히 오갈 수 있는 거리였으니까 서로의 기술에 영향을 받았다고 보는 게 자연스러울 것 같다. 게다가 기록의 양과 보존 측면에서 동시대의 어느 지역보다 한 수 위였고, 유럽 선진국들에 의한 연구와 조사, 발굴이 일찌감치 시작됐기 때문에 이집트에 대한, 특히 그들이 인류 최초 만들어낸 것들에 대한 정보는 차고도 넘친다.

그중에서 가장 대표적인 것으로 상형문자Hieroglyphs를 들 수 있다.* 시대적으로 메소포타미아의 쐐기문자가 조금 빠르긴 하지만, 상형문자의 기원이 BC 3200년 선왕조 시기까지 거슬러 올라가 그리 차이가 크지 않다. 다만 그 구조나 생김새, 표현방법은 전혀 달랐다. 초기의 상형문자는 사물이나 생각을 나타내는 단순한 모양의 그림에 불과했는데 시간이 흐르면서 700개가 넘는 심볼로 체계를 갖추게 되었고 소리, 아이디어, 사물들은 물

---

* 이집트의 문자는 지역에 따라 차이가 있기는 하지만, 상형문자神聖文字, Hieroglyph (또는 신성문자)에서 신관문자神官文字(상형문자의 흘림체, BC 2925~BC 2775 때 처음 사용), 민중문자民衆文字, Demotic(BC 700~)의 형태로 발전한다.

론이고 심볼을 조합해 복잡한 사고와 이야기까지 표현할 수 있었다.[†]

아무리 글자가 있어도 적을 방법이 없다면 소용이 없을 텐데 이집트에는 세계 최초의 종이, 파피루스가 있었다. 이 혁신적인 물건은 BC 3000년경에 발명됐고 이를 계기로 그들의 '기록의 역사'가 시작된다. 메소포타미아의 점토판에 비해 가볍고, 휴대가 간편했으며, 대량으로 만들어낼 수 있었으므로 각종 행정기록이나 법률문서, 종교문서, 심지어 문학작품까지 기록하고 남길 수 있었다. 또 무엇인가를 기록하려면 반드시 필요한 것이 있는데 바로 잉크다. 그들은 검댕이와 자연 염료, 점성물질과 물 등을 섞어 파피루스에 문자를 적을 수 있는 잉크를 만들었고 검은색, 붉은색, 녹색, 푸른색, 노란색, 흰색 등 여섯 가지 색깔을 만들어 썼다. 이 중에서 검은색을 가장 많이 사용했고 강조하고 싶은 곳에는 붉은색을 썼다고 하니 요즘의 용도와 크게 다르지 않은 듯 하다.

문자, 기록과 함께 기술 분야에 큰 발전을 가져오게 된 발명품으로 숫자와 수학의 개념을 들지 않을 수 없다. 메소포타미아에서도 수학을 기초로 문명이 발전할 수 있었겠지만 남아있는 기록만 보면 이집트는 차원이 달랐다. 그들의 숫자 개념은 지금의 10진법과 비슷한 체계로, 1, 10, 100, 1000 등의 숫자를 상형문자로 나타낼 수 있었고, 각종 계산을 하는 데 아주 효율적이었으며 기하학 발전에도 큰 기여를 했다. 또 수학과 기하학은 피라미드와 같은 건축물의 설계와 시공, 그리고 나일강의 범람 후에 휩쓸려간 대지를 다시 측량하는 데 필수적이었다.

[†] 1799년 상형문자, 민중문자, 고대 그리스어 등, 세 가지 언어가 차례로 적혀있는 '로제타 스톤 The Rosetta Stone(BC 196)'이 발견되고 1822년 프랑스의 이집트학자 장프랑수아 샹폴리옹Jean-François Champollion(1790~1832)이 이 글을 해독해내면서 고대 이집트 세계를 이해하는 데 중요한 실마리를 풀게 된다.

··· 린드 수학 파피루스 The Rhind Mathematical Papyrus 의 일부

이집트인들의 수학 실력은 그들이 남긴 여러 문서에서 그대로 증명된다. 1858년 영국의 고고학자 알렉산더 헨리 린드Alexander Henry Rhind(1833~1863)가 아주 오래된 파피루스 하나를 발견하는데 여기에는 놀랍게도 여러 가지 수학 지식, 예를 들어 분수, 대수, 기하학, 삼각법에다 방정식이나 원주율까지 총 84개의 문제가 적혀있었다. BC 1550년경 만들어진 이 파피루스는 린드의 이름 따 '린드 수학 파피루스The Rhind Mathematical Papyrus'라 불리며 역사상 가장 오래된 수학책의 하나로 알려지고 있다.

그 밖에 제약과 수술 등 의학 분야의 발전, 일 년 열두 달, 365일로 구성된 태양력의 발명, 중앙 집권적 국가 정책과 경영 방식, 경찰 시스템, 심지어 화장술, 전문 이발사, 치약, 볼링 게임, 각종 가구, 자물쇠 등과 같이 실생활과 밀접한 부분까지 그들의 손이 미치지 않은 곳이 없다. 하지만 발명품이 아무리 많고 대단해도 일반 사람들에게 '이집트' 하면 가장 먼저 생각나는 것이 무엇이냐고 묻는다면? 그 답은 누가 뭐래도 '피라미드'일 것이다. 이집트를 다녀왔는데 피라미드를 보고 오지 않았다면 이집트에 간 것 자체를 무효라 해도 되지 않을까.

그런데 피라미드는 단순히 이집트의 대표 건축물 또는 세계적인 여행지, 그 이상의 의미를 갖는다. 피라미드는 이집트의 긴 역사 중 고왕국에서 중왕국 시대까지 비교적 이른 시기에 건설되었지만, 이 책에서 이야기하고 있는 건축기술 측면에서 보았을 때 더 이상 말이 필요 없는 이집트 건축기술의 집약체이자 결정판이기 때문이다. 그런 점에서 메소포타미아에선 그 문명이 남겨놓은 몇 가지 건축물과 관련 기술에 대해 알아봤지만 이집트에선 피라미드를 중심으로 그들의 신비한 건축기술을 알아보기로 한다.

이집트의 대표 건축물 피라미드

피라미드의 시작과 끝

사막 한가운데 우뚝 솟아있는 거대한 삼각형 구조물 피라미드. 거기에 낙타라도 한 마리 지나가면 그야말로 한 폭의 그림이 된다. 많은 사람들이 떠올리는 이 장면은 아마도 이집트의 수도 카이로에서 멀지 않은 도시, 기자Giza에 있는 피라미드 모습일 것이다.

'피라미드'란 고유명사라기보다 사각뿔 모양의 구조물을 지칭하는 용어인데 그 어원에는 여러 가지 설이 있다. 가장 많이 인용되는 것은 고대 그리스어 '피라미스pyramis'에서 왔다는 설로, 재미있는 것은 이 말이 그리스어로 '밀로 만든 케이크wheat cake'를 뜻하고 이집트 피라미드가 이 케이크처럼 생겨서 붙여진 이름이라는 것이다. 그런데 정작 그리스 케이크의 실제 모습이 어땠는지는 아는 사람이 없단다. 어쨌든 이 용어가 이집트에만 있는, 또는 우리가 잘 아는 특정 건축물만을 뜻하는 것이 아니므로 피라미드는 세계 여러 고대 문명지, 예를 들어 바다 건너 마야나 잉카 문명에도 존재한다. 이집트인은 그들의 피라미드를 '메르myr'라 불렀다.

이집트의 피라미드가 파라오의 무덤이라는 것을 모르는 사람이 없을 거다. 그러나 이집트 역사상 파라오만이 자신의 무덤을 피라미드로 만들었던 것은 아니고 여왕이나 왕의 친족, 심지어는 민간인 부자들도 이런 형태의 무덤을 가질 수 있었다. 다만, 그토록 규모가 크고 화려하지 않았을 뿐이다. 파라오의 무덤을 크게 만들었던 것은 사후세계를 믿는 이집트에서 거의 신과 동급이었던 파라오가 사후세계로 가기 전까지 그의 영혼이 머무를 거처, 그리고 사후세계에서 부활하기 위해 필수적이었던 현생의 육체, 즉 미라를 보존하는 장소였기 때문이다. 세계 어느 나라를 가든 왕의 무덤은 크고 화려하기 마련인데, 거대한 피라미드를 보면 파라오의 왕권이 얼마나 강력했는지를 다시 생각하게 한다.

이집트 왕조 3,000여 년의 역사에 걸쳐 모든 파라오가 피라미드를 건설했던 것은 아니다. 역사적으로 기록된 최초의 피라미드는 카이로에서 남쪽으로 약 25km 떨어진 사카라Saqqara에서 발견된 고왕국 시대의 파라오 조세르Djoser(재위 BC 2668~BC 2649)의 계단식 피라미드Step Pyramid(BC 2670~BC 2650)이며 마지막은 아비도스Abydos*에 있는 신왕국 1대 파라오 아흐모세 1세Ahmose I(재위 BC 1550~BC 1525)†의 것으로 알려져 있다. 그러니까 피라미드는 고왕국부터 신왕국의 시작까지 약 1,000년에 걸쳐 지어진 것이다. 단, 이것은 파라오의 피라미드만을 기준으로 한 것이고 그 외의 피라미드와 이집트 혈통이 아닌 제25왕조와 쿠시왕국Kingdom of Kush‡ 시대의 것까지 합치면 현존하거나 확인된 것만 최소 118개에 이른다.

피라미드가 처음부터 지금처럼 매끈한 사각뿔 형태였던 것은 아니다. 파라오의 무덤은 BC 4700년경, 이집트 선왕조 시대의 분구묘墳丘墓, tumulus에서부터 시작됐다. 우리나라에서도 흔히 볼 수 있는 봉분이 볼록한 묘지를 말한다. 이런 형태의 분구묘는 선왕조시대 말기부터 고왕국시대 전반에 걸쳐 성행한 '마스타바mastabas'로 발전한다. 마스타바는 사다리꼴 모양

---

* 고대 이집트의 오시리스신 신앙의 중심지이자 신전들과 묘지가 모여있는 곳
† 중왕조의 제15, 16대 왕조 때 108년간 이집트 나일강 삼각주를 지배하던 이민족 힉소스족(BC 1648~BC 1540 추정)을 몰아내고 이집트를 재통일한 파라오. 그의 피라미드가 마지막인 것은 맞지만, 정작 그의 미라는 1881년 나일강 서안 지역 데르 엘 바하리Deir el-Bahri의 묘지 사원에서 발견됐기 때문에 그의 피라미드가 애당초 무덤이 아닌 기념비적인 건축물이었거나 처음에는 묘지였지만 한참 후에 미라를 옮겼을 것이라는 주장이 있다.
‡ 고대 아프리카 왕조의 하나이자 고대 이집트의 제25대 파라오 왕조로서 이집트에서 에티오피아 북부까지 지배했으며 BC 900년에서 AD 350년까지 약 1,250년 간 존속했다.

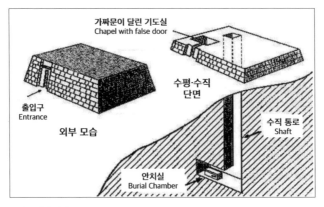

··· 마스타바의 구조

의 입면을 가진 단층 무덤으로, 주로 벽돌로 만들었으며 왕뿐만 아니라 부유한 이집트인들이나 귀족들이 사용한 전통적인 무덤형식이었다.

이 마스타바가 한 단계 더 발전한 것이 바로 조세르의 계단식 피라미드다. 이 피라미드는 조세르의 재상vizier*이자 불세출의 건축가, 엔지니어였던 임호텝Imhotep(BC 2600년경)이 완성했는데, 여기에는 의외의 뒷이야기가 있다. 총 6단의 마스타바를 계단식으로 쌓아 올린 이 피라미드는 맨 아래 단의 크기가 121x109m로 한 변이 축구 경기장의 길이보다 길고†, 전체 높이는 62.5m로 현대 건물로 치면 거의 20층 높이와 맞먹는 대형 건축물이다. 그런데 임호텝의 의도는 처음부터 이런 모습이 아니었다. 당시 파라오의 무덤은 당사자가 세상을 떠났을 때 타이밍을 맞춰 완성될 수 있도록 생전에 미리 공사를 진행하는 게 관습이었다. 그런데 애초에 계획했던 마스타

---

* 　재상vizier: 가장 높은 공무원으로 우리나라와 비교하면 국무총리, 다른 나라의 수상과 같은 급이다. 파라오를 보좌하면서 국가 운영 전반을 감독하는 역할을 한다.

† 　축구장의 크기는 구장마다 차이가 있지만, 국제축구평의회IFAB가 규정한 정규 규격은 105m×68m이다.

바가 완성될 때까지 조세르의 건강에 전혀 문제가 없자 이미 만들어진 구조물 위로 작은 마스타바를 올려 공사를 계속했고, 그래도 조세르가 끄떡없자 이번엔 전체 규모를 키우는 방법으로 피라미드를 완성했다고 한다. 이 이야기가 사실이라면, 그리고 조세르가 일찍 세상을 떠났더라면 지금의 피라미드는 아예 태어나지 않을 수도 있었다는 얘기다.

단순한 형태의 마스타바에서 시작했지만 조세르의 피라미드가 규모의 혁신을 가져온 것만은 확실하다. 또 당시에는 외면을 흰색 석회암으로 둘러싸 치장을 했다고 하니까 그 화려함도 그저 벽돌로 만든 일반 마스타바와는 차원이 달랐을 것이다.

피라미드의 다음 발전단계는 굴절 피라미드Bent Pyramid로, 계단식 피라미드에서 굴절 피라미드, 그리고 마지막 사각뿔 형태의 피라미드까지 발전하는 데에는 고왕국 시대 파라오 스네프루Sneferu(재위 BC 2613~BC 2589)의 역할이 가장 컸다. 그는 재위 기간 중 세 개의 피라미드를 완성하는데, 그 형식이 각각 계단식, 굴절식, 사각뿔 형태를 모두 포함하고 있으며 당대에 피라미드를 세 개씩이나 완성한 덕분인지 '피라미드의 아버지'라고까지 불린다.

조세르의 뒤를 이어 세켐케트Sekhemkhet(재위 BC 2649~BC 2643), 카바Khaba(BC 2643~BC 2637)가 조세르의 피라미드와 같은 계단식 피라미드를 지었고,‡ 제3왕조의 후니Huni(재위 BC 2637~BC 2613) 역시 계단식 피라미드를 시작했다가 제4왕조 스네프루가 공사를 이어받았는데, 그것이 그의 첫 번

---

‡ 세켐케트의 피라미드는 모래 속에서 발굴되었고 상태도 많이 훼손되어 '묻혀진 피라미드Buried Pyramid'라고도 불리며, 외장에 사용되는 석회암이 발견되지 않아 건설과정에서 채 완성되지 못하고 끝나버렸다는 주장도 있다. 카바의 피라미드는 존재 여부가 밝혀지진 않았지만, 세켐케트의 피라미드와 매우 유사한 5단의 피라미드가 카바의 것이라 추정되고 있고 '레이어 피라미드Layer Pyramid'라고도 한다. 두 피라미드 모두 계단식이다.

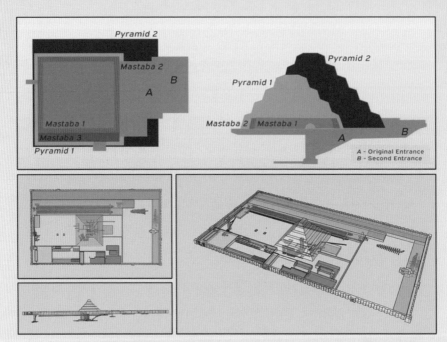

··· 조세르 계단식 피라미드의 변화 과정과 주변 콤플렉스

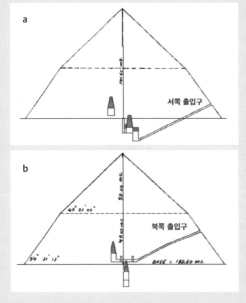

a

서쪽 출입구

b

북쪽 출입구

a. 서쪽에서 본 단면 Section Looking West
b. 남쪽에서 본 단면 Section Looking South

··· 스테프루 굴절 피라미드의 단면

째 피라미드로 기록된다. BC 2700년경 완성된 이 피라미드는 소재지의 이름을 따 메이둠 피라미드The Meidum Pyramid라고도 하는데, 그것이 후니의 무덤이었는지, 아니면 선대 파라오가 시작한 프로젝트를 스네프루가 자신의 권력과 위대함을 자랑하고자 상징적인 건축물로 마무리한 것인지 그 목적은 정확하지 않다. 또 애초에 8개 단으로 만들어졌었던 것을 몇 차례 수정을 해서 매끈한 형태로 만들려다가 급한 경사도 때문에 구조적인 문제가 생겨 무너져버렸다는 설도 있다. 이 피라미드는 현재 3개 단만이 남아있다.

이 과정에서 겪고 얻은 시행착오와 노하우로 스네프루는 또 다른 시도를 한다. 그는 단이 없이 표면이 매끈한 피라미드를 만들기로 하고 다슈르Dahshur†에 피라미드를 건설하기 시작했는데, 불행히도 계획대로 성공하지 못한다. 처음에는 사각뿔의 경사도를 54도로 시작했지만 경사가 너무 급해 붕괴될 위험이 발생하자, 중간쯤부터(지면으로부터 약 47m) 각도를 43도로 낮춰 '굴절'된 모습으로 마무리되었고, 후세에 그 모습 그대로 '굴절 피라미드Bent Pyramid'라 불리게 됐다. 그 결과, 최종 높이가 104m가 됐지만, 만약 굴절되지 않았다면 129.4m로 추정되어 기자의 대피라미드 못지않은 높이를 자랑할 뻔했다.

피라미드에 진심이었던 스네프루는 앞선 피라미드의 실패를 딛고 기어코 원하던 모습의 피라미드를 만들어낸다. 굴절 피라미드에서 불과 1km 정도 떨어진 곳에 사각뿔 모양의 '붉은 피라미드Red Pyramid'를 완성한 것이다. 굴절 피라미드에서 얻은 교훈 때문인지 사각뿔의 경사도를 43도로 잡았으며 높이가 105m, 밑변이 220m로 현존하는 피라미드 중 세 번째로 높

---

* 피라미드의 일부가 무너져 내렸다 해서 'The Collapsed Pyramid'라고도 한다.
† 카이로에서 약 40km 떨어진 기자 행정지구에 있는, 유네스코 세계유산에 등재된 도시

다. 이 피라미드는 원래 흰색의 석회석 케이싱으로 덮여 있다가 그것이 벗겨져 내리고 속에 있던 붉은색 석회석이 드러나면서 붉은 피라미드라는 이름이 붙여졌다.

그 후 스네프루의 아들 쿠푸Khufu(재위 BC 2589~BC 2566, 또는 BC 2551~BC 2528)는 아버지를 뛰어넘어 마침내 세계 7대 불가사의 중 하나이자 이집트 피라미드 중 가장 규모가 크고 유명한 대피라미드Great Pyramid, Pyramid of Khufu(BC 2570)를 남긴다.

최초 높이가 146.6m, 정사각형 밑변의 길이가 230.3m, 경사각 51.52도로 지어진 이 피라미드에는 내부에 2~15톤, 평균 2.5톤의 화강암 블록 230~250만 개가 총 210단으로 쌓아져 있으며, 지금은 거의 다 사라졌지만 석회암 케이싱으로 표면이 매끈하게 처리되어 있었다. 이 건축물에 대해

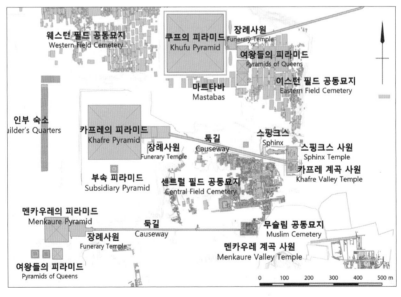

··· 기자의 피라미드 단지Pyramid Complex of Giza

서는 설계와 시공, 채석과정과 돌 블록의 운반 등 다양한 연구와 분석결과가 책으로, 논문으로, 기사로 무궁무진하게 나와 있으므로 짧은 지면에 짧은 지식으로 설명한다는 것은 매우 어설픈 일일 것이다. 다만 이 피라미드에는 고대 이집트인들이 가지고 있던 건축기술의 모든 것이 집약되어있으므로 뒤에서 좀 더 자세히 풀어보도록 하고 여기선 이 정도로 잠시 접어두기로 하자.

이 대피라미드가 얼마나 유명한 지는 1년에 무려 1,400만 명이 넘는 관광객 수가 말해준다. 대표 피라미드로서 상징성이 높고 이집트의 수도 카이로에 바로 인접해 접근성이 좋으며 그 곁에 쿠푸의 아들 카프레Khafre(재위 BC 2558~BC 2532)와 그의 후계자 멘카우레Menkaure 또는 Mycerinus(재위 BC 2532~BC 2503)의 피라미드, 그리고 왕비들의 피라미드와 전통 양식의 마스타바들이 커다란 단지를 이루고 있어서 세계 최고의 관광지로서 확실한 조건을 갖추고 있다. 이 세 개가 나란히 서 있는 광경이 '피라미드' 하면 단골로 떠오르는 이미지이고, 아마도 이들이 피라미드의 전부라고 생각하는 사람도 많을 것 같다.

멘카우레 이후 그의 후계자였던 세스카프Shepseskaf(재위 BC 26세기 후반~BC 25세기 중반)는 피라미드를 건설하지 않았지만, 5대 왕조의 초대 파라오 우세카프Userkaf(재위 BC 26세기 후반~BC 25세기 초반)부터 피라미드 건설이 다시 시작된다. 그러나 피라미드의 규모와 시공의 정교함이 현격히 줄어들고 쇠퇴하다가 아흐모세 1세를 마지막으로 천년 넘게 지속된 파라오의 피라미드 건설은 막을 내린다.

피라미드 건설이 왜 중단되었는가에 대해서는 여러 가지 설이 있는데, 가장 설득력 있는 이유 중 하나가 바로 도굴이다. 파라오는 신에 버금가는 존재였으므로 시신과 같이 매장된 값나가는 유품들이 많았고 도굴꾼들에게 무엇보다 탐나는 표적이었으며, 이들로부터 피라미드를 지켜내기가 쉽지 않았다. 또 다른 가능성은 피라미드 건설이 시들해질 무렵 죽은 왕이 해가 지면 저승에서 여행을 다닌다는 이론이 성행해서 왕이 여행에서 돌아와 편안하게 쉴 수 있는 더 넓고 화려한 공간, 더 정교하게 설계된 묘지가 필요했다는 것이다. 피라미드 구조로는 어려운 일이었다. 여기에 더해, 현실적인 이유로 신왕국의 수도였던 테베Thebes, 즉 현대 룩소르Luxor의 지형을 들 수 있다. 이 지역은 새로운 피라미드를 짓기에 협소했고 건축적으로도 비효율적이라는 평가가 있다.

진짜 이유가 무엇이었든 간에 더는 파라오들이 거대한 피라미드를 짓는 일은 찾아보기 어려워졌다. 이집트 남부와 지금의 수단Sudan 지역에서는 부유한 민간인들이 BC 1000~2000년까지 자기들을 위한 피라미드를 계속 만들었다고 하는데, 이것은 국가적인 사업이라기보다 소규모 민간사업이었고, 그래서인지 이집트 학자들에게 큰 주목을 받지 못하는 것 같다.

··· 대표적인 피라미드

조세르, 사카라

(Djoser, 재위 BC 2668~BC 2649, Saqqara, 62m)

스네프루, 메이둠

(Sneferu, Stepped Pyramid,

재위 BC 2612~BC 2589,Meidum, 92m, 현재 65m)

스네프루, 다흐슈르

(Sneferu, Bent Pyramid, Dahshur, 104m)

스네프루, 다흐슈르

(Sneferu, Red Pyramid, Dahshur, 105m)

쿠푸, 기자

(Khufu, Great Pyramid of Giza,

재위 BC 2589~BC 2566,Giza, 146.6m, 현재 138.5m)

카프레, 기자

(Khafre, 재위 BC 2558~BC 2532,Giza, 143.5m,

현재 136.4m)

멘카우레, 기자
(Menkaure, 재위 BC 2532~BC 2503, Giza, 65m)

세누스레트 2세, 엘라훈
(Senusret II, 재위 BC 1897~BC 1878, El-Lahun, 48.65m)

아메넴헤트 2세, 와하라
(Amenemhat II, 재위 BC 1878~BC 1843, Hawara, 75m)

아흐모세 1세, 아비도스
(Ahmose I, 재위 BC 1550~BC 1525, Abydos, 10m)

1. 사르코파구스 Sarcophagus

사르코파구스는 미라를 안치하는 특별한 관을 말하며 돌이나 나무, 점토 등을 재료로 썼고, 파라오의 사르코파구스에는 조각, 그림, 비문 등으로 화려하게 장식을 했다. 투탕카멘 Tutankhamun 의 경우, 세겹의 사르코파쿠스에 안치되어있었는데, 밖의 두겹은 나무로 만들어 금과 보석으로 장식을 했고, 가장 안쪽 것은 순금으로 만들었다. 투탕카멘의 미라에는 황금 마스크가 씌워져 있었는데, 이것이 그 유명한 투탕카멘의 마스크다. 이 투탄카멘의 사르코파쿠스는 최종적으로 돌로 된 케이스에 넣어 안치됐다.

2. 카노푸스의 단지 Canopic Jars

이집트인들은 신체가 보존되어야 사자가 사후세계에 갈 수 있다고 믿었으므로, 미라를 만들 때 장기를 빼내 위장, 창자, 폐, 간을 각각 다른 단지에 넣어 보관했다. 각각의 단지 뚜껑에는 이집트 태양의 신, 호루스의 네 아들 두아무테프 Duamutef, 케베세누프 Qebehsenuef, 임세티 Imsety, 하피 Hapi 를 표현한 자칼, 매, 사람, 개코원숭이 모양을 조각해 놓았다. 그들은 심장에 영혼이 깃든다고 믿었기 때문에 심장은 죽은자의 몸 속에 그대로 두었고, 뇌에 대한 중요성은 인식하지 못해 버려버렸다.

3. 벽화

무덤 내부는 화려한 벽화로 장식해 놓았다. 투탕카멘의 무덤에는 그가 죽어서부터 사후세계로 가는 여정을 그려놓았는데, 이집트인들은 이렇게 해놓음으로써 죽은 자가 사후세계로 가는 길에 도움을 줄 수 있다고 믿었다.

4. 음식

이집트인들은 사자가 머나먼 사후세계로 가는 길에 도움이 되도록 무덤에 음식과 물, 술 등을 함께 넣었다. 투탕카멘의 무덤에서는 포도주를 담은 36개의 항아리와 8개의 과일 바구니가 발견됐다.

5. 의복과 장신구

사후세계로 떠나는 파라오에게 화려한 의복과 장신구는 필수적이
었으므로, 최고 품질의 의복과 황금과 보석으로 된 장신구를 함께
매장했다. 여기에는 그밖에 더위를 식혀줄 부채 등과 같은 생활 필
수품도 포함됐다.

6. 보트와 마차

파라오의 무덤에는 사후에 신에게 가거나 사후세계로 가는 길에
사용할 수 있도록 보트나 마차 모형을 함께 매장했다. 이런 탈 것
들도 금, 은, 상아 등으로 화려하게 장식했다.

7. 오일과 향료

파라오가 생전에 좋아했던 최고의 오일, 향수, 향료 등을 최고의
용기에 담아 무덤에 함께 넣었다.

8. 무기

이집트인들은 사후세계로 가는 길이 멀기도 하지만 매우 험란한
길이라 생각했다. 따라서 파라오가 평소에 즐겨 사용했던 무기들
을 같이 매장했다.

9. 게임

투탄카멘의 무덤에서는 상아로 만든 휴대용 놀이 기구가 발견됐
다. 사후세계로 여행할 때 사자의 무료함을 달래줄 용도였던 것을
보인다.

피라미드에서 '왕가의 계곡The Valley of the Kings'으로

그러면 그 후의 파라오들은 어디에 어떻게 묻혔을까? 아흐모세 1세의 아들 아멘호텝 1세Amenhotep I(재위 BC 1526~BC 1506)는 아버지의 영향을 받아서인지 수도 가까운 곳에 왕족만이 사용할 수 있는 일종의 공동묘지를 만들라는 명령을 내린다. 심각해진 도굴로부터 안전하게 왕족의 시신을 모시자는 취지였으며 이렇게 해서 만들어진 것이 '왕가의 계곡The Valley of the Kings'이다.

테베에서 12km 떨어진 나일강 서안에 위치한 이곳은 수백 미터 석회암 층을 깎고 파내서 만든 요새와 같은 곳으로, 여기에는 제18왕조 아멘호텝 1세부터 제20왕조 람세스 10세Ramses X(재위 BC 1111~BC 1107)까지 약 400년에 걸쳐 신왕국 파라오들과 그의 가족, 고위 관리들의 묘지가 모여있으며 지금까지 발굴된 무덤은 총 64개에 이른다.

이 무덤들은 파라오들이 사후세계로 가기 전에 머무를 공간으로 불편함이 없도록 크게 잘 꾸며져 있다. 특히 이집트의 전성기를 이끌었던 람세스 2세의 자식들* 무덤이 가장 크고 화려한데, 전체 길이가 125m나 되는 무덤 안에는 방 또는 묘실이 최소 130개 이상 늘어서 있다. 피라미드의 묘실과는 비교할 수 없는 규모이고 마치 람세스 2세가 자식들을 위해 무덤 궁전을 꾸며 놓은 듯하다. 그 외에도 절벽을 통째로 깎아 만든 '하트셉수트의 장제전Mortuary Temple of Hatshepsut'†을 위시해, 화려한 조각과 회랑, 벽화와 그림 등은 고대 이집트의 건축과 예술의 진수를 보여준다. 이곳은 이러

---

*   람세스 2세는 93살까지 살면서 자식이 88~103명이나 되었다고 한다.

†   하트셉수트Hatshepsut(BC 1507~1458)는 파라오 투트모세 2세Thutmose II 의 아내이자 이집트 역사상 두 번째 여성 파라오다. 투트모세 1세Thutmose I 의 딸이지만 투트모세 1세의 이복동생 투트모세 2세의 아내가 됐고 두 파라오가 모두 죽자 제18왕조의 5번째 파라오가 됐다.

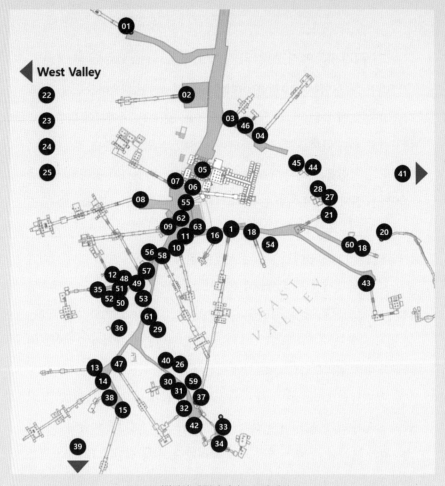

··· '왕가의 계곡'의 파라오 묘지 배치

01 Rameses VII	22 Amenhetep III	43 Thutmes IV
02 Rameses IV	23 Ay	44 Unknown
03 Son of Rameses III	24 Unknown	45 Userhat
04 Rameses XI	25 Unknown	46 Yuya and Thuyu
05 Sons of Rameses II	26 Unknown	47 Siptah
06 Rameses IX	27 Unknown	48 Amenemipet
07 Rameses II	28 Unknown	49 Unknown
08 Merenptah	29 Unknown	50 Animal tomb (baboon, birds)
09 Rameses V and Rameses VI	30 Unknown	51 Animal tomb (Baboon, dog)
10 Amenmeses	31 Unknown	52 Animal tomb (baboon)
11 Rameses III	32 Tia'a	53 Unknown
12 Unknown	33 Unknown	54 Tutankhamen cache
13 Bay	34 Thutmes III	55 Tiye (?) or Akhenaten (?)
14 Tausert and Setnakht	35 Amenhetep II	56 "The Gold Tomb"
15 Sety II	36 Maiherperi	57 Horemheb
16 Rameses I	37 Unknown	58 Unknown
17 Sety I	38 Thutmes I	59 Unknown
18 Rameses X	39 Amenhetep I (?)	60 Sit-Ra, called In (?)
19 Mentuherkhepeshef	40 Unknown	61 Unknown
20 Thutmes I and Hatshepsut	41 Unknown	62 Tutankhamen
21 Unknown	42 Hatshepsut-Meryet-Ra	63 Unknown

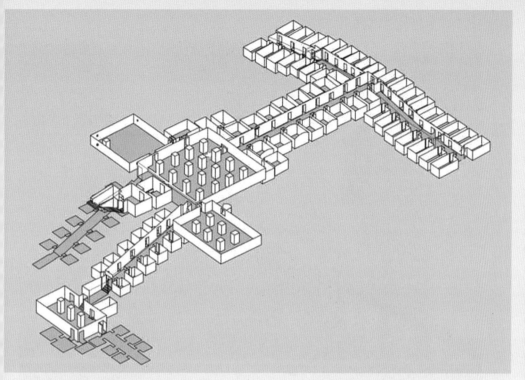

··· 람세스 2세 자식들의 무덤 컴퓨터 그래픽 모델

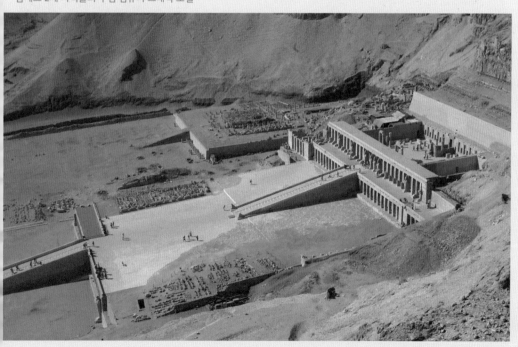

··· 하트셉수트의 장제전Mortuary Temple of Hatshepsut

··· 왕가의 계곡 묘지 내부의 전경

한 가치를 인정받아 유네스코 세계문화유산에 등재되어있으며, 투탕카멘 Tutankhamun(재위 BC 1332~BC 1323)의 무덤이 온전한 상태로 발견된 것으로도 유명하다.

피라미드가 돌을 쌓아 올린 구조물이라면, 이 계곡의 묘지들은 암석을 파내서 만든 것으로 고대 이집트인들의 돌 다루는 기술의 정수를 보여준다. 우리나라에 흔하게 분포되어있는 화강암과 비교하면 석회암은 조금 무르고 돌 중에서 강도가 중간쯤 된다. 그래도 돌인데, 현대의 중장비나 콘크리트와 같은 재료도 없이 나무망치와 끌로만 이런 건축물을 만들었다는 것은 정말 상상을 초월하는 일이 아닐 수 없다. 그런데 더 놀라운 것은 이런 돌을 다루는 기술은 이미 피라미드 건설 때부터 꽤나 발전되어 있었다는 것이다.

한편, 이 프로젝트는 현대적 개념의 '건설관리construction management' 관점에서도 주목할 만하다. 건설 프로젝트에는 완성도 높은 설계와 시공기술도 필요하지만, 프로젝트를 전체적으로 어떻게 관리하는가가 매우 중요하다. 건설관리란 사업과 관련된 조직과 인력, 공사의 기간과 프로세스, 각종 비용의 예측과 관리, 설계나 시공결과에 대한 품질, 공사의 안전 등, 다양한 분야에 대한 관리활동을 의미하며 이들이 효율적이고 유기적으로 운영되어야 성공을 거둘 수 있다. '왕가의 계곡'과 관련된 기록을 보면, 이에 대한 놀랄만한 개념들이 나타난다.

먼저 이 프로젝트의 운영조직을 살펴보자. 가장 위에는 최고의 건축주 파라오가 있고 재상이 프로젝트 전체에 대한 책임을 맡고 있었다. 당시에는 요즘처럼 설계회사나 시공회사가 따로 없었고 피라미드 건설 때부터 마스터 빌더master builder라는 지위가 있어서 현장에 대한 책임은 이들에게 있었다. 현장의 작업자들은 기술을 가진 기능공, 작업을 보조하는 인부로 크게 구분되고 그들 간에는 전문분야와 위계가 존재했다. 기능공은 돌을 캐거나 파내고 가공하는 석공stone-cutter, 벽면에 플라스터* 마감을 전담하는 미장공plasterer, 벽면의 부조와 기둥 조각을 담당하는 조각공sculptor, 벽화와 그림을 디자인하는 도안공圖案工, draftsman and artist, 색칠만을 담당하는 도장공painter 등으로 구분되며 기능공들로 구성된 작업조에는 우두머리격인 반장이 있었다. 인부들은 재료와 물을 나르거나 플라스터를 반죽하는 일, 불 피우는 일 등을 담당했고 기능공의 자식이나 가족이 이런 허드렛일과 보조 일에 고용되기도 했다.

기능공과 인부를 포함한 작업자들은 두 그룹으로 나누어 한 그룹에 보통 30~60명, 많게는 120명까지 배치됐으며 그들 중에 파라오나 재상이 임명한 현장관리자foreman 또는 architect†가 공사를 관리했다. 이 관리자는 기능공이면서 다른 작업자들의 일을 감독하는 한편, 작업자들과 재상이나 서기관들scribe‡ 간에 가교역할을 했다. 서기관은 재상과 현장관리자 사이의 중

---

* 고대 이집트에서는 석회석과 진흙, 석영, 지푸라기 등을 반죽plaster해서 벽면에 바르는 마감재료로 사용했다. 현대에는 석고나 석회를 물로 반죽해서 벽이나 천장 등에 바르는 풀 모양의 재료를 플라스터라 부른다.

† 이 현장관리자의 역할을 설명하기 위해서는 현대적 조직체계와의 차이점을 이해할 필요가 있다. 현대에는 설계자나 제3의 주체(감리회사나 건설사업관리회사)가 설계대로 시공이 이루어지는지를 감리, 감독supervision하고 현장에서는 작업조crew의 일원으로서 반장 역할을 하는 십장 또는 작업반장foreman이 있으며 건설회사가 그들을 고용하고 관리한다. 왕가의 계곡의 경우, 현장관리자가 '건축가architect', 때로는 '십장foreman'으로 표현되는 것으로 보아 작업조의 우두머리로서 현장에서 이뤄지는 설계와 시공 모두를 책임지는 인물로 보아야 할 것 같다.

‡ 서기관scribe : 이집트 말로는 '세쉬sesh', 영어로는 'scribe'로 표현되는데 기본적으로 "문서, 즉 글을 읽고 쓸 수 있는 지식을 갖춘 자"로 정의할 수 있으며 글을 모르는 일반 사람들을 위해 문서나 서신을 써주거나 농경지를 측량하고 농사로 거둔 수확량을 기록하는 일, 묘지를 건설하는 인부들에게 공급할 식량 규모를 산정하는 일, 그리고 이집트 군대나 사원에 공급하는 보급품을 주문하고 관리하는 일을 했던 관리들을 일컫는다. 그 외에 성직자, 회계사, 의사, 정부공무원 등 다양한 역할을 수행했으므로 이들이 없으면 나라의 일이 돌아가지 않을 정도였다. 업무체계 상 재상에게 직접 업무를 보고하는 지위에 있었고 전문적인 교육과정을 통해 육성했다.

간 감독관으로, 감독 업무 외에도 파라오의 창고에서 일꾼들에게 음식을 나누어주는 일, 작업자들 간에 발생하는 불화나 불평을 조정하는 일까지 담당했다. 이때 노동자에게 제공되는 음식은 급료에 해당됐기 때문에 이들은 돈과 실무를 쥐고 있는 위치에 있었고, 훗날 뇌물과 부패의 근원이 되기도 했다.

작업의 순서는 마치 공장의 생산라인처럼 순서에 맞춰 효율적으로 이루어졌다. 먼저 석공이 바위 속에 무덤과 통로를 파내면, 이어 미장공이 들어와 우들우들한 돌 벽면에 플라스터를 발라 매끈하게 만들고, 그 위에 다시 흰색 석고로 최종 마무리를 한다. 다음 순서는 무덤 내부를 장식하는 일로, 일단 도안공이 디자인을 마치면 고위 성직자의 결정과 파라오의 승인을 거쳐 디자인대로 벽화와 문구를 그리는 작업에 들어간다. 장식이 완성될 때면 책임 도안공chief draftsman이 검사를 하고 수정할 부분을 지시하기도 한다. 이제 조각공이 들어와 필요한 부분에 부조浮彫, bas-relief를 새겨넣으면 마지막으로 도장공이 그 위에 여섯 가지 기본 색채로 색칠을 입힌다. 이들이 썼던 장비나 도구래야 보잘것없었을 텐데, 무덤 하나를 완성하는 데에는 평균적으로 몇 개월 정도밖에 안 걸렸다고 한다. 물론 더 크고 복잡한 무덤은 6~10년까지 걸리는 경우도 있었다.

또 다른 기록에선 '왕가의 계곡' 현장 작업자들의 사회적 시스템을 엿볼 수 있다. 보통 이집트의 대공사라 하면 핍박받는 노예와 채찍을 든 인정사정없는 감독관을 떠올리기 쉬운데, 이것은 영화에서나 볼 수 있는 그릇된 정보로서, '왕가의 계곡'에서 일하던 노동자들은 엄연히 자유인이었고 현장관리자를 포함해 '데이르 엘 메디나Deir el-Medina'라는 '노동자의 마을'에 살았다. 그들은 이 마을에서 매일 아침 현장으로 출근했으며 작업은 이틀

휴식일을 포함해 열흘을 주기로 진행됐고, 종교 행사나 축제, 심지어 개인적인 휴가를 즐기기도 했다.

게다가 그들에게는 자신들의 권리를 주장할 수 있는 시스템까지 부여되었다. 원칙적으로 이집트인이면 누구든 불만스러운 일에 대해 재상에게 청원하거나 재판을 요청할 수 있었는데, 이들 공동체에는 현장관리자, 기능공, 보안원, 법정 서기관 등으로 구성된 재판정이 있었고 여기서 민사재판과 일부 형사재판까지 다뤄졌다. 대부분의 사건은 개인끼리 물건이나 서비스에 대해 돈을 지급하지 않았을 때 발생했고, 변호사는 없었지만 자기 자신을 스스로 변호할 수 있었다. 또 '메드제이Medjay'라고 하는 지역 경찰이 있어서 법과 질서 유지, 그리고 작업 현장의 보안을 책임졌다.

세계 최초의 파업도 있었다. 일꾼들에게 적정한 임금을 지급하는 것은 이집트의 종교적 율법에서 중요한 원칙이었는데 외세의 침략이 잦아지고 이집트의 경제가 불안해지면서 가장 중요한 임금, 즉 식량 보급에 문제가 생기기 시작했다. 특히 람세스 3세 통치 기간 중 식량 보급이 지연되자 노동자들은 화가 나 연장을 던지고 현장을 떠나버렸다. 그들은 재상에게 편지를 써 청원을 하고 문제가 해결될 때까지 작업장으로 돌아가는 것을 거부했으며, 그들의 요구가 상부에 전달되고 나서야 파업을 풀었다. 그 후에도 사정은 나아지지 않아 주로 식량 배급의 문제로 인한 파업이 몇 차례 더 일어났고, 이런 경제적 불안정은 더욱 심각한 문제를 유발했다. 도굴이 성행해진 것이다. 공사에 참여했던 일부 기술자들은 묘지에 어떻게 접근해야 잡히지 않는지 잘 알고 있었고 묘지 뒤쪽에 터널을 뚫고 들어가면 입

---

* 제20왕조 제2대 파라오 람세스 3세(?~BC 1154) 때 '바다 민족Sea Peoples, People of the Sea'이, 람세스 10세 때(재위 BC 1111~BC 1107) 리비아인들이 하이집트Lower Egypt 서부 델타Western Delta 지역까지 쳐들어왔다는 기록이 있다.

구에 경비를 세워도 알 수가 없었다. 이 도굴꾼들과 결합한 일부 공무원들은 뇌물도 받았다. 도굴 때문에 이곳으로 이사를 오고 철통같은 보안으로 수백 년을 지켜왔지만 결국 계곡의 시스템은 무너지고 '왕가의 계곡'은 문을 닫게 된다.

이와 같은 사업의 운영조직, 작업자, 노동인력의 운영과 사회적 시스템 등에 대한 분석은 현장에서 출토된 유물과 기록 덕분이었는데, 학자들은 이러한 방식이 피라미드 건설 때도 크게 다르지 않았을 것이라 주장하고 있으며, 특히 피라미드 건설 때도 작업자들이 노예가 아니라 임금을 받고 일했다는 것은 정설로 받아들여지고 있다. 다만, 피라미드보다 왕가의 계곡에서 구체적인 내용이 언급되는 것은 실증적인 자료의 차이인 것 같다.

그러면 람세스 10세 이후의 파라오들은 어디에 묻혔을까. 사실 람세스 10세의 무덤이 '왕가의 계곡'에서 발견되기는 했지만, 무덤이 미완성 상태였고 미라나 유물들이 발견되지 않아 실제로 그가 이곳을 무덤으로 썼는지는 불확실하다. 어쨌든 이후의 파라오들은 피라미드를 짓지도, 이 계곡으로 가지도 않았으며 21왕조 때는 수도 타니스 영내에 있는 사원에 간단한 형식의 무덤을 만들었다. 이후에도 눈에 띌만한 대규모 무덤 건축은 없었다.

피라미드의 건설

피라미드에 사용된 돌

이제 다시 피라미드로 돌아가 보자.

'피라미드' 하면, 누가 뭐래도 할아버지 쿠푸부터 손자 멘카우레까지 기자에 만들어놓은 피라미드가 가장 유명하다. 이 피라미드 앞에 서면 사람들은 어떤 반응을 할까? 아마 너 나 할 것 없이 탄성부터 지를 거다.

"우와~ 대단하다!" 그 다음은?

"도대체 저 많은 돌을 어디서 가져온 것일까? 아무리 주변을 둘러봐도 벌판이나 사막뿐이지 '돌산'은 보이지 않는데?"

"그러면 돌을 멀리서 가져왔다는 뜻인데, 어디서 어떻게 가져온 것일까?"

"현대식 장비 없이 저 높은 곳까지 돌을 쌓았다고?"

"피라미드의 크기, 위치, 각도 등이 엄청나게 정확하다던데 그 시절에 그게 어떻게 가능했을까?"

이제부터 이런 질문을 하나씩 해결해보도록 하자. 대상은 수많은 피라미드 중에 가장 많은 연구가 돼 있는 기자의 대피라미드로 한다.

피라미드는 돌, 더 정확히 말하면 돌 블록으로 만든 구조물이다. 벽돌로 지은 메소포타미아의 지구라트와는 근본적으로 다르고 단단한 재료 덕택에 제일 높고 큰 지구라트라 해도 이집트의 대피라미드의 규모를 쫓아갈 수 없다.

대피라미드는 최고 추정 높이가 146.6m이고 무게는 570만 톤에 이른다. 대지구라트의 무게를 약 10,800톤이라 추정했었으니까 상대가 되질 않는다.

그런데 무게 얘기가 나왔으니, 메소포타미아에선 이 지구라트를 지을 때 기초를 튼튼히 하기 위해 많이 노력했다는데, 피라미드는 어떻게 버티고 있는 것일까. 그 비밀은 이집트 지역의 지반구조에 있다. 메소포타미아의 땅은 대부분 무른 구조였지만, 이집트, 특히 피라미드가 앉아있는 지반은 튼튼한 암반으로 이루어져 있어서, 그 육중한 건축물을 짓는 데에도 기초만큼은 별다른 조치가 필요 없었다. 이 사실을 다시 생각해보면 이집트에서는 피라미드나 기타 건축물에 사용된 돌을 어렵지 않게 구할 수 있었다는 뜻이다.

실제로 이집트 땅덩이는 나일강을 중심으로 좌우 상당 부분이 석회암(5)

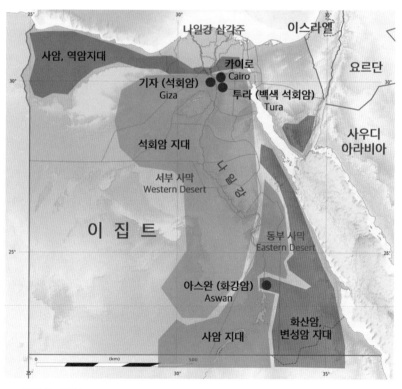

… 이집트의 지질 분포도

灰岩, limestone으로 덮여 있고 강 상류 지방과 동부 사막, 그리고 나일강 삼각주 왼쪽 지중해 연안에는 사암砂岩, sandstone이, 홍해 연안과 이집트 남동부에는 화성암火成巖, Igneous Rock, 변성암變成巖, metamorphic rock이 분포되어 있으며, 나일강 줄기를 따라 이집트 전체 채석장의 80%, 200여 개가 밀집되어있다. 이 중 일부는 너무 오래되거나 도시화, 채석 방법의 현대화 등으로 폐쇄되었지만, 지금도 사용할 수 있거나 사용되는 곳이 많다.

그러면 돌이 풍부했다는 것은 알겠는데 이 돌에는 무슨 차이가 있으며, 이집트인들은 어떤 돌을 어떻게 사용했던 것일까. 돌은 이집트 건축의 주재료이기도 했지만, 현대에도 가장 사랑받는 재료 중 하나이고 부위에 따라 적합한 특성의 돌을 사용하는 것이 아주 중요하다.

돌을 분류하는 방법은 우선 그것이 어떻게 만들어졌는가에 따라, 크게 화성암火成巖, Igneous Rock, 퇴적암堆積巖, sedimentary rock(수성암水成巖이라고도 함), 그리고 변성암變成巖, metamorphic rock으로 구분되며, 그 아래로 몇 단계 더 분류가 가능하다. 여기부터는 체계가 굉장히 복잡하고 다양한 돌들이 등장하는데, 구성 성분에 따라 지역, 나라마다 이름이 조금씩 달라지기도 한다. 또 다른 구분 방법은 돌의 특성에 따른 것으로, 대표적인 것이 돌의 강도, 특히 압축강도로, 비교적 단단한 경석硬石 또는 硬質石, hard stone에는 대리석, 화강암, 안산암 등이 포함되고 무른 연석軟石, soft stone에는 사암, 응회암, 석회암 등이 포함된다.*

피라미드에는 이러한 돌의 물리적 특성과 산지, 즉 채석장 위치에 대한 고려가 아주 잘 매치되어있다. 그 예로, 이집트인들은 피라미드 안쪽 '왕

---

* 경석은 압축강도가 500kg/㎠ 이상의 돌, 연석은 압축강도가 100kg/㎠ 이하의 돌로 구분된다. 단, 같은 성인에 의한 동일한 부류의 돌이라 해도 산지에 따라 강도가 크게 다를 수 있어서 어떤 돌이 다른 돌보다 확실히 단단하거나 무르다고 단정할 수는 없다.

돌의 종류

성인에 의한 종별		돌·암석의 종류
화성암火成巖, Igneous Rock : 지구 내부의 마그마가 지표 근처에서 냉각하여 굳으면서 형성된 암석	심성암深成巖, plutonic rocks : 마그마가 지각 내 비교적 깊은 심부에서 천천히 식어 형성된 암석	화강암花崗巖, granite : 장석, 석영, 운모로 이루어진 암석. 색깔은 회색, 검은색, 붉은색 등으로 다양함. 흡수율이 낮고 내구성이 뛰어나 건축용으로 가장 많이 사용됨.
	화산암火山巖, volcanic rocks : 마그마가 지표 또는 지하 얕은 곳까지 올라와 급히 냉각되어 형성된 암석	안산암安山巖, andesite : 검은색, 갈색, 회색 등의 짙은 색을 띠며 강도와 경도가 높아 구조재, 바닥재 등으로 사용됨.
		현무암玄武巖, basalt : 용암이 식을 때 가스가 빠져나오면서 표면에 구멍이 형성된 암석. 바닥, 벽 등의 마감재나 단열재로 사용됨.
퇴적암堆積巖, sedimentary rock : 물밑에서 퇴적물이 속성 작용을 거쳐 만들어진 암석. 수성암水成巖이라고도 함.		역암礫巖, conglomerate : 크기가 큰 자갈이 많이 섞여 만들어진 암석
		사암砂巖, sandstone : 크기가 중간인 모래 알갱이들이 굳어져 형성된 암석
		이암泥巖, mudstone : 진흙이나 갯벌의 흙과 같이 알갱이의 크기가 매우 작은 것이 굳어져 형성된 암석
		석회암石灰巖, limestone : 동물의 뼈, 조개나 소라 껍데기 등과 같은 생물의 일부가 쌓여 형성된 암석. 일반적인 건축자재나 시멘트, 유리 등의 원료, 제철·제강의 용제로도 사용됨.
		각암角巖(처트chert) : 규질의 화학적 퇴적암으로 백색·회색·흑색·청색·녹색·갈색·적색 등 여러 가지 색을 띠며, 강도가 커서 건축용, 내화 벽돌 등의 원료 등으로 사용됨.
		점판암slate : 하천, 호수, 해저 등에서 퇴적된 진흙(점토)이 암석화된 셰일shale이 지하에서 압력과 열을 받아 압력 방향에 수직으로 판판하게 형성된 변성암. 주로 지붕, 벽, 바닥재로 사용됨.
		응회암tuff : 화산 분화에 의한 직경 2mm 이하의 화산재로 만들어진 암석. 일반적인 건축물이나 교량 건설에 사용됨.
		석고gypsum : 황산칼슘의 이수화물二水化物로 이루어진 석회질 광물. 건축마감 또는 판재나 도자기, 모형, 조각, 시멘트 등의 재료로 사용됨.
변성암變成巖, metamorphic rock : 화성암과 퇴적암이 압력, 온도, 역학적 응력의 변화 작용으로 성질이 변화된 암석		편마암片麻巖, gneiss : 화강암이 변성되어 만들어진 암석. 화강암보다 줄무늬가 뚜렷함. 화강암과 유사한 용도로 사용
		대리석大理石, marble : 석회암이 변성된 암석. 입자가 크고 강도가 높으며 무늬와 광택이 좋으나 내화성이 낮고 풍화에 약해 주로 내장재로 사용됨.
		사문암蛇紋巖, serpentine : 감람암·휘암 등이 변질하여 이루어진 암석으로, 무늬와 광택이 좋아 주로 실내 장식용으로 사용됨.

* 돌의 사용처는 현대건축 기준임

의 묘실King's chamber'과 그 위에 있는 '완화의 방Relieving Chambers'에 한 개에 25~80톤에 이르는 화강암 블록을 사용했다. 이 방들은 내부 공간이 비어 있는 만큼 1m³에 무려 254.8톤의 무거운 하중을 견뎌야 했으므로 강도가 높은 화강암을 사용했고 그 외에 큰 하중을 받아야 하는 부위에도 같은 돌을 사용했다. 한편, 대피라미드에 사용된 230만 개 돌 블록 중, 화강암이 8,000톤, 석회암은 훨씬 더 많은 약 550만 톤이 사용됐는데, 피라미드 단지 인근에 대규모 석회암 채석장이 있었다는 것은 우연이라기보다 그들이 지질과 지반구조에도 조예가 깊었음을 의미한다.

특수한 곳을 제외한 나머지 부위에는 대부분 석회암을 사용했다. 석회암은 충분한 강도를 갖고 있으면서, 기본적으로 연석에 속하기 때문에 강도가 더 큰 돌, 즉, 화강암이나 현무암으로 갈아내고 다듬고, 가공하기가 수월했다. 특히 약 10km 떨어진 나일강 건너편 '투라Tura'에서 가져온 백색 석회암을 피라미드 표면의 케이싱 스톤casing stone에 사용한 것은 탁월한 선택이었다. 백색 석회암은 언뜻 보기에 일반 석회암과 큰 차이가 없지만, 표면을 갈아내면 밝은 흰색을 드러내기 때문에 피라미드 표면을 매끈하고 화려하게 만드는 데 안성맞춤이었다.

이처럼 이집트인들은 용도별, 산지별로 서로 다른 돌의 특성을 잘 활용하는 놀라운 지혜를 보여줬다. 석회암은 피라미드 외에 마스타바나 사원, 일반 건축물에도 많이 사용됐고, 나일강 삼각주 주변으로 넓게 분포되어있는 사암 역시 단골 건축자재였다. 강도가 좋은 현무암과 대리석의 일종인 트래버틴travertine은 사원의 바닥 포장에, 퇴적암의 하나로 경암에 속하는 처트chert는 선왕조시대부터 칼, 곡괭이, 도끼, 창, 화살촉 등의 실용품에 사용했으며 왕가의 계곡에서 본 것처럼, 석고도 건축물에 빠질 수 없는 재료였다.

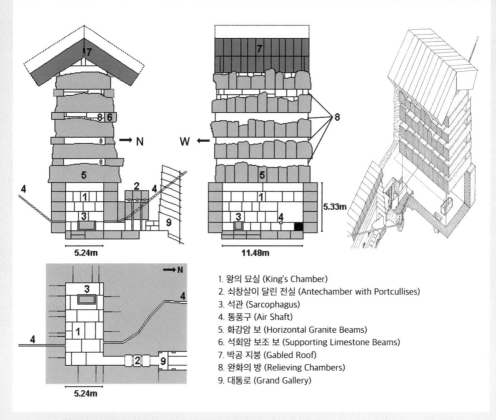

1. 왕의 묘실 (King's Chamber)
2. 쇠창살이 달린 전실 (Antechamber with Portcullises)
3. 석관 (Sarcophagus)
4. 통풍구 (Air Shaft)
5. 화강암 보 (Horizontal Granite Beams)
6. 석회암 보조 보 (Supporting Limestone Beams)
7. 박공 지붕 (Gabled Roof)
8. 완화의 방 (Relieving Chambers)
9. 대통로 (Grand Gallery)

··· 피라미드 내부에 있는 '왕의 묘실'

··· 케이싱 스톤의 흔적과 케이싱 스톤으로 덮인 피라미드의 상상도

돌 블록의 채석과 가공

이제부터 본격적으로 이집트인들의 놀랄만한 지혜와 기술이 등장한다. 돌의 채석과 가공, 그리고 운반방법이다. 다만, 아주 오래전 일이다 보니까 기록과 유물이 있어도 정확히 알 수 없는 부분이 많고 현대인들의 상상력이 더해진 이론들이 넘쳐나기 때문에 무엇이 진실이라고 확인하기가 어렵다. 그러니까 지금부터의 설명은 가능성 있는 다양한 이론들의 소개라고 이해하는 것이 좋을 것 같다.

피라미드의 돌 블록이나 더 큰 돌덩어리를 어떻게 캐냈는가를 알아보기 전에 먼저 생각해보아야 할 것이 있다. 어떤 도구와 연장을 사용했는지다.

우리는 인류의 역사를 구분할 때 흔히, 구석기, 신석기, 청동기, 철기 시대로 구분한다. 물론 이 구분법에는 학자마다 다른 주장들이 있어서 정확한 시기를 특정할 수는 없으며 지역에 따라 편차가 있다. 이집트에서 구석기시대Paleolithic Period는 BC 330만 년에서 BC 11650년까지, 신석기시대Neolithic Period는 BC 7000~BC 6000년에서 BC 4500년까지 즉, 이집트 지역에 나파다 문명이 시작되기 전까지가 해당된다. 그러다 나파다 문명 또는 선왕조시대Predynastic Period(BC 4500~BC 3100)에 접어들면서 동기 시대Chalcolithic period, Copper Age(BC 4500~BC 3500)가 시작되고 초기왕조가 시작될 무렵부터는 본격적인 청동기시대Bronze Age(BC 3100~BC 1100)가 열린다. 그러니까 이집트인들은 선왕조 시대부터 금속, 적어도 '동'으로 연장과 도구를 만들었고 최초의 피라미드인 조세르의 피라미드가 건설되기 500여 년 전부터는 청동기를 사용했다고 볼 수 있다. 그리고 아흐모세 1세의 마지막 피라미드(BC 1550~BC 1525)는 물론이고 '왕가의 계곡'으로 왕들의 무덤이 이사할 때까지 쭉 청동기가 대세였다.

이후 '왕가의 계곡' 시대 중간쯤인 BC 1200경부터 철기시대Iron Age가 시작되었는데, 이때는 람세스 2세가 가족의 화려한 무덤과 아부심벨 신전, 카르나크 신전, 라메세움 신전 등을 건설할 때이므로 이 건축물들에도 철기 도구가 사용됐다고 볼 수 있겠다.

이 연대기에 따른다면 이집트인들은 채석 도구로 무엇을 사용했을까. 믿기 어렵겠지만, 이집트인들은 적어도 40,000년 전부터 나일강 양쪽에 있는 석회암 지대를 따라 채석을 했다고 한다. 그러니까 구석기 시대부터 이미 돌을 '캐기' 시작했다는 것이고 이 당시 채석장에서는 돌을 캐기 위한 피트pit와 트렌치trench가 발견되었으며 구석기 후반으로 가면 수직 통로와 지하 갱도까지 만들었다. 이 시기의 대표적인 연장으로는 바탕 돌을 내리쳐 깨거나 문질러 갈아내는 단호박 크기의 돌덩어리, 일명 '파운더 pounder'와 돌로 만든 '정', '플린트flint*', 곡괭이 등이 있었다.

파운더는 캐내거나 다듬어야 하는 돌보다 더 단단한 돌, 예를 들어 현무암이나 화강암으로 만들었고 금속연장의 출현 이후에도 꾸준히 사용되었으며 플린트 역시 강도가 큰 돌을 사용해 석회암이나 사암을 섬세하게 다듬는 데 효과적이었다. 곡괭이는 영양의 뿔을 갈아 만든 머리를 나무 자루에 끼어서 돌을 좀 더 섬세하게 다듬을 때 사용했다.

여기서 궁금해지는 것이 있다. 돌로 돌을 깨고 다듬고 갈아내는 것이 가능할까. 학자들이 이런 방법이 수천 년 전에 사용됐다고 추정하는 것은 채석장과 건축물, 또는 돌로 제작된 완성품에 남은 흔적에 근거한다. 대표적인 예가 '미완성 오벨리스크Unfinished Obelisk(하트셉수트Hatshepsut, BC 1508~BC 1458)'와 그 채석 현장이다. 오벨리스크는 고왕국 시대부터 만들어진 종교

---

* 우리말로는 '부싯돌'로 번역되지만 단단한 돌을 쪼개서 만든 손잡이 없는 돌도끼로, 파운더로 내리쳐 '정'의 역할을 했다.

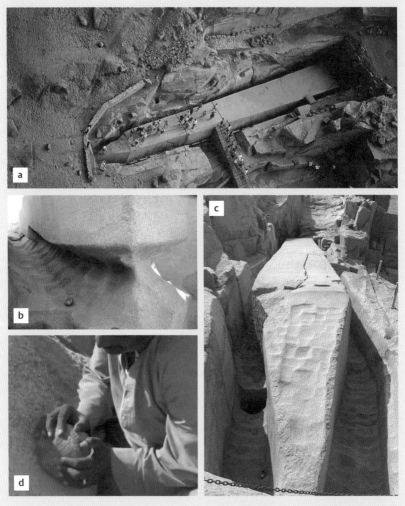

a. 위에서 내려다본 미완성 오벨리스크의 모습. 주변에 돌을 캐내기 위해 사람이 다닐 수 있는 트렌치가 보인다.
b. 트렌치에서 오벨리스크의 하부를 바라본 모습. 오벨리스크의 밑면을 떼어내려 했던 흔적과 돌을 두들긴 자국이 뚜렷하다. 곁에 이 작업에 사용된 것으로 보이는 작은 파운더가 놓여있다.
c. 오벨리스크의 꼭지 부분에서 바라본 모습. 윗면에 오벨리스크의 세로 방향으로 생긴 금과 파운더 자국이 보인다.
d. 돌덩어리(파운더)로 바탕 돌을 갈아내는 모습

… 미완성 오벨리스크의 채석 흔적

··· 옛 채석장에서 발견된 파운더와 신왕국 시대에 사용된 파운더

··· 현무암 플린트로 석회암을 다듬는 작업의 재현 모습

적 기념비라 알려지는데, 아스완Aswan의 화강암 채석장에서 발견된 이 오 벨리스크는 제작 도중에 본체에 큰 금이 생겨서 땅에서 떼어내지 않은 채 그대로 버려졌다고 한다. 그래서 후세 사람들이 '미완성'이라는 이름을 붙 였다. 길이가 42m에 달해 세상에 알려진 어느 오벨리스크보다 규모가 큰 이 기념비는˙ 이집트인들의 채석 기술이 무르익었을 신왕국 시대의 것으 로, 주변을 둘러싼 트렌치, 석재를 기반에서 떼어내기 위해 작업한 흔적, 그리고 파운더로 돌의 표면을 내려쳐 움푹 파인, 흡사 국자 모양과 같은 자국scoop mark 등으로 학자들이 당시의 채석 기술을 추정하는 데 많은 정보 를 제공해준다. 이때는 청동으로 만든 정과 끌, 지렛대 등 다른 도구들도 동원되었을 것이므로 파운더는 돌을 직접 자르는 용도라기보다 조금씩 돌을 파내거나 절단된 면을 고르게 다듬는 데 쓰인 것으로 보인다.

이집트인들이 남겨놓은 흔적만으론 그들의 기술을 이해하기 어려울 때 가 많다. 그래서 현대 학자들은 실제 실험을 통해 이런 돌연장의 쓰임새나 이집트의 기술들을 재현하곤 하는데, 그중에 '플린트'로 돌을 쪼고 다듬는 실험도 있다. 금속연장이 아닌 돌연장만으로 작업이 가능하다는 것을 보 여주는 것인데, 파운더든 플리트든 엄청난 인내력과 시간이 있어야 하는 작업임에는 틀림없는 것 같다.

동과 청동이 등장한 시기에도 의문점은 남는다. 특히 동의 경우, 과연 이 금속이 돌을 캐내고 자를 만큼 단단했을까. 그 시대의 제련기술이 지금 과 비교될 수준이 아니었을 것이므로 더 의심이 간다. 그런데 이 시대에

---

* 가장 잘 알려진 오벨리스크 중 하나는 오스만 제국의 이집트 총독이자 무함마드 알리 왕조의 창 시자인 무함마드 알리Muhammad Ali Pasha가 1830년 프랑에 선물한 것으로, 높이는 23m이다. 람세스 2 세 때 건설한 룩소르 신전 앞에 서 있던 쌍둥이 오벨리스크 중 하나로, '룩소르 오벨리스크' 또는 콩코드 광장에 서 있다 해서 '콩코드 오벨리스크'라 불린다.

동으로 만든 톱 유물이 발견됐고 여러 건축물과 석제품에서 선명한 톱 자국이 있는 것을 보면, 그들에겐 비법이 있었던 것 같다.

이와 관련해서도 재미있는 연구실험이 있다. 동으로 만든 톱으로 돌을 자를 때 모래를 뿌려주면 충분히 가능하다는 것이다. 이 실험을 보면 폭이 1m가량 되는 단단한 화강암 석재를 가운데 놓고 두 사람이 마주 보고 서서 흥부가 박을 썰 듯 동으로 만든 긴 톱을 밀고 당기면서 썰어낸다. 그리고 옆에 있는 보조 작업자가 톱이 지나가는 길에 모래를 뿌려준다. 모래 없이 작업하면 금세 톱날이 나가지만, 신기하게 톱 자국이 선명해지면서 석재가 잘리기 시작한다. 이들의 이론은, 톱은 절단선의 가이드 역할을 해줄 뿐, 실제로는 모래의 결정질이 돌을 잘라낸다는 것이다. 거기다 물을 뿌려주면 마찰력을 높여줘 작업효율을 더 높여준다. 실험에선 한 시간에 4mm 정도의 홈을 팔 수 있는 정도였지만, 어쨌든 가능하다.

또 돌에 실린더 모양의 구멍을 뚫어내는 것도 어려운 일이 아니다.[†] 이번엔 통나무 밑동에 동으로 만든 쇠신을 두르고 이 통나무를 바탕 돌에 수직으로 세운 다음, 활처럼 생긴 도구를 이용해 회전시킨다. 신기하게도 얼마 안 가 쇠신의 모양대로 원형의 홈이 생기고 어느 정도 홈이 만들어졌을 때 안쪽의 돌을 정으로 따내면 간단하게 실린더 구멍을 만들어낼 수 있다. 이 연구팀은 이런 실험이 이집트 벽화에 묘사된 목수들의 작업을 실현한 것이라며 나무뿐만 아니라 돌 위에 구멍을 뚫는 것도 충분히 가능함을 보여줬다.

한발 더 나아가 동으로 만든 톱의 크기가 훨씬 더 컸다는 주장도 있다. 제4왕조 시대의 석재 유물에 남겨진 흔적들을 연구한 결과, 이 시대에 길이가 무려 4m, 높이가 60cm나 되는, 그것도 동으로 만든 톱을 사용했다

---

† 룩소르에 있는 카르나크 신전Temple of Karnak에서 화강암 위에 직경 약 20cm 실린더 형태의 구멍이 발견되었다.

a. 동으로 만든 톱으로 석재를 써는 작업
b. 톱질하며 물을 부어주는 광경
c. 쇠신을 부착한 통나무
d. 작업자가 양쪽에서 활 모양의 도구로 통나무를 회전시키는 모습
e. 돌에 새겨진 원형 홈에 정을 끼워넣은 모습
f. 돌을 실린더형으로 따낸 모습

… 이집트 돌 가공 방법의 재현

… 이집트의 재상 렉흐미레 Rekhmere(제 18왕조 투트모디스 3세와 아멘호텝 2세 시대, BC 1400년경)의 무덤에서 발견된 벽화
- 두 목수가 수직으로 구멍을 뚫는 작업을 하고 있다.

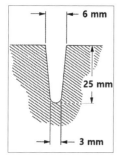
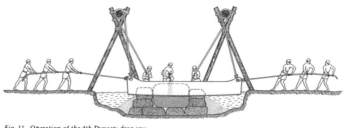

Fig. 11. Operation of the 4th Dynasty drag saw.

··· 제4왕조 석재에서 발견된 톱 자국 단면과 동제 톱을 이용한 돌 자르기 작업 상상도

··· 바탕 돌의 파운딩 작업과 불을 놓아 생긴 틈

는 것이다. 톱 등의 두께가 약 1cm, 아래쪽 날의 두께가 약 3mm, 무게가 140kg이나 되는 거대한 톱으로, 이것에 밧줄을 달아 양쪽에서 두세 사람이 주거니 받거니 톱질했을 것이란다. 실제 톱이 출토된 것은 아니지만, 석재에 남아있는 깨끗한 톱 자국과 잘린 홈을 보면, 무엇보다 이집트인들이라면 이런 아이디어도 충분히 가능했을 것 같다.

또 한 가지 아주 오랜 채석 방법의 하나는 불을 이용하는 것fire-setting이다. 돌 표면에 불을 놓고 충분히 달구어졌을 때 찬물을 뿌리면, 열충격

thermal shock으로 균열이 생기고 이 위를 파운더로 내리쳐 틈을 벌려간다. 여기에 통나무나 청동으로 만든 지렛대를 사용하면 쉽게 돌을 잘라낼 수 있었다. 단, 불 때문에 연기나 가스가 발생할 수 있으므로 갱도를 파야 하는 곳보다는 이집트처럼 노천장露天鑛, open pit에서 효과적이며, 화약이 사용되기 전 중세 시대까지, 심지어 일부 지역에선 20세기까지도 일반적인 채석, 채광 방법이었다.

채석에 사용된 도구와 연장들을 좀 더 살펴보면, 경석에는 파운더가 일반적이었던 반면, 조금 무른 돌, 즉 연석에는 '정chisel'을 사용했다. 물론 구리를 포함해 금속을 다루기 시작한 이후에 나타난 도구이고, 아스완에서 남쪽으로 약 270km 떨어진 체프렌 채석장Chephren's Quarry에서 다수의 증거품이 발굴됐다. 이 채석장은 BC 3000년에서 2000년경부터 사용됐고, 고왕국 시대이자 동기에서 청동기 시대로 넘어가던 무렵에 절정을 구가했으며 주로 편마암을 캐던 곳이었다. 편마암은 화강암이나 석회암보다 물러서 석관이나 조각 등에 사용된 돌로, 이 현장에선 현무암 파운더, 불을 놓은 흔적, 그리고 길이 24cm의 구리로 만든 정이 두루두루 발견됐다.

정의 모양은 굵기가 일정하면서 끝이 뾰족한 타입과 끝부분이 살짝 넓적한 타입bolster chisel이 있었고 나무망치wooden mallet로 타격해 석회암이나 사암같이 무른 돌에 구멍을 내거나 깎는 작업을 했다. 신왕국 시대에 들어서면 재질도 바뀌고 길이도 늘어나 50cm가 넘는 긴 청동제 정을 만들기도 했다. 야금술의 발전과 함께 도구와 연장이 진화했고 돌을 다루는 기술, 채석 기술도 한 단계 더 발전하게 된 것이다. 하지만, 아무래도 이 연장들의 강도에 한계가 있다 보니 작업 중에 톱과 정, 끝이 무뎌지고 구부러지는 문제가 빈번했다. 이집트인들은 이런 문제까지 놓치지 않았고 대비책을 세워놓았는데, 석공 외에 연장을 관리하고 정비하는 인력을 따로 두어 작업이 중단되고 지연되는 일을 최소화했다고 한다.

피라미드를 보면 쌓아 올려진 돌들이 모두 직육면체 블록 형태다. 가끔

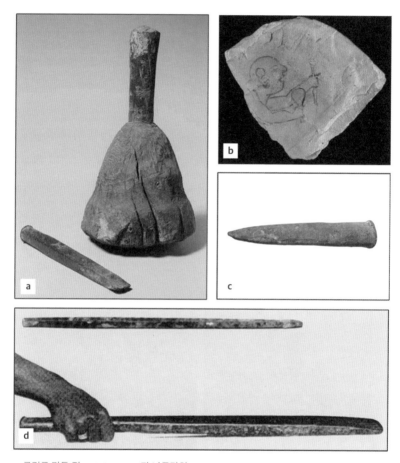

a. 구리로 만든 정(끝이 넓적한 타입)과 나무망치
b. 제19왕조 시대 '노동자의 마을'에서 발견된 석회석 도편(陶片, ostracon, 사기그릇의 깨어진 작은 조각 또는 돌조각)의 그림. 석공이 끌과 나무망치를 들고 있다.
c. 머리끝이 뾰족한 정
d. 청동제 긴 정

… 채석과 돌 가공에 쓰인 도구

둥근 형태의 구조물이 필요하면 원통이나 반원통 모양으로도 채석했다고 하는데 채석장에서 뭔가 추가적인 작업이 필요했을지 몰라도 기본적인 방법에는 큰 차이가 없었을 것 같다. 이런 형태로 돌을 캐기에 유리했던 점은 대부분의 채석장이 갱도를 파고 들어가야 하는 형태가 아니라 흙을 살짝 걷어내기만 하면 바로 암반이 드러나는 노천장이기 때문이었고, 이집트인들은 그런 채석장에서 어떻게 돌을 캐야 하는지 잘 알고 있었다. 사실 이런 지반구조는 피라미드처럼 높고 무거운 건축물을 올릴 때 그 자체가 튼튼한 기초가 돼주니까 매우 감사한 일이지만, 암반을 파내고 지하실이라도 만들라치면 엄청난 돈과 시간이 소요된다. 따라서 현대 공사에서도 암반 제거는 반갑지 않은 일인데, 다행히 요즘 건설현장에서는 다이너마이트와 중장비 덕에 수고를 크게 덜 수 있다. 채석장에서도 마찬가지다. 거대한 톱과 장비가 돌을 두부 썰듯이 잘라버린다.

그런데 수천 년 전 이집트라면?

이집트인들이 사용한 방법은 미완성 오벨리스크에서 본 것처럼, 트렌치

··· 현대식 채석 장비

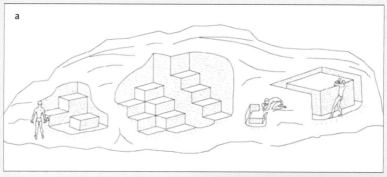

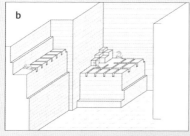

a. 크기가 작거나 싱글 블록을 캐낼 때의 방법
b. 큰 블록을 여럿 캐낼 때의 방법
c. 여러 층에 걸쳐 많은 블록을 캐낸 채석장
d. 블록 한 개를 떼어내 한 면이 노출된 돌 블록(노출된 면에 정으로 쳐낸 빗살 무늬가 보인다.)

··· 채석 방법과 채석장 모습

··· 돌 떼내기와 다듬기 작업

를 파내는 것이었다. 처음에는 그저 완만한 돌산이나 평지에서 시작하지만, 한쪽 면이 노출되면 캐내려는 돌 블록의 크기를 정하고 나머지 세 면에 사람이 들어가 작업할 수 있는 수직 트렌치를 판다. 트렌치는 원하는 돌 블록의 높이와 지면에서 돌을 떼어내는 데 필요한 높이를 고려해 파 내려가고 수직, 수평을 재는 A자형 수평틀과 다림추를 이용해* 검은색, 붉은색 선을 그어가며 폭과 높이를 확인한다. 트렌치의 폭은 블록의 크기가 클 때, 예를 들어, 미완성 오벨리스크와 같은 경우, 또는 긴 정을 사용할 때 최소한 사람의 어깨너비 정도로 넓게 파서(75cm~) 작업자가 이동하거나 작업

---

* 뒤에 나오는 이집트의 측량 기술 참조

할 수 있도록 했고, 규모가 작을 때는 블록의 테두리만 구분할 수 있을 만큼 좁아도 충분했다. 이 외에도 채석 작업에는 앞서 설명한 정, 긴 정, 나무망치, 금속망치, 불놓기 등 모든 방법이 동원됐다.

한편, 쓸만한 도구가 없었던 옛날, 돌 표면에 구멍을 뚫어 나무쐐기를 박은 다음, 물을 붓고 불려서 나무가 팽창하는 힘으로 바위를 쪼갰다는 애기를 들어봤을 것이다. 전혀 틀린 말은 아닌 것 같은데, 쐐기 구멍의 경사각과 방향으로 미루어보았을 때, 그리고 돌의 강도와 크기에 따라 사실이 아니라는 설도 있다. 그 대신 철기 시대로 들어서고 한참 후인 프톨레마이오스 시대(BC 332~BC 30) 때부터는 이른바 '오목점pointille' 기술이 등장한다. 쐐기를 사용하는 것이 바위를 대충 쪼개는 데 유용했다면 이것은 좀 더 정

… 바위에 낸 오목점과 정을 이용한 돌 쪼개기 작업

교하고 의도한 대로 쪼개려는 방법으로, 바위 표면에 일렬로 오목점을 파고 거기에 정을 박아 아래위로 오가며 해머로 계속 타격한다. 원리는 쐐기처럼 바위의 결을 이용해 타격하는 힘을 바위에 전달하는 것인데, 생각보다 오래지 않아 바위에 큰 금이 가고 두 동강이 나고 만다. 이 방법은 현대식 기계장비를 사용하지 않는 채석장에서 아직도 사용되고 있다.

돌 블록의 육로 운반

이제 캐낸 돌 블록을 피라미드 건설현장으로 옮겨야 할 차례다. 그런데 이 여정은 현대 운송시설로도 감당하기 힘든 길이다. 기자 피라미드의 경우, 석회암은 채석장이 바로 인근에 있어서 그나마 양호한 편이었지만, 백색 석회암은 10km 밖 강 건너 투라에서, 그리고 석회암은 무려 900km나 떨어진 나일강 하류 아스완에서 가져와야 했다. 그러니까 돌 블록은 채석장에서 직접 피라미드까지 육로로 가거나 채석장에서 강가의 계류장까지, 그리고 강을 타고 목적지의 계류장까지 가서 다시 육로로 현장까지 이동해야 했다. 이집트인들은 어떻게 이 멀고 험한 길을 따라 돌 블록을 운반할 수 있었을까? 사실 그 옛날의 방법을 확인할 길은 없다. 그래서 후세 학자들은 이런저런 흔적과 증거를 가지고 저마다 그럴듯한 아이디어를 제시하고 있다.

먼저 육로 운송을 생각해보자. 지금이라면 무거운 물건을 먼 거리로 이동할 때 가장 먼저 생각나는 방법이 무엇일까? 바로 트럭이다. 하지만 첫 피라미드가 건설된 4,600여 년 전에는 트럭처럼 생긴 운송수단은 고사하고, 알려져 있다시피 이집트에는 바퀴조차 없었다. 이보다 약 1,000년 전 메소포타미아에서 바퀴가 발명됐다지만, 웬일인지 이집트에는 그 비법이 전수되지 못했던 모양이다. 바퀴와 수레가 있었다 하더라도 돌 블록의 무게가 평균 2.5톤, 최고 15톤, 밑변의 길이가 1.0~2.5m, 높이 1.0~1.5m 정도 된다니* 웬만해선 견디지 못했을 것이다. 2.5톤이라고 하면 감이 잘 안 올 텐데, 사람으로 치면 건장한 70kg 남성 약 26명의 몸무게와 맞먹고 10톤 정도만 돼도 살림살이가 많은 30평대 아파트의 대형 이삿짐 트럭 용량쯤 된다. 그럼 무슨 수로 이 큰 돌덩어리를 그렇게 먼 거리까지 운반했다는 것인가? 결국, 사람의 힘밖에 없었다.

지금까지는 갈대로 엮은 굵고 튼튼한 밧줄을 돌 블록에 묶고, 많은 사람이 한 팀으로 이 돌 블록을 끌고 갔다는 것이 정설이다. 이와 관련해서 제19왕조 때 막강한 권력을 자랑했던 지방 군주 드제후티호텝Djehutihotep의 무덤(BC 1880)에서 벽화가 하나 발견되었는데, 여기서 좀 더 구체적인 방법을 찾아볼 수 있다. 이 벽화에는 거대한 석상을 운반하는 모습이 그려져 있고, 석상의 크기는 약 6.8m, 무게는 58톤에 이를 것으로 추정된다. 이 석상은 드제후티호텝 자신을 형상화한 것이라는데, 군인들의 열병식과 같은 장면이 함께 있는 것으로 보아, 석상 운반이 대단히 중요한 행사였음을 알 수 있다. 여기서 눈여겨볼 부분은 이 석상을 나무로 만든 썰매 위에 단단히 고정하고 썰매에 연결된 밧줄을 여러 작업자가 끌고 있는 장면이다. 여기에 동원된 작업자 수는 172명이나 된다.

또 하나 특이한 부분은 석상 앞에 한 작업자가 썰매 앞쪽으로 무엇인가를 부어대는 그림이다. 학자들은 이것이 다름 아닌 물, 또는 물과 기름을 섞은 윤활제이며 유사한 방법이 피라미드의 돌 블록을 운반하는 데에도

---

* 상부에 쌓은 돌은 하중을 줄이기 위해 조금 작은 블록을 사용해 무게가 약 1.3톤, 아래 변의 길이가 1.0m, 높이가 0.5m 정도다.

사용됐을 것이라 한다. 문제는 이렇게 산타클로스나 타고 다닐 것 같은 썰매로 험한 지형과 특히, 사막 지역을 지나갈 수 있느냐는 것이다. 모래 위에 썰매? 거기다 물까지 뿌린다?

우선 썰매에 대한 이론부터 살펴보자. 불가능한 것은 아니겠지만 바퀴 없이 땅 위로 썰매를 끌면 엄청난 노동력과 시간이 필요하다. 그것은 지면과 썰매 사이의 마찰력 때문으로, 무거운 돌을 멀리 옮겨야 할 때는 이 마찰력을 최소화해야 하고, 그런 이유로 이집트인들이 썰매를 올려놓을 레일을 먼저 깔았다고 주장하는 학자들도 있다. 필자가 어렸을 때는 피라미

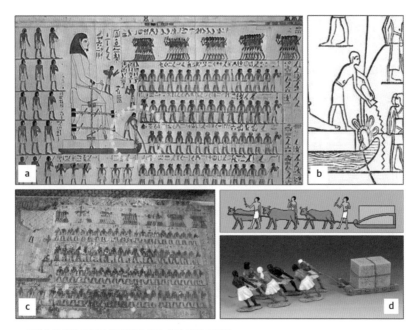

a. 드제후티호텝 무덤에서 발견된 석상 운반 벽화 복원도
b. 물 뿌리는 작업자 확대 부분
c. 벽화의 원본
d. 썰매를 이용해 돌 블록을 운반하는 상상도

… 조각상이나 돌 블록의 운반

드 건설 당시에 바퀴가 없었기 때문에 바퀴 역할을 할 수 있게끔 둥근 통나무를 돌 블록 앞에 놓았다가 블록이 전진하면 뒤로 빠진 통나무를 다시 앞으로 옮기는 방식을 사용했다고 배웠다. 그런데 이런 방법은 돌 블록을 끄는 작업과 통나무를 옮기는 작업에 많은 인력이 투입되어야 할 뿐만 아니라 작업이 너무 번거롭고 비탈길이라도 만나면 작업이 더 힘들어지므로 현대의 학자들은 이와는 다른 방법들을 제안하고 있다. 먼저 이 방법에서 변형된 버전으로, 여러 개의 통나무를 전진 방향과 평행하게 놓고 그 위로 썰매를 끄는 방법이 있다. 이렇게 하면 통나무 1~2개 길이만큼 돌블록을 좀 더 전진시킬 수 있는데, 그래도 번거롭기는 마찬가지이며 특히, 통나무가 옆으로 구를 경우, 썰매가 탈선할 위험성이 커진다.

그래서 한 단계 더 나간 방법이 레일을 까는 것이다. 먼저 전진 방향에 직각으로 통나무를 일정한 간격으로 배치하고 그 위에 전진 방향과 같은 방향으로 한 쌍의 레일을 깐 다음, 지면과 레일을 단단하게 고정한다. 침목 위에 철제 레일을 올린 현대의 기찻길을 연상하면 딱 맞다. 돌 블록은 역시 통나무로 엮어 만든 썰매 또는 받침대 위에 올려 작업자들이 끌어당겨 이동시키고, 이때 윤활제를 썰매 앞에 뿌려주면 마찰력을 줄일 수 있다. 이렇게 한 번 레일을 만들어놓으면 반복적으로 블록을 운반할 수 있으므로 효율성도 높아진다.

여기서 그치지 않고 현대의 도로처럼 침목과 모래, 점토 등을 이용해 아예 도로를 포장했다는 주장도 있다. 고대 이집트가 세계 최초의 포장도로 발명국이기 때문에 아주 근거가 없는 얘기는 아닌 듯하다. 그 증거로 고왕국 시대 채석장이 있던 페이움Faiyum에서 서쪽 나일강까지 약 12km에 걸친 포장도로 유적이 남아있으며 이 도로에는 석회암, 현무암, 사암 등 여

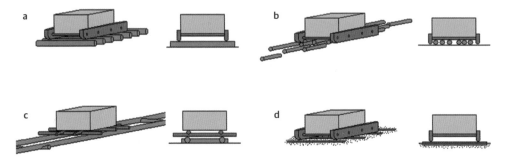

··· 돌 블록 운반을 위한 썰매와 레일 상상도

러 종류의 돌이 불규칙하게 깔려있다. 하지만 현재 상태는 썰매를 끌수 없을 정도로 울퉁불퉁하거나 험한 부분이 많고, 긴 거리에 유지관리가 제대로 이루어졌을지도 의심스럽다.

한편, 썰매와 레일을 뛰어넘는 기발하고 재미있는 아이디어들도 있다. 한 예로, 주사위 굴리기 방법이 있다. 프리즘 모양이나 원형, 반원형 받침대를 만들어 놓고 밧줄을 이용해 당기면 평지든 경사진 램프든 돌 블록을 굴려 이동시킬 수 있다는 이론이다. 이 방법을 실제 사용했다는 증거는 없지만, 돌 블록의 단면이 정육면체에 가깝다는 전제하에 물리적으로 충분히 가능할 것 같기는 하다. 다만, 돌 블록이 굴러갈 때 충격으로 몸체가 깨지지는 않았을까 걱정스럽다.

또 다른 방법은 4개의 '반 원통'을 이용하는 것이다. 돌 블록의 네 변에 반 원통형 틀을 대면, 돌 블록을 가운데 둔 큰 원통이 되고 이것을 밧줄로 끌면서 굴린다는 것이다. 돌 블록의 단면이 정사각형이든 직육면체이든 반 원통의 크기만 조절해서 돌 블록 전체에, 또는 양쪽 끝에 붙이면 그 부분이 바퀴와 같은 기능을 하게 된다. 이 아이디어는 이집트 유물을 발굴할 때 발견된 나무 조각에 영감을 받아 제시된 것으로 이 아이디어를 제시한 연구팀은 실제 피라미드의 것과 맞먹는 약 2톤의 돌 블록을 굴리는 실험에 성공했다고 한다. 그런데 이 이론에도 허점은 있다. 이집트인들이 이런 생각을 할 수 있었다면 왜 바퀴는 못 만든 것일까?

다시 드제후티호텝 벽화에서 석상 앞에 선 작업자가 물을 뿌리는 장면으로 돌아가 보자. 이 그림에선 레일이나 통나무가 보이지 않는데, 그렇다면 사막과 모래로 덮인 이집트의 길 위로 썰매가 잘 달려갈 수 있었을까. 물을 뿌리면 썰매와 모래 사이의 마찰력이 줄어들고 운반이 더 쉬워질까. 이 문제를 해결하는 데 물리학자들이 나섰다. 이 연구팀은 마찰력, 견인력, 모래의 강도, 함수량 등 아주 복잡한 숫자와 공식을 써서 문제를 풀어냈는데 이건 너무 어려운 얘기인 것 같고, 쉬운 예를 들어보도록 하자. 모래사장에서 손으로 모래를 떠보면 마른 모래를 뜨는 것과 젖은 모래를 뜨는 것 중 어떤 것이 더 쉬울까. 또 마른 모래 위를 걷는 것과 젖은 모래 위

··· 세계 최초의 포장도로로 알려진 페이움의 도로 흔적

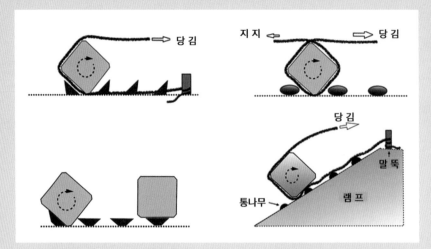

··· 돌 블록을 굴려서 이동시키는 아이디어

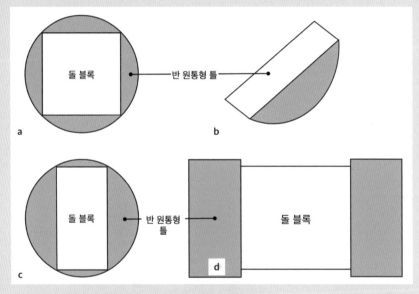

a. 정육면체 단면의 돌 블록 네 변에 반 원통형 틀을 붙인 단면
b. 반 원통형 틀
c. 직육면체 단면의 돌 블록 네 변에 반 원통형 틀을 붙인 단면
d. 반 원통형 틀을 돌 블록 양 끝에 부착한 입면

··· 돌 블록을 원통형으로 만들어 굴리는 아이디어

를 걸을 때 어느 것이 더 쉬울까. 이론적으로 모래가 물에 젖으면 물이 모래 입자를 연결하는 다리 역할을 해서 입자와 입자 사이를 끊어내는 데 더 힘이 들게 된다. 그래서 마른 모래를 퍼 올리는 것이 젖은 모래보다 더 쉬워지는 것이다. 여기까지 보면 마른 모래가 마찰력을 줄이는 데 유리할 것 같지만, 반전이 있다. 모래 위를 걸을 때, 마른 모래밭에서는 발을 옮길 때마다 발끝에 작은 모래 언덕이 생기거나 발이 빠지게 되지만, 젖은 모래는 바닥이 탄탄해져서 훨씬 쉽게 걸을 수 있다. 이런 경험을 썰매에 대입해보면 답은 명쾌해진다. 썰매 앞에 물을 뿌려줌으로써 길이 단단해지고 썰매가 전진하는 데 더 큰 장애가 되는 모래 언덕이 제거되기 때문에 이동이 수월해진다. 거기다 물에 기름을 섞어주면 윤활 작용을 더 높여 인력을 절반이나 줄일 수 있다고 한다.

강을 이용한 돌 블록 운반

어떤 방법을 사용했든, 이제 돌 블록은 채석장에서 먼 길을 떠날 준비가 됐다. 그런데 투라에서 채석된 돌은 거리는 비교적 짧지만, 강을 건너야 했고, 멀리 떨어진 아스완의 경우 하류로 흐르는 물길을 이용하면 효율적이었지만 쉬운 문제가 아니었다. 결국 양쪽 채석장 모두 강이라는 장애물을 극복해야 했다. 어떻게 이 작업을 완수할 수 있었을까. 여기에도 여러 가지 이론들이 등장한다. 가장 쉽게 떠올릴 수 있는 방법은 돌 블록을 배에 실어 보내는 것인데, 문제는 그 당시 돌 블록의 무게를 감당할 수 있는 배가 있었느냐는 것이다. 이집트에서는 지역적인 특성상 쓸만한 목재를 구하기 어려워서 메소포타미아와 같이 배를 만들 때는 주로 갈대를 사용했는데, 갈대 배로 이것이 가능했을까.

기록에 의하면 이집트에서 목재가 귀한 것은 사실이었지만, 배를 만들때 자국의 아카시아 나무나 수입 목재를 사용하기도 했다. 이런 목선은 주로 왕이나 귀족이 죽었을 때 시신을 운반하던 장례용으로 사용했고, 권력의 상징이었던 쿠푸왕의 장례 배는 레바논에서 수입한 삼목Lebanese Cedar으로 만들었다고 한다. 그러니까 어느 정도 튼튼한 배는 존재했었다는 것인데, 여기에 더 확실한 증거가 있다. 하트셉수트 여왕 때 커다란 배로 오벨리스크 두 개를 옮기는 그림과 그에 대한 기록이 '왕가의 계곡'에서 발견된 것이다. 이 벽화에 나오는 오벨리스크의 무게는 두 개를 합쳐 372톤, 배의 크기는 길이가 63m, 폭이 21m에 달했을 것으로 추정되고, 벽화에 다소 훼손된 부분이 있지만, 약 30대의 작은 견인선이 노를 저어 큰 배를 끌고 있는 모습까지 보인다.*

그런데 이렇게 생긴 배 한 척으로 육중한 물체를 옮기는 방법에는 결정적인 단점이 있다. 항구나 계류장에 도착해 짐을 부릴 때 선체의 중심을 잡기가 쉽지 않다는 것이다. 현대의 양중기계가 있었다면 모를까, 사람의 힘에 의존해야 했던 이 시대에는 극복하기 어려운 문제였을 것이다. 그래서 후세 학자들은 또 상상의 나래를 펴서 다양한 제안을 내놓는다.

첫 번째 대안은, 배의 하부가 뾰족한 일반적인 형태가 아니라 밑바닥이 비교적 평평한 바지선을 사용했다는 것이다. 이렇게 생긴 배를 사용하는 데에도 몇 가지 방법이 제안되는데, 첫째가 돌 블록 또는 오벨리스크를 가운데 두고 좌우에 두 쌍의 바지선을 연결해 중심을 잡는 방법이다. 여기에 서까래

---

* 이 벽화를 놓고 오벨리스크의 무게나 당시의 기술, 배의 안정성 등을 고려했을 때 이 벽화를 그린 사람이 선박 건조에 무지한 사람이었으며, 그저 보아온 작은 배를 드라마틱하게 과장했다는 주장하는 학자도 있다.

같이 생긴 부재를 여러 개 배치해 바지선을 고정하고 하역할 때는 물에 잠겨있던 석재를 밧줄을 이용해 그대로 들어 올리면 된다. 이 제안에서 바지선을 네 대씩이나 배치한 것은 석재의 무게를 고려한 것으로 보인다.

두 번째로 바지선 이론을 조금 더 효율적으로 바꾼 안도 있다. 네 대의 바지선을 두 대로 줄이고 두 배 사이를 뗏목으로 연결한 다음, 그 위에 돌 블록을 올려 운반하는 방법이다. 이렇게 하면 동원해야 하는 배의 수도 줄일 수 있고, 돌 블록이 수면 위로 나와 있어서 계류장에 정박한 후 바로 하역 램프를 이용해 육지까지 쉽게 이동시킬 수 있다. 육지에서의 돌 블록 운반방법으로 제안되었던 레일과 썰매의 개념이 여기서도 적용되고, 앞의 안이든, 이 안이든 견인선이 앞에서 바지선을 끌고 간다. 이 방법이면 1시간에 3km 정도 이동이 가능하고 하루 12시간 항해를 했을 때 아스완에서 기자까지 25일이면 도착할 수 있단다.

세 번째, 가장 번뜩이는 아이디어는 부력을 이용해 돌 블록 하나하나를 물에 띄우고 그대로 강물에 흘려보내는 방법이다. 먼저 채석장에서는 요구되는 형태와 크기로 돌 블록을 제작하고, 동물의 가죽이나 위 속에 바람을 넣어 공기 풍선을 만든다. 이 풍선을 돌 블록 위에 여러 층 올려 밧줄로 단단히 고정하고 비가 안 오는 건기에 이런 블록을 최대한 만들어 나일강 주변에 대기시킨다. 마치 선적을 기다리며 주차장이 꽉 차도록 세워놓은 자동차를 연상케 하는 그림이다. 알다시피 나일강은 범람이 빈번하되 대략 그 시기를 예측할 수 있었으므로 이 장소에 물이 차면 돌 블록이 물에 뜨고 강물의 흐름을 따라 서서히 여행을 시작한다. 이때 돌 블록이 제 루트로 흘러가도록 작업자가 육지에서 방향을 조정한다. 이 방법을 제안한 학자는 한발 더 나아가, 피라미드 현장에 도착한 돌 블록은 계류장에서 육

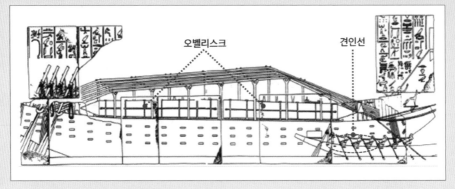

… 하트셉수트의 오벨리스크를 운반하는 선박의 벽화

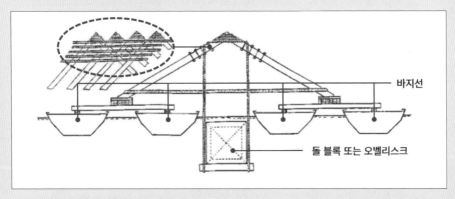

… 4대의 바지선으로 석재를 운반하는 안

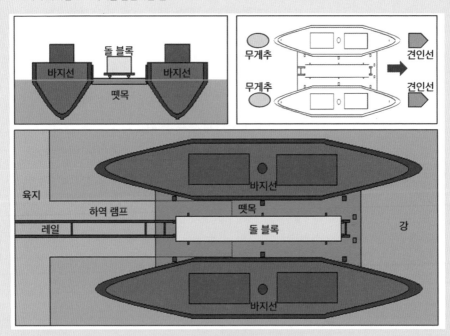

… 2대의 바지선을 이용해 석재를 운반하는 안

a. 동물의 가죽이나 위를 이용한 풍선을 돌 블록에 부착
b. 우기가 올 때까지 대기시켜놓은 돌 블록
c. 강물에 떠내려가는 돌 블록
d. 피라미드 현장에 도착한 돌 블록을 운하로 들여보내는 장면

⋯ 풍선을 이용한 돌 블록 운반

지로 올려지는 과정 없이 둑길이나 운하를 거쳐 그대로 피라미드의 경사를 타고 물의 힘만으로 꼭대기까지 운반될 수 있다고 주장한다. 재미있는 아이디어이기는 한데, 너무 나간 느낌이 들기도 하고 여러 가지 의문점도 남는다. 풍선만으로 돌 블록을 물에 띄울 수 있었을까, 그렇기 위해선 얼마나 많은 풍선이 필요했을까, 또 이 방법이 가능하다 해도 아스완에서는 강물의 흐름을 이용할 수 있지만, 투라에서 강을 건너야 했던 돌에도 적용할 수 있었을까.

돌 블록 쌓기

육로로, 강으로, 다시 육로를 거쳐 마침내 돌 블록이 현장에 도착했다. 이제 마지막 단계는 돌 블록을 쌓는 일이다. 이 작업의 난이도는 아무런 현대식 장비 없이 무거운 돌 블록을 최고 약 150m 높이까지 올려야 하는 엄청난 것이었다. 여기에도 역사학자, 고고학자, 물리학자 등 많은 전문가가 저마다 독특한 아이디어를 제시하고 있다.

세계 어디서든 고대에 건축물을 높이 올릴 때 주로 사용되는 방법의 하나는 램프ramp를 만드는 것이다. 맨 윗부분까지 닿을 수 있도록 경사로를 계속 쌓아 만들고 원하는 높이까지 공사가 끝나면 램프를 해체하는 방법이다. 당나라군이 고구려의 안시성을 공격할 때도 성벽보다 높은 흙산을 만들려고 했다지 않은가. 좀 무식해 보이긴 하지만, 피라미드 건축에도 다른 방법이 있었을 것 같지는 않다. 그래서인지, 피라미드가 인간에 의해 만들어진 것이 아니라 거인족이 지었다는 둥, 외계인의 작품이라는 둥, 증명되지 않은 설들이 많은데, 이런 과학적이지 않은 얘기들은 접어두도록 하자.

어찌 되었든 램프를 만들더라도 대피라미드와 같은 높이라면 엄청난 노력과 계획이 필요했을 것이다. 따라서 학자들이 제시하고 있는 대안들은 램프 건설을 전제로 하되, 그 당시의 기술에 비추어보아 어떤 방법이 가장 합리적일까에 초점을 두고 있다.

가장 원조라 할 수 있는 안은 피라미드가 초기 단계에 있을 때 짧은 길이의 램프를 넓게 만들어 놓고, 피라미드의 높이가 올라갈수록 여기에 맞추어 램프의 길이나 폭도 조절해가며 쌓았다는 것이다. 이 방법은 프랑스의 건축가이자 이집트 학자인 장 필립 라우어Jean-Philippe Lauer(1902~2001)가

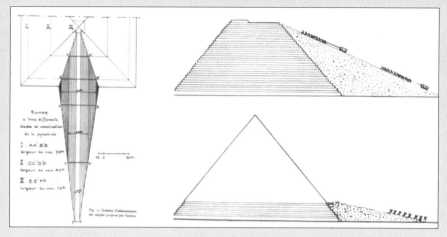

··· 장 필립 라우어Jean-Philippe Lauer의 램프

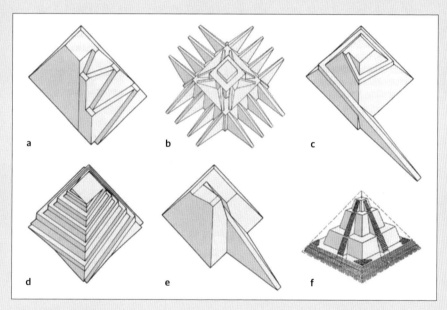

a. 지그재그형 램프Holscher Style Ramp
b. 사방에서 접근 가능한 램프Stadelmann Style Ramps
c. 긴 돌음식 램프Arnold Style Ramp
d. 짧은 회전 돌음식 램프Isler Style Lifts
e. 긴 램프를 내부 중앙까지 깊게 배치하는 방식
f. 긴 램프 없이 내부 구조물을 먼저 올리고 외부를 쌓아가는 방식

··· 피라미드 램프 형식의 다양한 대안

일찌감치 제시한 방법인데, 여기에는 결정적인 약점이 있다. 이런 램프를 만들려면 총 150만m³의 흙이 필요한데 이 정도 물량이면 현대 프로젝트에서도 대단한 규모이고, 결국 너무 큰 비용과 시간이 소요된다는 것이다. 또 램프가 높아질수록 붕괴 위험과 안전문제도 커진다. 결정적으로 파라오가 죽기 전까지 피라미드 건설을 마쳐야 했던 당시 건축가들에겐 공사 기간을 맞추는 것이 제일 큰 임무였고 그런 점에서 이 방법은 리스크가 너무 크다.

다른 학자들은 이 문제를 해결할 수 있는 대안으로, 지그재그형 램프, 사방에서 접근 가능한 램프, 돌음식 램프, 긴 램프를 내부 중앙까지 깊게 배치하는 방식, 긴 램프 없이 내부 구조물을 먼저 올리고 외부를 쌓아가는 방식 등, 다양한 모양과 방법들을 제시하고 있다.

어떻게든 램프가 만들어지면 경사로로 돌 블록을 운반해야 한다. 평지보다 훨씬 어려운 작업이었을 텐데, 이를 위해서는 앞서 설명한 돌 블록의 운반 방법 중, 썰매와 레일 이론이 가장 타당해 보인다. 램프 위에서 통나무를 앞뒤로 운반하는 것은 효율성도 떨어지고 매우 위험하기 때문이다.

이 외에 램프 양쪽에 말뚝을 박고, 거기에 돌 블록과 연결된 밧줄을 걸어서 당기거나, 밧줄 두 가닥을 엇갈리도록 연결해 운반 무게를 줄이는 등, 도르래의 원리를 사용했다는 설도 있다. 하지만, 이집트에서 도르래가 등장한 것은 제12왕조 시대쯤인 BC 1991~BC 1802년경이었다고 하니까, 대피라미드가 건설될 당시에는 우리가 아는 형태의 도르래를 사용했다기보다 그 원리를 깨우친 수준이었을 것 같다.

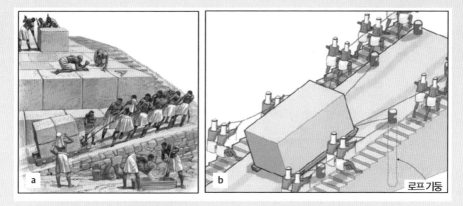

로프 기둥

a. 인력이 단순히 앞에서 끌어올리는 방법
b. 인력을 두 그룹으로 나누고 밧줄 기둥과 밧줄을 이용해 도르래의 원리로 끌어올리는 방법

… 램프로 돌 블록을 올리는 방법

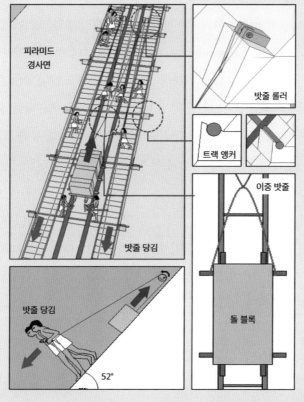

피라미드
경사면

밧줄 롤러

트랙 앵커

이중 밧줄

돌 블록

밧줄 당김

밧줄 당김

52°

… 한 쌍의 밧줄과 롤러를 용해 도르래의 원리로 돌 블록을 끌어올리는 방법

피라미드를 있게 한 이집트의 측량 기술

피라미드를 처음 보면 저 많은 돌을, 저렇게 거대한 건축물을 만들기 위해 어떻게 옮기고 쌓았을까 하는 생각에 입이 다물어지지 않는다. 하지만, 그에 못지않게 신기한 것이 있다. 어떻게 저토록 정확하게 건축을 할 수 있었는가이다. 예를 들어, 대피라미드를 보면, 하단부의 평면이 완벽한 정사각형을 이루면서 밑변의 길이 오차가 4.4cm에 불과하다. 이것이 평면 얘기라면 입체적으론 또 어떠한가. 피라미드는 네 변이 51도 50분 40초의 경사각을 따라 만들어진 사각뿔 형상이고, 놀랍게도 146m 꼭대기 정중앙에서 꼭짓점이 만난다. 그것도 돌을 쌓아서 말이다. 또, 기자의 피라미드 세 개가 오리온 별자리의 허리띠에 해당하는 세 개의 별과 배치가 일치한다든지, 피라미드의 동서남북 배치가 불과 0.05도밖에 벗어나 있지 않다든지, 이 피라미드의 천문학적 의미를 설명하는 연구도 많다. 어릴 적 흙바닥 운동장에서 축구를 할 때 물 주전자로 선 긋고 삐뚤빼뚤해진 경기장을 보며 어이없어하던 기억이 누구나 한 번쯤 있을 것이다. 불과 몇십 미터 선 긋는 것도 어려운데, 어떻게 수천 년 전에 이렇게 정교한 건축물을 만들어놓았을까.

이런 문제를 해결할 수 있었던 것은 그들의 측량 기술 덕분이었다. 이집트는 쿠푸의 대피라미드가 건설되기 이전부터 측량에 대한 기본적인 개념과 놀라운 기술을 갖추고 있었고 사실상 현대의 측량 기술이 이들로부터 시작됐다 해도 과언이 아니다.

길이 재기

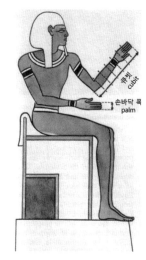

측량은 우리가 쓰고 있는 미터법과 같이[*] 약속된 길이의 단위에서부터 시작되는데, 고대 이집트는 이런 기본 단위로 사람의 신체 부위를 사용했다. 예를 들어 가장 짧은 단위로서 둘째 손가락의 두께finger(약 1.875cm), 엄지를 제외한 네 개 손가락만으로 재는 손바닥의 폭palm(약 7.5cm), 팔꿈치부터 중지中指까지의 길이(큐빗cubit, 약 52.3~52.5cm) 등으로, 이 중 큐빗을 가장 기본적인 단위로 쳤다.[†] 큐빗은 원래 팔꿈치를 뜻하

··· 이집트의 길이 기본 단위

는 라틴어cubitum에서 유래된 영어단어로, 실제 길이는 지역마다 조금씩 다르나 동시대의 메소포타미아(1큐빗=51.9cm)나 이스라엘(1큐빗=54cm)을 포함한 근동지역에서 널리 통용되던 단위였으며, 그리스(1큐빗=46cm)나 로마(1큐빗=44.4cm)를 거쳐 야드(1yard=91.4cm)의 기원이 되기도 했다.

이집트인들은 친절하게도 이 길이 단위의 사용례를 남겨놨는데, 초기 제1왕조부터 5대 왕조(BC 3150~BC 2345년경)에 걸쳐 제작된 것으로 추정되는 팔레르모 스톤Palermo Stone이 대표적인 증거다.[‡] 이 팔레르모 스톤에는 당시 이집

---

[*] 지금의 미터법은 1789년 프랑스 혁명이 일어나면서 평민과 귀족이 함께 사용할 수 있는 도량형이 필요하다는 인식이 생겨났고 1791년 프랑스 과학 아카데미가 '지구 자오선 길이의 1,000만 분의 1'을 1m로 하자고 정하면서 시작됐다.

[†] 이집트 로얄 큐빗은 1큐빗이 7개의 '손바닥 폭, 팜'과 같다.

[‡] 팔레르모 스톤은 많은 기록이 담긴 원판stele의 극히 일부에 해당하는 작은 파편으로 크기는 43.5×25cm에 불과하다. '팔레르모'라는 이름은 그 기원이 이집트가 아니라 이탈리아 시실리 섬의 도시 '팔레르모Palermo'에서 유래했으며, 1859년 시실리의 법률가 페르디난드 구이다노Ferdinand Guidano가 어딘가선 구입해서 그 도시의 박물관에 전시하면서 세상에 알려졌다. 실제 원판이 어디에 있었는지는 아무도 모르고, 이후 이집트의 연대기가 적힌 유물이나 파편이 발견되면 대명사처럼 팔레르모 스톤이라 부르기도 한다.

트의 문화와 왕위 연대기, 그리고 파라오의 재위 기간 중 매년 일어났던 중요한 일들이 상형문자로 적혀있는데, 이 중에는 연도별 나일강의 수위를 표시해 놓은 기록이 포함되어있다. 예를 들어 첫 번째로 확인되는 파라오 우 Pharaoh U*에 대한 기록을 보면 나일강의 수위가 아래와 같이 적혀있다.

파라오 우   재위 1년 나일강 수위: 6 큐빗
          재위 3년 나일강 수위: 4 큐빗, 1 팜palm
          재위 4년 나일강 수위: 5 큐빗, 5 팜, 1 핑거finger
          재위 5년 나일강 수위: 5 큐빗, 5 팜, 1 핑거
          재위 6년 나일강 수위: 5 큐빗, 5 팜
          재위 7년 나일강 수위: 5 큐빗

이렇게 나일강의 수위를 측정한 것은 강물이 범람해 농지의 경계를 싹 쓸어가는 문제가 매년 발생했고 이 때문에 범람의 시기와 수준을 예측하는 한편, 유실된 땅과 경계를 복원하기 위해서였다.

그런데 이렇게 사람의 신체 부위를 길이의 기본 단위로 하다 보니 결정적인 문제가 발생하게 된다. 그 크기가 사람마다 다르다는 것. 그래서 소위 로열 큐빗royal cubit이란 개념이 등장하는데, 누구인지는 확실치 않지만, 파라오의 신체 사이즈를 기준으로 이 길이를 정했고 그 단위가 들쑥날쑥해지는 것을 막기 위해 화강암에 길이를 새겨놓은 후, 이것을 기준으로 나무로 막대 자, 즉, '큐빗 로드cubit rod, cubit master'를 만들어 썼다. 누구나 어디서나 통일된 단위를 사용하도록 한 것이다.

---

* 파라오 우는 팔레르모 스톤에서 첫 번째로 확인되는 파라오로, 기원전 30세기 이집트를 통일하기 이전 선왕조 시기의 파라오로 추정된다.

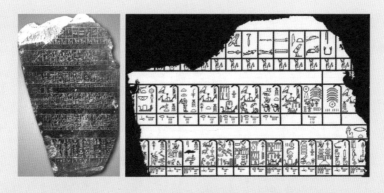

단위	상형문자	비교 (손바닥 폭 기준)	크기 (cm)
손가락 두께finger		1/4	1.875
손바닥 폭palm		1	7.5
손길이hand		1 1/4	9.38
주먹 크기fist		1 1/2	11.25
큐빗cubit†		7	52.3 또는 52.5

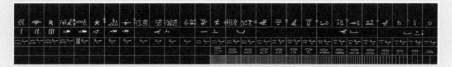

… 고대 이집트 팔레르모 스톤과 길이 단위, 큐빗을 재는 막대 자

---

† 큐빗의 실제 길이에 대해서는 시대마다 학자마다 조금씩 다른 주장이 있다. 이 표의 길이는 로열 큐빗 기준으로 가자의 대피라미드 등에서는 '1큐빗=52.3 cm'의 단위가 사용됐다.

이집트를 둘러싼 지역적, 역사적 인접 지역에서 큐빗이나 기타 거리를 측정하는 기준이 통용되었다는 것만 보더라도 작은 사물의 크기를 재는 것에서부터 큰 규모의 측량이 가능했음을 알 수 있다. 문제는 어떤 도구를 가지고 어떻게 측량을 하느냐로, 이집트는 이 부분에서도 후세에 큰 영향을 미친 중요한 업적을 남겼다.

측량에는 측량이 시작되는 지점, 즉 기준점을 잡는 일, 거기서부터 멀리 떨어진 곳의 거리와 높이를 재는 일, 그리고 수평과 수직을 잡거나 정확한 각도를 구하는 일 등이 기본 요소가 되며, 이런 작업은 벌판에서 토지를 구획하거나 건물의 배치를 잡고 설계와 시공을 할 때 필수적이다.

이집트인들은 측량의 기준점을 잡을 때 바위나 비석 또는 돌판을 활용했다. 그 예로 잘 알려진 것이 제18왕조의 10번째 파라오 아케나톤Akhenaten(재위 BC 1350~BC 1334)이 그의 이름을 딴 신도시를 건설할 때 만들어놓은 경계 표식들이다. 아나케톤은 그 자신과 가족의 족보에서부터 도시 건설에 관한 얘기까지 바위나 비석에 새겨 기준점으로 만들었고 이것을 나일 계곡을 가로질러 여러 개 설치해놨는데, 현대의 기술로 측정한 동서 20~25km, 남북 13km 정도의 거리가 각 기준점에 기록된 케트khet나˙ 큐빗 단위의 거리와 거의 일치한다고 한다. 이는 이집트인들이 긴 거리를 정확하게 측량할 수 있는 고도의 기술을 갖추고 있었고, 피라미드가 아무리 큰 건축물이라 해도 그 정도 측량에는 전혀 문제가 없었음을 보여준다.

짧은 길이를 잴 때는 큐빗 로드를 사용하면 되지만 이렇게 긴 거리는 어떻게 쟀을까? GPS나 망원렌즈가 달린 거리측정기도 없었을 텐데? 잠시 어떤 방법이 있을까 상상해보자.

---

* 1케트khet는 100큐빗으로 52.5m가 된다.

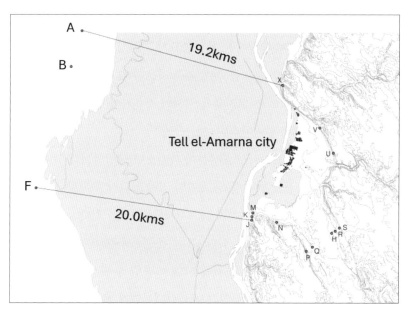

··· 항공사진과 지도로 본 아나케톤이 세운 기준점의 위치와 거리

　그들은 아주 간단한 해결책을 발명해냈다. 일정한 간격으로 매듭을 넣은 긴 밧줄을 사용한 것이다. 이 밧줄의 매듭은 눈금 역할을 했고 밧줄이 늘어지지 않도록 밀랍과 송진을 발라 폴대pole와 폴대 사이에 팽팽하게 걸어서 거리를 쟀다. 이렇듯 측량에 밧줄이 중요한 도구였던 탓인지, 이 당시 이집트 말로 '측량사'를 '하페도납타이harpedonaptai', 즉 '밧줄을 당기는 사람rope stretcher'이라 불렀고 '측량'을 '밧줄을 당기는 일stretching a rope'이라 칭했다. 이 밧줄은 길이가 100큐빗 정도였고 10큐빗 간격으로 매듭을 만들어 넣었으며 재료는 파피루스였다. 그런데 여기서 다시 궁금증이 생긴다. 밧줄의 재료가 파피루스였는데 그 오랜 시간 동안 썩지 않고 남아있었다고? 물론 그때 그 물건이 남아있을 리 없다. 하지만 후세에도 이런 방법이 전

통처럼 전해졌고, 무엇보다 그 증거가 남아있다.

　고대 이집트인들에게 측량이란 매우 중요하고 신성한 일이었다. 팔레르모 스톤에 매년 나일강의 수위를 적어 놓은 것은 수위 자체가 중요한 것이 아니라, 강물이 휩쓸고 가면 토지와 농경지의 경계가 엉망이 되므로, 누구의 땅에서 거둔 수확이 얼마나 되며 세금은 얼마나 되는지 가늠하는 데 문제가 생겼기 때문이다. 또 토지 대부분이 파라오나 사원의 소유였지만, 사유 재산도 가능했으므로 범람 후에 토지의 경계를 다시 구획할 필요가 있었다. 물론 사원이나 피라미드처럼 규모가 크고 신성한 건축물을 새로 지을 때도 측량의 중요성은 매우 컸다. 그런 차원에서 현대 건축공사에 기공식이나 준공식을 거행하는 것처럼 그들은 측량의 시작을 이벤트화했고, 측량 작업이 그만큼 가치가 있다고 생각해서인지 신전이나 고위 관리의 묘지에 그 광경을 벽화로 남겨놓았다. 그중 대표적인 것이 에두프 신전 Temple of Edfu(BC 237~BC 57)에 그려진 벽화로, 여기에는 파라오 하트셉수트가 기록과 역사의 여신 세스헤트Seshat와 함께 등장해 측량 밧줄을 잡고 있는 모습이 그려져 있고 그 옆에는 "내가 폴대를 가지고 망치의 손잡이를 잡는다. 내가 세스헤트와 함께 측량 밧줄measuring cord을 잡는다"라는 문구가 적혀있다. 상징적인 의미였겠지만 파라오가 직접 측량사의 역할을 담당한 것이다. 또 다른 예는 신왕조 시대의 것으로 추정되는 테베 근처 묘지에서 발견된 벽화로˙ 여기에는 측량 작업을 하는 사람과 관리자가 등장하며 밧줄의 매듭까지 생생하게 보인다.

＊　고대 이집트에서는 파라오뿐만 아니라 고위 관리나 부자도 화려한 묘지를 가질 수 있었는데, 메나의 묘지Tomb of Menna에 측량 작업에 대한 그림이 남아있다. 메나는 파라오와 신왕국 시대 최고의 신 아몬Amon의 토지를 관리하던 서기관으로, 그의 임무는 파라오 소유의 농경지에서 농사일을 감독하고 그 땅을 측량하는 것이었으며 묘지 벽화에는 그가 관리하던 경작지에서 곡물을 심고 수확하는 과정과 밧줄을 잡고 측량하는 모습이 그려져 있다.

··· 파라오 하트셉수트와 여신 세스헤트의
측량 기념식

··· 메나의 묘지 벽화에 등장하는 측량 작업

수직과 수평, 각도 재기

이 측량 밧줄은 또 다른 용도로 유용하게 사용됐다. 바로 직각을 재는 것.
이들은 '삼각형' 하면 누구나 떠올리는 피타고라스Pythagoras(BC 580~BC 500)가
탄생하기 수천 년 전에 이 매듭을 이용해 3:4:5의 삼각형을 만들고 여기서
직각을 구할 수 있음을 알고 있었다. 요즘엔 둥글고 굴곡이 있는 건물도 많
지만, 사각형의 평면과 입면이 기본이었던 시절에 정확히 직각을 구해낸 것
은 정말로 대단한 발견이었고, 더 나아가 같은 길이로 세 변을 이루는 정삼
각형도 쉽게 만들어낼 수 있었다.

이렇게 찾아낸 직각은 간단하지만 기발한 방법으로 수평을 잡는 도구까

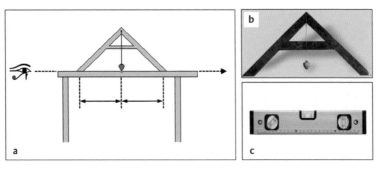

a. A자형 수평틀 사용방법   b. 실제 사용된 A자형 수평틀   c. 현대의 수준기(level)

⋯ 이집트의 A자형 수평틀

지 탄생시킨다. 이 도구는 A자 모양의 목재 틀로, A자의 양쪽 다리가 서로 직각을 이루고 꼭짓점에서 돌이나 금속으로 만든 다림추를 아래로 늘어뜨린 모양이다. 이 A자 틀을 수평면 위에 올려놓으면 다림추는 A자의 중심을 지나 수평면에 닿게 되는데, 이때 수평면에서 가운데라 생각했던 지점과 다림추의 위치가 어긋난다면 그 평면은 수평이 아니라 기울어있음을 알 수 있다. 주변에서 막대기처럼 생긴 틀 가운데 공기 방울을 넣어 그 위치로 수평을 확인하는 수준기水準器, level를 본 적이 있을 텐데 같은 이치라 생각하면 되고, 이 틀은 직각도 재고 수평도 잡는 일거양득의 도구였다.

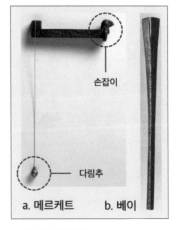

손잡이

다림추

a. 메르케트   b. 베이

⋯ 메르케트와 베이

멀리 떨어진 두 지점 사이에 수평선을 잡거나 수직, 수평 각도를 잴 때는 메르케트merkhet와 베이bay라는 도구를 썼다. 메르케트는 한쪽 끝에 짧은 손잡이가, 반대편에 다림추가 달린 막대 모양으로, 지면으로부터 연직선을 만들거나 높이를 재는 기능을 하고, 베이는 종려 잎 줄기로 만든 긴 막대로 한쪽 끝에 V자 홈을 파서 멀리 있는 표적을 겨냥하는 가늠자 역할을 한다.

이 도구들로 각도를 측정하려면 기본적으로 두 사람이 필요한데, 한 사람은 측량이 시작되는 원점에 서서 베이를 들고, 다른 사람은 측량하고자 하는 표적 방향에 서서 메르케트를 들고 다림추를 내린다. 그리고 원점에 선 사람이 베이의 V자 홈을 통해 메르케트를 바라보고 다림추의 수직선과 표적이 일직선에 놓이도록 하면 지면으로부터 수직인 평면이 형성되고, 여기서 표적과 수평선이 이루는 각도를 측정할 수 있다. 또 이 한 쌍의 도구를 사용하면 수평면상에서 한 지점과 다른 지점 간의 각도까지 구할 수 있고, 두 사람 모두 베이와 메르케트를 들고 베이의 가늠자를 보면서 서로의 다림추 높이를 맞추면 두 메르케트 간에 수평이 유지되었는지도 알 수

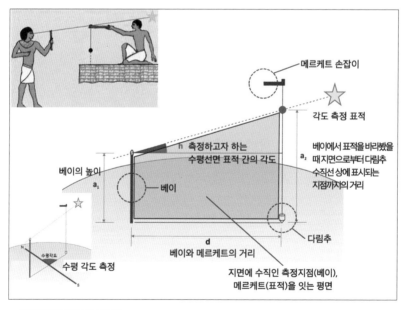

··· 메르케트와 베이의 사용법

있다. 이집트인들은 이런 방법으로 북극성이나 특정한 별들의 각도를 측정하고 천체의 움직임을 통해 계절과 시간을 알아냈다고 하니까 피라미드의 위치와 높이를 측정하는 일쯤은 식은 죽 먹기였을 것이다.

직선 잡기

그로마groma라는 도구도 있다. 주로 고대 그리스나 로마 시대 때 널리 사용되었고, 메소포타미아의 발명품이라는 설도 있었지만 1899년 파이윰Fayum에서 유물이 출토돼, 늦어도 기원전 1~2세기에 이집트에서 사용되었던 것으로 추정된다. 다만, 측량의 역사를 얘기할 때 그로마를 로마의 대표적인 도구로 설명하는 경우가 많고, 고대 문화를 즐기는 동호인들이 로마 병정의 옷을 차려입고 그로마 측량법을 재현하는 등, 정작 로마가 주인공 자리를 차지하고 있는 듯하다.

기본적으로 그로마는 멀리 떨어진 두 지점 사이에 직선을 잡거나 직교하는 두 직선이 정확하게 직각으로 만나는지를 확인할 때 쓰이는 도구다. 모양은 종려나무 줄기로 만든 뼈대 두 가닥을 십자 형태로 묶고, 이렇게 해서 생긴 네 개의 팔 끝에 다림추를 달아 놓은 것으로, 종종 십자의 교차점에 다림추가 하나 더 달려 있기도 하다. 로마의 그로마가 이집트 것과 다른 점이 있다면 이 몸체를 지면에 지지하도록 폴대를* 부착한 정도다.

여기에는 두 개의 점에 선을 그으면 일직선이 된다는 간단한 원리가 숨

---

* 이집트의 벽화를 설명할 때도 이해하기 쉽도록 'pole'이란 단어로 '폴대'라는 표현을 썼지만, 현대 측량에서 특히 목표물이 되는 막대를 우리말로 '표척標尺'이라 한다. 표척은 직접 측량 시 거리나 높이를 재는 기준이 되고 현대에는 목재나 경합금을 사용하며 밀리미터에서 미터 단위까지 측정할 수 있는 척도가 새겨져 있다.

어있다. 측량은 그로마를 잡는 사람과 거리를 재는 방향에 폴대를 잡는 사람, 둘이 짝을 이뤄 진행한다. 먼저 그로마의 중앙으로 시작점을 정하고 같은 방향 한 쌍의 다림선이 건너편 폴대와 일직선에 놓이도록 한다. 총과 비교하자면 그로마의 두 개 다림선이 가늠자, 폴대가 가늠쇠의 역할을 하는 것. 이 작업을 여러 번 반복하면 멀리 떨어진 두 지점 간의 일직선도 만들 수 있고 매듭 밧줄을 이용해 거리를 잴 수 있다. 또 그로마의 네 개 팔과 다림추는 서로 직각을 이루기 때문에, 폴대와 그로마로 하나의 직선을 만들면, 거기서 직각 방향의 선도 함께 잡을 수 있다. 그로마의 원리는 로마를 넘어 17~18세기의 십자측량기surveyor's cross로 이어지고, 최신의 측량 도구와 기술에까지 그대로 녹아있다.

고대 이집트에 대해서는 너무나 알려진 것이 많다. 하지만, 지금까지 밝혀지지 않은 것들은 그 이상으로 상상할 수 없을 정도로 많을 것이다. 그렇기에 후세 사람들은 이집트가 남겨놓은 것에 대해 지금도 끊임없이 발굴하고 연구하며 새로운 이론과 아이디어를 찾고 있다. 이것은 현대의 지식으로 풀기 어려울 만큼 이집트인들의 지혜와 기술이 뛰어났음을 방증하는 것 아닐까.

그들의 건축 역시 예외일 수 없다. 왕조는 수시로 바뀌었지만 수천 년 동안 한 자리에서 나라를 유지했으니 건축에 대한 그들의 지혜와 기술 역시 대를 이어 발전했을 것이다. 피라미드의 역사만 해도 1,000년, 왕가의 계곡도 400여 년 지속된 것을 보면, 건축기술에 대한 그들의 전통이 얼마나 대단했을지 알 수 있다. 그뿐이 아니다. 마케도니아나 로마가 점령했을 때 점령국은 이집트에서 물질적인 이득만을 가져간 것이 아니라, 그들의 기술을 받아들이고 전파하는 역할도 했을 것이다. 피라미드를 지을 때 그들이 만들어낸 여러 기술은 다른 지역, 다른 나라에, 그리고 현대 건축에까지 씨앗이 되었고 그저 신비한 것을 넘어 인류가 가질 수 있는 건축기술의 시작을 알린 것이다.

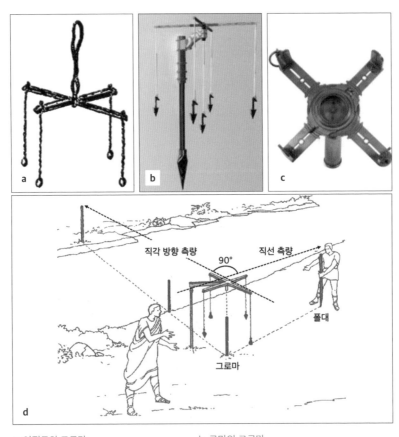

a. 이집트의 그로마   b. 로마의 그로마
c. 17세기의 십자측량기surveyor's cross d. 로마 그로마의 사용법

… 이집트와 로마의 그로마

III장

서양건축의 기원,
고대 그리스

서구 문명의 시작, 고대 그리스

　인류 문명의 역사를 얘기할 때, 흔히 메소포타미아나 이집트에 이어 고대 그리스 문명이 언급된다. 그래서인지, 앞의 두 문명이 저물어 가면서 그리스 문명이 탄생한 것으로 생각하기 쉽다. 하지만, 그리스 문명의 기원역시 만만치 않게 고대로 거슬러 올라간다.

　그 기원으로는 BC 3650년경 크레타Crete섬을 중심으로 발전해 BC 2000년경 전성기를 이루었던 크레타 문명Crete Civilization(미노스 문명 Minoan Civilization, BC 3650~BC 1170)이 있었고, 조금 늦게 에게해의 그리스 군도群島를 중심으로 시작된 키클라데스 문명Cycladic Civilization(BC 3300~BC 2000), 그리고 그리스 본토를 중심으로 미노스 문명을 흡수해 발전한 미케네 문명Mycenaen Civilizaton(BC 1600~1100)이 있었다. 이 문명에는 각각 친숙한 건축물과 역사가 남아있는데, 크레타 문명에는 크노소스Knossos의 궁전이 유명하고, 미케네의 중심이었던 델포이Delphi에는 아폴로 신전The Temple of Apollo in Ancient Delphi이 남아있으며[*], 유명한 트로이아Troia 전쟁이 키클라데스 문명 시대에 일어난 일이다. 이 문명 전체를 일컬어 '에게 문명Aegean Civilization(BC 3650~BC 1100)'이라 한다.

　하지만 에게 문명의 발상지들이 대부분 그리스 영토 안에 있었고 서로 같은 언어를 사용하는 등 공유하는 부분이 있었음에도, 정작 학자들은 이 문명들을 고대 그리스 시대에 포함시키지 않는다. 그 이유는 미케네 문명 이후 새로운 문명까지 오랜 단절이 있었고, 에게 문명과 본격적인 그리스

---

[*]　아폴로 신전은 펠레폰네소스 반도의 바사Bassae, 코린토스Corinth, 아테네Athens, 조스터Zoster, 에기나Aegina, 써모스Thermos, 에기나Aegina, 고르틴Gortyn, 크레테Crete, 디디마Didyma(현대 튀르키예 지역) 등 그리스 전역에 걸쳐 여러 곳에 건설되었다.

문화 간에는 많은 차이가 있기 때문이다. 다시 말해, 고대 그리스가 에게 문명에 뒤에 나타난 것은 맞지만, 그 시작과 끝은 미케네 문명이 몰락한 후부터 그리스 남부 도시 코린토스Corinth가 고대 로마에 정복된 BC 146년까지로 보는 것이 일반적이다.

그런데 에게 문명이나 고대 그리스 때 '그리스'란 이름의 국가가 존재했던 것은 아니다. 문명 초기 그 지역에 스파르타Sparta나 아테네Athene*와 같은 독자적인 '폴리스polis'†들이 생겨났을 때, 알렉산드로스 대왕Alexandros the Great(BC 356~BC 323)이 마케도니아 제국을 완성하고‡ 헬레니즘 시대를 거쳐 고대 로마에 패퇴할 때까지, 그리고도 한참 동안 사실상 '그리스'라는 이름의 나라는 없었다. '그리스'란 명칭은 고대 그리스 부족 중 하나인 '마그나 그라이키아Magna Graecia'를 지칭하던 '그라이키Graeci'에서 비롯됐으며, 이 단어가 라틴어로, 다시 영어로 번역돼 쓰이다가 1830년 독립을 쟁취하면서 일반적으로 이 나라를 부르는 이름이 됐다.

메소포타미아에서는 어떤 지역에 어떤 세력 또는 나라가 지배적이었는가에 따라, 이집트에서는 왕조에 따라 시대와 역사를 구분했었다. 그런데 그리스의 경우, 폴리스는 다르다고 해도 한 지역에서 같은 민족이 대를 이어 문명을 발전시켰기 때문에 앞서 문명과는 조금 다른 기준으로 시대를 구분한다. 즉, 그리스의 역사는 주로 문화나 문명의 변곡점이나 성숙 과정에 따라, '암흑기Greek Dark Ages(BC 1200~BC 800)', '상고기Archaic Greece(BC

800~BC 500)', '고전기Classical Greece(BC 500~BC 323)', 그리고 '헬레니즘 시대 Hellenistic Greece(BC 323~BC 146)'로 나뉜다.

그리스의 암흑기란 미케네 문명의 소멸 후 BC 8세기까지 특별한 문명의 기록이 발견되지 않은 시대를 말한다. 몇몇 유물이나 헤로도토스의 기록 등이 있기는 하지만, 그것만으로 이 시기에 무슨 일이 일어났었는지 자세히 알 수 없기에 후세 학자들이 '암흑기'란 이름을 붙였다. 그래서 학자들 사이에는 고대 그리스의 역사를 미케네 문명 이후부터로 볼 것이 아니라, 최초의 고대 올림피아 경기가 개최된 BC 776년을 고대 그리스의 시작으로 봐야 한다는 주장도 있다.

암흑기를 지나 그리스에 대한 기록이 나타나기 시작한 것은 바로 이 고대 올림픽 경기 이후로, 그 무렵부터 BC 480년경까지 약 300년의 기간을 '상고기'라 한다. 여기서 '상고上古'란 말은 '고전기'와 '헬레니즘 시대'를 포함할 때 가장 오래된 시기라는 의미로 해석된다. 이 시기에 그리스 문자가 만들어졌고(BC 9세기경), 촌락 공동체나 소왕국, 그리고 이들이 발전해 독립된 주권을 갖는 폴리스가 세워졌으며, 상고기 말에는 폴리스들이 연합해 외세를 물리치는 등,§ 그들의 체제가 더욱 공고히 된다. 정치, 경제, 상업 시스템이 갖춰졌고, 대표적인 폴리스인 아테네에서는 직접 민주주의와 참정권, 의회정치가 시작됐으며, 그리스의 문명과 종교의 한 축이 된 그리스 신화 역시 모양새를 갖추게 되었다.

'고전기'의 '고전'은 'classical'을 번역한 용어로, 주로 '오래되다'라는 의

---

§ BC 480년 아테네를 중심으로 한 그리스 연합군과 아케메네스 왕조Achaemenid dynasty의 페르시아 제국이 '살라미스만灣'에서 벌인 '살라미스 해전Battle of Salamis'이 유명하다. 이 전쟁에서 그리스 함대가 승리하여 아테네가 강력한 세력을 갖게 되는 한편, 고대 그리스의 발전과 서구 문명의 확대를 가져오는 계기가 되었다.

미로 해석된다. 하지만, '대표적인, 최고 수준의, 전형적인'이란 뜻도 포함되므로, '그리스의 고전기'는 시간상으로 오래됐다는 뜻보다 헬레니즘 시대 이전, 그리스 문화로서 가장 대표적인 시기라고 이해하는 것이 옳을 듯하다. 그만큼 고전기의 그리스는 가장 '그리스'다운 시대를 구가하면서 황금기이자 문화 부흥기를 맞이하게 된다. 우리에게 잘 알려진 피타고라스, 헤로도토스, 소크라테스, 히포크라테스, 플라톤, 아리스토텔레스, 에우클레이데스(유클리드) 등 현대까지 영향을 미친 위대한 인물들이 나타났고, 이들의 면모만 보아도 철학, 수학, 과학, 문화, 예술에 걸쳐 이 시기에 어떤 일이 일어났는지 설명이 필요 없을 정도다.

건축 분야에서는 고대 로마는 물론이고 서양 건축의 근간이 되는 구조 방식과 다양한 양식이 탄생했으며 무엇보다 신전건축과 극장은 현대까지도 그리스를 대표하는 건축물로 남아있다. 그리스를 가면 꼭 보고 와야 하는 파르테논 신전Parthenon(BC 447~BC 438)도 이때 지어졌다.

정치적으론 변화가 많았다. 페르시아의 잇따른 침략을 물리치면서 아테네가 그리스 지역에서 세력을 장악했다가, 아테네 주도의 델로스 동맹과 스파르타 주도의 펠로폰네소스 동맹 사이의 전쟁(펠로폰네소스 전쟁 Peloponnesian War, BC 431~BC 404)에서 스파르타가 승리하면서 그리스의 패권은 스파르타에 넘어간다. 하지만 폴리스 간의 세력 다툼으로 스파르타의 권세는 오래가지 못했고, 잦은 전쟁으로 그리스 중심부의 세력들이 전반적으로 약해지는 결과가 초래됐다. 이런 세력 약화는 결국, 그리스가 반도의 북쪽에서 성장하던 마케도니아에 정복당하는 빌미가 된다.

마케도니아는 폴리스로 구성된 그리스와는 다른 나라로, BC 8~7세기경 아르고스Argos 왕조가 나라를 세운 뒤 아민타스 3세Amyntas III(재위 BC 393~BC

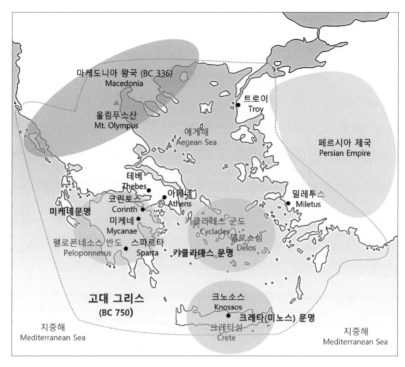

··· 에게 문명과 고대 그리스의 주요 도시

370) 때 통일 왕국을 이룬다. 그 뒤, 그의 아들 필리포스 2세가 본격적인 세력 확장에 나서 그리스 영토 내에서 주도권을 잡게 되고, 뒤를 이어 알렉산드로스 대왕이 그리스 지역을 포함해 페르시아, 아프리카, 인도 접경까지 이르는 대제국을 완성한다.[*]

마케도니아와 그리스는 BC 323년 알렉산드로스가 세상을 떠난 뒤 내

---

* 스파르타는 BC 371년 테바이Thebes를 주축으로 한 보이오티아Bocotia 동맹과 벌인 레우크트라전투 Battle of Leuctra에서 패한 후 급격히 쇠퇴했지만, 마케도니아는 다른 그리스 지역을 점령했음에도 무시할 수 없었던 군사력을 지닌 스파르타를 함부로 점령하지 못했다. 스파르타는 BC 146년 로마 제국이 그리스를 정복한 후에도 로마와의 동맹국으로 독자적인 체제를 유지하다가 BC 192년 로마에 의해 완전히 독립을 잃었다.

분과 분열로 내리막길을 걷지만, 아이로니컬하게도 세계 문화사를 풍미했던 헬레니즘 시대는 이때부터 본격적으로 시작된다. '헬레니즘'이란 1863년 독일의 드로이젠Johann Gustav Droysen(1808~1884)이 그의 저서 『헬레니즘사 Geschichte des Hellenismus, History of Hellenism』에서 쓴 용어로, 본래 그리스인을 의미하는 '헬렌Hellen'이라는 그리스어에서 유래했으며 국가적 또는 영토적 개념이라기보다 '그리스 문화'나 '그리스 정신'이라는 의미가 강하다. 정복자였던 마케도니아가 그리스의 문화를 억누르거나 말살시킨 것이 아니라, 오히려 정복지에 마케도니아보다 우월했던 그리스 문화를 퍼뜨렸고, 결과적으로 헬레니즘 시대는 그리스 역사의 한 부분이 된 것이다. 마케도니아는 아테네를 위시한 남쪽 폴리스들에게 야만 민족이라 무시당하고 올림픽에도 참가할 수 없었다는데, 그들이 그리스 문화를 인정하고 전파했다는 것은 정복자와 피정복자 간의 관계에서 매우 이례적인 일이다.

알렉산드로스가 정복한 영토를 보면, 지리적으로 그리스가 헬레니즘 시대의 중심이라고 보기 어렵고, 오히려 동방 세계로 더 확장했기 때문에 진짜 그리스적인 문화가 퇴보했다는 주장도 있다. 하지만, 서로의 문화가 영향을 주고받아 변화가 일어났고, 무엇보다 로마제국의 문화와 문명에 기반이 되었으며, 길게는 동쪽 이슬람의 황금시대(9~15세기)에, 서쪽으로는 서유럽 르네상스(14~16세기 말)에 원동력이 됐다는 것이 일반적인 역사적 견해다.

비록 하나의 통일된 나라도 아니었고 누가 주인이었는지 헷갈리는 부분도 있지만, 고대 그리스는 여러 방면에서 세계 역사에 확실한 발자취를 남겼고, 정치, 사회, 철학, 문화와 예술에서 서양 문화, 즉 유럽 문화의 시초가 됐다.

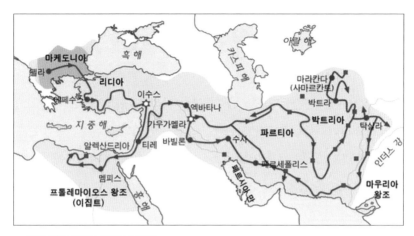

··· 알렉산드로 대왕의 제국과 원정길

이 중에 건축 분야도 빼놓을 수가 없다. 이전 문명의 건축에선 너무 오래된 옛 시대라 "그때 이런 것들이 어떻게 가능했을까"라는 차원의 놀라움이 있었다면, 그리스에서는 "이들로부터 이런 것들이 시작됐구나"라는 것을 깨치게 된다.

그리스를 대표하는 건축물로는 먼저 공공건축을 들 수 있다. 궁정이나 개인 주택도 있었겠지만, 도시가 만들어지고 중앙 광장인 아고라 주변으로 의사당, 재판소, 스토아stoa,* 시장 등이 시민의 일상생활에 중심이 됐다. 또 고대 올림픽의 나라답게† 스타디움이 만들어졌고, 연극이라는 장르가 생겨나 극장 건축이 시작됐다. 스타디움은 관람석을 계단식으로 배치해

---

* 그리스 건축에서 주로 광장에 면해 열주列柱, colonnade로 길게 만들어진 공간으로 시민들이 이곳에 모여 대화와 토론을 즐겼다. 이곳에서 유명한 철학자들이 탄생했고, 여기서 시작된 철학적 개념을 공유하는 무리를 '스토아 학파Stoicism'라 불렀다.

† 고대 올림픽 기원에 대해선 여러 가지 설이 있어서 BC 776년 엘리스Elis에서 헤라클레스Heracles가 처음으로 개최했다는 설이 정설로 받아들여지나, 그보다 1세기 전부터 올림피아에서 4년에 한 번씩 열렸다는 설, 더 옛날로 올라가 BC 1600년경이 기원이라는 설도 있다.

현대 경기장의 원형이 되었고, 옥외 극장은 관람객을 1만 명 이상 수용할 정도의 대규모의 것도 있었으며* 현대와 비교했을 때 큰 차이가 없을 정도였다.

모두가 이전 문명과 비교할 때 더 세련되어지고 화려해졌으며 정교해졌다. 하지만 그중에서 가장 뛰어난 건축물을 꼽으라면 신전건축이 으뜸일 것이다. 그리스의 신전건축은 그들의 지혜와 기술의 결정판이었으며, 이런 기술이라면 궁정이든, 스타디움이든 어떤 건축이라도 문제 될 것이 없었다. 따라서 고대 그리스에 대해서는 신전건축에 집중해 그들의 건축기술 이야기를 풀어가도록 한다.

---

* 그리스의 극장은 대부분 옥외 극장이었는데, 실내 극장도 최초의 기록을 가지고 있다. 이 최초의 실내 극장은 BC 440년 아테네에 세워졌으며 약 4,000명을 수용할 수 있는 사각형 평면의 극장이었다. 무대는 중앙에 배치되었는데, 구조 기술력의 부족으로 기둥이 너무 많아 거의 절반의 청중은 시야가 가려져 제대로 공연을 보기가 어려웠다.

신화의 나라, 신전건축

그리스에서 가장 가고 싶은 곳이 있다면? 산토리니와 같이 힐링을 위한 아름다운 여행지도 있겠지만, '그리스' 하면, 뭐니 뭐니 해도 수도 아테네 한복판에 자리한 아크로폴리스와 파르테논 신전을 빼놓을 수 없다. 아테네 국제공항에서부터 30분 남짓밖에 안 걸려 접근성이 좋고 워낙 유명한 관광지인지라, 하루 방문객이 20,000명이 넘는다고 한다.

파르테논 신전은 역사적으로나, 규모, 볼거리 측면에서 단연 최고지만, 그리스에는 이런 고대의 신전건축물과 그 흔적이 나라 전체에 널려 있다고 해도 과언이 아니다. 신전이 많다는 것은 고대 그리스인들에게 신의 존재가 얼마나 중요했었는지를 잘 알려주는 것이고, 그들의 신에 관한 이야기는 널리 유명하여 '그리스 신화'라는 타이틀로 현대까지 전해지고 있다. 이들의 신화는 문학적으로도 현대에 큰 영향을 미쳤으며, 내용을 읽어보진 못했어도, 누구나 제우스나 포세이돈 같은 주인공 신 한둘쯤은 알고 있을 정도다.

그리스 신화의 역사는 생각보다 꽤 길어서 이미 선사시대에 형성되었고, 에게 문명을 거치며 그리스 지역으로 이주해온 민족과 본토 민족의 신화, 전설 등이 혼합되어 만들어졌다고 한다. 이렇게 신화의 역사가 오래되었다는 사실은 크레타 문명의 다른 이름인 미노스 문명의 이름에서도 엿볼 수 있다. 이 명칭은 크레타섬에서 유적을 발굴한 영국의 아서 에번스 경Sir Arthur John Evans(1851~1941)이 그곳의 전설적인 왕 '미노스Minos'의 이름에서 따온 것인데, 미노스는 그리스 신화에서 주신主神 제우스와 인간 에우로페Europa의 아들로, 신의 피가 흐르는 인물로 등장한다. 그리고 크레타 문명의 대표 유적인 크노소스 궁전 역시, 그리스의 영웅 테세우스Theseus가 이 궁전의 미궁迷宮에 사는 반인반수半人半獸 괴물 미노타우로스Minotaurs를 물리치고 미노스의 딸 아리아드네Ariadne와 함께 섬을 탈출했다는 얘기로 잘 알려져 있다.

그리스의 신들은 현대 종교의 신과 여러 가지 측면에서 다르다. 우선 고대 그리스인들이 섬겼던 신의 세계는 유일신이 아니라 다신多神 구조다. 물론 현대에도 다신교가 있지만, 그리스 신화와 로마 신화에 나오는 주인공들은 거대한 '패밀리'를 구성하고 있으며, 신화는 인간에게 주는 가르침을 강조하기보다 복잡한 가족사와 드라마로 가득 차 있다. 신화 그 자체가 신들의 세계, 신 패밀리의 역사라 할 수 있다.

천지창조 스토리도 독특하다. 예를 들어, 기독교에서는 신이 이 세상과 인간을 창조한 절대자이자 유일신이지만, 그리스 신화에서는 이미 세상 만물이 존재했었고, 다음으로 신과 인간이 차례로 만들어진다. 헤로도토스는 그의 『신통기神統記(신들의 계보Theogony)』에서 천지의 창조와 신들의 탄생 얘기를 서술하고 있는데, 애초에 무한의 공간 또는 혼돈이라고 하는 카오스Chaos가 있었고 태초의 신으로 대지大地의 신 가이아Gaia와 애정과 욕망의 신 에로스Eros, 나락奈落의 신 타르타로스Tartarus, 어둠의 신 에레보스Erebus, 밤의 신 닉스Nix가 나타났다. 이 이름들은 신의 이름이기도 하고 세상의 여러 요소를 나타내는 상징적인 의미를 갖기도 하며, 여기서부터 자식, 손자, 자손 등으로 신의 계보가 이어지고, 거기다 반신반인, 인간 영웅들의 얘기까지 얽히고설켜 아주 복잡하게 전개된다.

그러다가 가이아의 장남이자 남편인 하늘의 신 우라노스Uranus 사이에서 강력한 신의 종족 티탄Titan이 나타나고 이 종족으로부터 올림포스 12신

Twelve Olympians이 탄생한다.[*]

이 정도면 신화 전문가가 아니면 그들의 관계를 이해하기도, 기억하기도 어려운데, 이 책에서는 그리스 신화를 설명하려는 것이 아니므로, 올림포스 12신 정도만 알고 있으면 될 것 같다. 그들 대부분이 고대 그리스인들이 신전을 짓고 숭배하던 대상이기 때문이다.

그리스에는 이렇게 많은 신이 있었지만, 하나의 신전은 하나의 신에게만 바쳐졌고, 특정한 도시나 신전이 어떤 신을 모시는가는 그 도시나 지역의 환경, 그리고 그곳의 안녕과 번성을 위해 무엇이 중요한지가 가장 큰 요인이 됐다. 예를 들어, 농사가 중심인 도시라면 알맞은 토양이 중요했고, 따라서 농사와 관련된 신인 디오니소스나 데메테르를 숭배했다. 반면, 경작이 마땅치 않은 곳이라면 목축을 관장하는 아폴로나 수렵의 신 아르테미스의 신전이 더 필요했을 것이다.

어쨌든, 거의 모든 폴리스와 모든 그리스 식민지에는 1개 이상의 신전이 세워졌고, 확인된 신전의 수는 200개가 넘는다고 한다. 그만큼 고대 그

---

[*] 올림포스 12신의 남신 6신, 여신 6신으로 구성되며 로마 신화에서는 역할은 같지만, 다른 이름으로 불린다.

> 제우스Zeus(주신, 로마: 주피터Jupiter)
> 포세이돈Poseidon(바다의 신, 로마: 넵투누스Neptune)
> 아폴로Apollo(태양, 예술, 음악, 진실, 목축의 신, 로마: 아폴로Apollo)
> 아레스Ares(전쟁의 신, 로마: 마르스Mars)
> 헤파이스토스Hephaestus(화산과 대장간의 신, 로마: 발칸Vulcan)
> 헤르메스Hermes(전령이나 나그네의 수호신, 로마: 머큐리Mercury)
> 아르테미스Artemis(달, 수렵, 출산의 여신, 로마: 다이아나Diana)
> 아프로디테Aphrodite(아름다움과 사랑의 여신, 로마: 비너스Venus)
> 아테나Athena(지혜와 전쟁의 여신, 로마: 미네르바Minerva)
> 데메테르Demeter(곡물을 주관하는 대지의 여신, 로마: 케레스Ceres)
> 헤라Hera(최고의 여신, 로마: 주노Juno)
> 위 11신에 디오니소스Dionysus(술과 풍요의 신, 로마: 바커스Bacchus 또는 리베르Liber) 또는 헤스티아Hestia(밤과 화로의 여신, 로마: 베스타Vesta)를 추가해 12신이다.

리스인들에게 신은 중요한 존재였고, 이것을 건축적으로 생각해보면 신전은 고대 그리스 건축에서 가장 중요한 위치를 차지할 수밖에 없었다. 더 크게 보면, 그리스의 신전은 서양건축의 뿌리이자 후세 건축의 모델이 되었으며 건축사에 한 획을 그은 건축물임이 분명하다.

이에 걸맞게 그리스의 신전건축, 특히 파르테논 신전은 모든 서양 건축사 교과서에서 중요한 위치를 차지하고 있다. 그러나 대부분은 대표적인 기둥의 양식이나 모양, 건물의 비례관계 등 주로 디자인과 관련된 얘기들을 다루고 있다. 또 건축을 공부하는 학생이라면 부위별 명칭도 꼭 외워야 할 숙제다. 하지만 그리스의 신전에는 눈에 보이는 것 이상의 건축적 의미가 있다.

뒤에 자세한 설명이 나오겠지만, 파르테논 신전 앞에서 서서, 그 웅장한 모습을 보면 이런 의문이 생기지 않을까?

"저 높고 늘씬한 기둥은 어떻게 만들었을까?"
"높이가 상당한데. 다 돌로 만들었네. 저 기둥은 어떻게 세웠고 저 높은 곳에 조각은 어떻게 만들었을까?"
"2,500년 전에 만든 건물인데. 어떻게 저렇게 멀쩡히 서 있을 수가 있을까?"

메소포타미아의 지구라트와 이집트의 피라미드는 그 시대와 지역 나름의 첨단 기술이 동원된 건축물이지만, 벽돌이든 돌 블록이든 쌓아서 만들었다는 공통점이 있다. 그런데 그리스의 신전은 뭔가 세련된, 구조적으로도 마치 현대 건축물과 같은 모습을 하고 있다. 무엇이 달랐던 것일까? 도대체 그들의 건축기술에 어떤 비밀이 있었던 것인가?

대표적인 고대 그리스 신전(연대기 순)

신전의 이름과 위치	연대와 규모 (M, 바닥면적 기준)	개요	이미지
이스트미아 신전, 코린트 Temple of Isthmia, Corinth	BC 690 ~BC 650 14.02×40.05	열주와 지붕 형식 등으로 최초의 그리스 신전이라 알려진 포세이돈을 위한 신전이었다. BC 470년에 파괴됐다가 BC 440년 그리스 고전기에 재건축되었지만, 지금은 잔해만 남아있다.	
헤라 신전, 파에스툼 The Temple of Hera I, Paestum	BC 550 24.26×59.98	파에스툼 유적지에 있는 두 개의 헤라 신전 중 그리스 상고기 초기 도릭 양식으로 지어진 신전으로, 전면에 9개의 기둥, 옆면에 18개의 기둥이 늘어선 독특한 형태를 가지고 있다.	
아폴로 신전, 델포이 Temple of Apollo, Delphi	BC 510 23.82×60.32	그리스 신화에 나오는 영웅이자 건축가였던 트로포니우스Trophonius가 지었다는 신전으로, 신들과 소통했다는 사제 오라클Oracle로 유명하다. 지금은 건물의 기초 정도만 남아있고, 유네스코 세계문화유산에 등재되어있다.	
제우스 신전, 올림피아 Temple of Zenus, Olympia	BC 470 ~BC 456 27.43×64.00	펠로폰네소스 반도의 작은 도시 엘리스Elis에 있는 신전으로 이 신전이 있는 올림피아는 고대 올림픽의 개최지로 유명하다. 전면에는 6개 기둥이 있고 측면에서 보면 13개의 기둥이 보인다. 지금은 잔해만 남아있다.	
파르테논 신전, 아테네 Parthenon, Athens	BC 447 ~BC 432 30.86×69.50	가장 유명한 그리스 신전 중 하나로, 아테네의 수호신 아테나에게 바쳐졌다. 도릭 양식과 각종 장식이 매우 화려하며 그리스 신전의 전형이자 서양건축의 모델이 되었다. 1687년 전쟁통에 상당부분이 파괴되어 아직도 복원 중이다.	
헤파이스토스 신전, 아테네 Temple of Hephaestos, Athens	BC 449 ~BC 444 13.72×31.77	테세이온Theseion 또는 테세우스 신전이라고도 한다. 전면은 6주식, 측면은 13개의 기둥이 있는 도릭 양식으로, AD 7세기부터 1834년까지 기독교 정교회의 교회로 사용되었다. 현존하는 가장 잘 보존된 신전 중 하나로 지붕 구조물까지 남아있다.	

포세이돈 신전, 스미온 Temple of Poseidon, Sounion	BC 444 ~BC 440 13.47×31.12	그리스 아티카Attica 반도의 정점에 삼 면이 바다로 둘러싸여 곳에 세워져 바다의 신 포세이돈을 숭배하는 신전으로 딱 어울린다. 파르테논 신전과 함께 도릭 양식의 절정을 보여주는 신전으로 알려지지만, 현재는 기둥만 남아있다.	
에레크테이온, 아테네 The Erechtheion, Athens	BC 421 ~BC 405 11.50×22.85	아테나 신에게 바쳐진 이오닉 양식의 신전으로 아테나 폴리아스 신전Temple of Athena Polias이라고도 한다. 아테네의 아크로폴리스, 파르테논 신전과 인접해있고, 남쪽 측면에 6개의 여인상Six Caryatids이 지붕을 떠받치고 있는 포치The Porch of the Maidens가 특징이다.	

신전건축의 시작과 발전

그리스의 신화가 선사시대부터 만들어지기 시작했다면, 신전도 그때부터 지어진 것일까? 그렇다면 형태는 어떠했을까?

사실 신화의 역사와 신전의 역사에는 시차가 크다. 에게 문명이 탄생한 시점(BC 3650)을 기준으로 해도 기록이나 유적으로 확인되는 신전은 한참 뒤에나 나타난다. 그렇다고 신을 숭배하지 않았다는 것은 아니고, 신전이 따로 없었을 뿐이다. 신전보다 중요한 것은 신성한 성역sanctuary이었는데, 전형적인 초기의 성역은 신성한 숲sacred grove과 동굴, 샘터와 같은 자연적인 요소들을 포함한 넓은 지역으로, 그 둘레에 표지석을 놓아 종교적 행사나 축제같이 특별한 일 외에는 일반 사람들의 출입을 금했다.

신에게 제물이나 선물을 바치는 등의 예식은 성역 안에 특별히 정해놓은 구역(테메노스temenos)의 제단altar 앞에서 행해졌는데, 이곳에서는 주로 가축을 제물로 바쳤고, 귀중품이나 음식, 음료, 포도주 같은 신주神酒, libations 등을 선물로 바치기도 했다.[†] 그렇다고 모든 신전에 적용되는 공통의 법칙

---

[*] 일반적인 그리스의 종교 예식은 찬송과 기도와 함께 제단에서 가축을 제물로 바치는 것으로 이루어진다. 가축은 건강한 것으로 골라 꽃 등으로 장식했고 칼이 든 바구니를 머리에 인 소녀들이 앞장섰다. 여러 예식 절차 후에 가축을 죽여 제단에 바쳤는데, 내장, 뼈, 기타 먹지 못하는 부위는 태워서 신에게 바치고, 고기는 참석자들이 나눠 먹었다. 또 도시나 마을에 전염병이나 기근, 외세 침입, 등과 같은 재앙이 덮쳤을 때, 그곳에서 노예나 동물을 상징적인 속죄양으로 삼아 마을 밖으로 쫓아내는 제식도 행해졌다. 이런 제식 또는 제물을 파르마코스pharmakos라 했고, 이렇게 속죄양을 제거함으로써 재앙이 사라질 것이라 믿었다.

[†] 신에게 바쳐지는 것을 봉헌물votive과 제물sacrifice로 구분할 수 있는데, 전자의 것은 제사장들이 신에게 바치는 선물로서, 이미 베풀어진 은혜에 대해 감사를 드리거나 앞으로 신이 원하는 바를 예측해서 바치는 개념이다. 또는 피를 본 범죄에 대한 속죄, 불경, 종교적 관례에 따르지 않은 행위 등에 대해 바치는 물건이었다. 한편, 제물은 평상시 신에게 바치는 선물의 개념이 더 크다. 풀, 뿌리, 곡물, 과일, 치즈, 오일, 꿀, 우유, 향, 등과 같은 피가 없는 형태를 취할 수 있고, 야생 동물이나 가축, 새, 물고기와 같이 피를 보는 제물일 수도 있다.

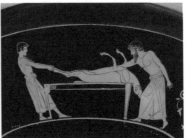

··· 제물을 바치는 고대 그리스인들의 예식

··· 튀르키예 블라운더스Blaundus에서 발굴된 헬레니즘 시대 데메테르 여신을 위한 알터altar(제단)

이 있었던 것은 아니고 지역의 특성과 주민들이 선호하는 방식에 따랐다.

그러다 인구가 늘어나 도시가 커지고 종교에 대한 중요성이 높아지면서 상징적인 건물이 만들어졌고, 그제야 그것이 신전으로 발전했다. 하지만 건물이 만들어진 후에도 신 앞에서 치루는 예식은 건물 안으로 들어가지 않았다. 그리스인들은 신전을 신의 집이라고 생각해서 그곳에는 오로지 신상만을 모셨고, 신자들이 선물이나 보물을 바치면 그것을 보관하는 용도로만 사용했다. 건물 안에는 성직자만이 출입할 수 있었고, 성역 안과 마찬가지로 특별한 이벤트를 제외하곤 외부인의 접근을 허용하지 않았다. 출입이 허락된다 해도, 계급, 종족, 성별에 엄격한 제한이 있었고, 여자는 처녀만 허용되는가 하면, 심지어 마늘을 먹은 자는 불경하단 이유로 들어갈 수 없었다. 이러한 제한은 제식이 순결해야 한다는 관념과 그것이 신이 원하는 것이라는 인식에서 비롯됐다.

본격적으로 신전이 생기기 시작한 것은 BC 9세기경부터다. 에게 문명의 시작점과는 꽤 시차가 있다. 그런데 이때부터 파르테논급의 신전이 세워졌던 것은 아니다.

초기에는 점토 벽돌로 된 작은 구조물로 시작해서 시간이 흐르면서 입구 주변과 건물 앞뒤에 기둥이 세워졌고, 좀 더 규모가 커지면서 건물 둘레에 열주列柱, colonnade가 늘어서게 되어 점차 우리가 아는 그리스 신전다운 모습을 갖추게 된다.

학자들이 말하는 최초의 모델은 미케네 문명 시대의 메가론megaron(BC 15~13세기)이라는 건축양식으로, 본래 궁전 안에 있는 대형 홀이었는데 구성은 포치porch와 메인 룸으로 된 단순한 형태였다. 여기서 포치는 건물 양옆의 벽체가 앞으로 튀어나와antae 입구에 있는 두 개의 기둥과 함께 만드는 현관, 또는 전실이고, 메인 룸은 신전에서 나오스naos나 켈라cella라 부르는 공간에 해당한다.＊ 나오스는 신전에서 신상을 두는 가장 중요한 곳이었다.

이후 암흑기에는 별다른 발전이 없더니 상고기가 시작될 무렵부터 신전건축의 기본 원칙이 생겨나고 여러 형태로 진화한다.

먼저 평면 형태의 경우, 가장 기본적인 메가론 또는 안타 형식에 건물 뒤쪽에도 포치를 두거나, 중간에 방이 추가되기도 했다. 가장 눈에 띄는 것은 그리스의 신전에서 빼놓을 수 없는 열주다. '열주'란 일렬로 늘어선 기둥들을 말하는데, 그리스 신전에서는 상부 구조물, 즉 지붕의 하중을 지반층으로 전달하는 기둥 본래의 기능을 그대로 담당하면서 의장적 효과

＊ '나오스naos'는 그리스어, '켈라cella'는 라틴어에서 왔다.

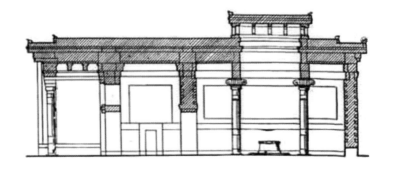

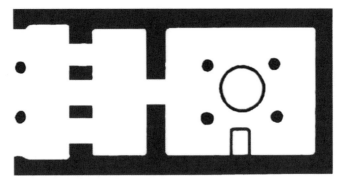

··· 메가론의 단면과 평면 예

도 높혀주고 있다. 일반적으로 현대 건축에서는 기둥을 벽체 안쪽으로 숨기고 외벽에 의장적 효과를 내는 경우가 많지만, 그리스 신전은 그 반대다. 아마 신전의 실제 용도로 사용되는, 즉 벽으로 둘러싸인 공간은 작은 반면, 외형적으로 웅장한 효과를 내기 위해 이런 디자인을 택한 것 아닌가 싶다. 그와는 상반되게 현대 건축에선 실내 공간을 넓게 만드는 것이 더 큰 목적이므로 이때는 건물의 벽체를 가능한 한 바깥쪽으로 설치하는 것이 더 유리해진다.

이 열주는, 현재는 존재하지 않지만, 최초의 그리스 스타일 신전이라는 이스트미아 신전Temple of Isthmia(BC 690~BC 650)에서 시작되었으며, 이 신전은 규모나 지붕 형식도 이전의 건물과 크게 다르고, 특히 건물을 둘러싼 열주와 가구식 구조post and lintel는 그리스 신전의 원형이 되었다.

기둥의 크기, 열주의 개수를 정하는 데에도 일련의 원칙이 있었다. 기둥 맨 아랫부분의 직경과 플린스Plinth(기둥의 받침대)의 크기는 기둥의 높이와 간격을 결정하는 요소가 되고, 건물을 둘러싼 열주의 개수를 정할 때는 대략 [전면 기둥 : 측면기둥 = $n:(2n+1)$]이라는 공식이 적용된다. 예를 들어, 파르테논 신전의 경우, 앞 뒷면에서 바로 보이는 기둥의 개수가 8(n)개이고 측면에서 보이는 기둥이 17$(2n+1)$개이어서 공식에 딱 들어맞는다.

또, 가운데 벽으로 둘러싸인 공간에는 창문이 없고, 따라서 나오스 안과 신상을 비추는 조명은 출입문을 통해 들어오는 빛과 기름 램프뿐이었다. 이것은 종교적인 엄숙한 분위기를 만들거나 떠오르는 태양 빛이 신전에 들어오도록 의도한 것이고, 그래서 대부분의 그리스 신전은 주 출입구가 동쪽을 향해 있다. 단, 예외적으로 규모가 큰 신전에서는 나오스에 천창을 내기도 했다.

바닥에는 보통 돌을 깔았고, 때로는 여러 색의 돌로 화려한 모자이크를 만들기도 했으며, 벽에는 플라스터를 바르고 색칠을 했다. 불행히 원형대로 남아있는 벽체는 없지만, 몇몇 신전에는 그들의 생활이나 역사적 사건을 벽화로 그려놓았고, 페인트는 밝은 빨간색과 파란색을 주로 사용했으며, 페디먼트pediment와 메토프metope 등에는 부조와 조각으로 장식을 더했다.

중앙에는 일반적으로 천장에 닿을 만큼 키가 큰 신상을 놓았다. 초기에

··· 고대 그리스에서 사용한 모자이크 바닥 예

페디먼트

페디먼트

메토프

메토프

··· 그리스 신전의 채색 상상도Temple of Athene

는 나무, 대리석, 테라코타 등으로 만들었는데, 신전의 규모가 커지면서 특별히 이름있는 신전에서는 신상을 상아로 장식을 하거나 의상에 금을 칠하기도 했다.

이렇게 신전의 형식이 하나둘 잡혀가면서, 한 줄이던 열주는 BC 600~BC 500년경 사모스Samos(이오니안 섬)에서 2중 열주 형식으로 진화한다. 이 형식이 내륙으로 퍼져나가면서 규모도 점점 커졌고 신전의 높이가 20m에 달하기도 했으며 이후 BC 300년대 후반까지 수많은 대규모 신전이 세워졌다. 파르테논(BC 447~BC 438) 역시 이 신전건축의 전성기에 지어진 신전이었다.

그러다 헬레니즘 시대가 시작되면서 열주로 둘러싸인 신전 양식이 시들해지고 대규모 신전건축도 눈에 띄게 줄어들었으며, BC 200~BC 100년 사이 잠깐 다시 반짝하더니, 그 후로는 아예 새로운 신전건축을 찾아보기가 어려워진다. 오래된 신전을 수리하거나 부분적인 보완 공사 외에 신축하는 신전은 규모가 작은 것들뿐이었다. 이때는 바야흐로 헬레니즘 시대가 저물고 로마의 시대가 열리던 때였는데, 로마가 그리스 신화를 이어받았던 것처럼, 로마의 신전도 그리스의 형식과 디자인을 따르는 것이 많았다. 다만, 규모만큼은 그리스에 비할 것이 못 됐다.

그리스 신전의 형식이 모두 똑같은 것은 아니지만 대부분 평면이 직사각형이고 규모가 커지면 길이가 폭의 2배 정도 된다. 특이한 것은 건물의 평면 형식, 내부 공간, 그리고 디테일한 부위 하나하나에 저마다 다른 이름이 붙어있다는 것이다. 좀 복잡하긴 하지만, 그리스 신전건축을 이해하는 데 도움이 되므로, 잠시 다음의 그림과 설명을 살펴보고 가도록 하자.

··· 고대 그리스 신전의 기본평면*

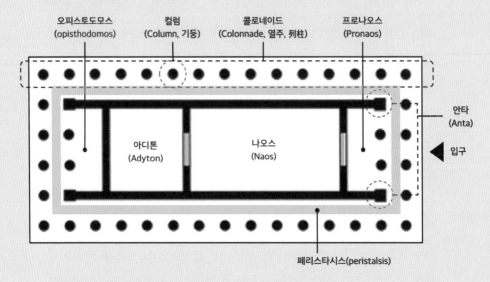

- 프로나오스ponaos: 전면에 열주가 세워진 나오스 입구에 붙은 포치, 전실前室
- 나오스naos: 신전에서 신상을 모시는 신실神室
- 아디톤adyton: 나오스 후면 또는 입구에서 가장 멀리 있는 내실內室. 사제나 남성 신도만 접근할 수 있는 작고 제한된 구역
- 오피스토도모스opisthodomos(포시티쿰posticum): 나오스 후면에 있는 방, 또는 프로나오스와 정반대 끝에 있는 후실後室
- 안타anta(안테이antae): 벽의 끝부분을 두껍게 해서 만든 각기둥, 또는 나오스의 양측 벽이 앞으로 튀어나와 정면에서 보면 2개의 각기둥과 같이 보이는 부분
- 포시티쿰posticum: 신전 후면에 있는 포치
- 페리스타시스peristasis(페리스틸로peristilo, 페리스타일peristyle): 나오스를 둘러싼 기둥으로 이루어진 네 면의 복도 또는 입구

---

* 고대 그리스 건축과 관련된 용어와 명칭들은 그리스어, 라틴어, 영어 등을 거치면서 문헌마다 서로 다르게 표현되는 경우가 있으므로 이를 참고하기 바란다.

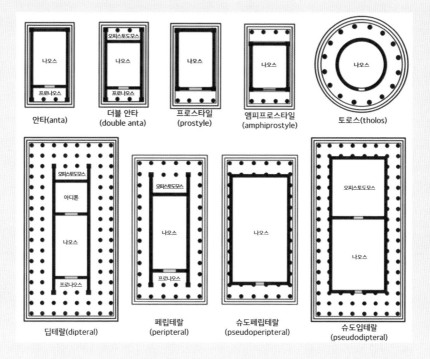

- 안타anta(distyle in antis): 양 끝에 프로나오스의 벽체가 연장, 돌출된 각기둥(안타)이 있고 가운데 두 개의 기중이 있는 소규모 신전 형식(예: 람누스의 네미시스 신전Temple of Nemesis at Rhamnus)
- 더블 안타 double anta (double in antis): 신전 앞뒤로 안타 형식의 입면과 포치가 있는 신전 형식
- 토로스tholos: 원형의 나오스를 한 줄의 열주가 둘러싸고 있는 신전 형식(예: 아테네 델포이의 돌로스 신전 Tholos of Delphi in Athens)
- 프로스타일prostyle(prostylos): 안타 형식의 돌출 벽 또는 각기둥 없이 정면 포치에 총 4개의 기둥이 있는 형식
- 앰피프로스타일amphiprostyle(amphiprostylos): 측면 기둥 없이 전면과 후면에만 열주列柱를 배치해 프로스타일 포치를 건물의 앞뒤에 두 개 만들어 놓은 것과 같은 신전 형식(예: 아테네 일리소스 신전Temple on the Ilissus in Athens, 아테네의 니케 신전Temple of Athena Nike)
- 페립테랄peripteral(peripteros, monopteral): 한 줄의 열주로 나오스를 둘러싼 신전 형식
- 페립테랄 옥타스타일peripteral octastyle: 한 줄의 열주가 나오스를 둘러싸고 정면에 기둥이 8개 있는 신전 형식(예: 아테네 파르테논 신전Parthenon, Athens)
- 페립테랄 헥사스타일peripteral hexastyle: 한 줄의 열주가 나오스를 둘러싸고 정면의 기둥이 6개인 신전 형식(예: 아테네의 헤파이스토스 신전Temple of Hephaestus)
- 딥테랄dipteral: 두 줄의 열주로 나오스를 둘러싼 신전 형식
- 딥테랄 데카스타일dipteral decastyle: 규모가 큰 신전에서 두 줄의 열주로 나오스를 둘러싸고 전면의 기둥이 10개인 신전 형식(예: 디디마의 아폴로 신전Temple of Apollo at Didyma)
- 슈도페립테랄pseudoperipteral(pseudoperipteros): 전면(또는 전면과 후면)에 건물과 분리된 한 줄의 열주가 있고, 나오스를 둘러싼 열주가 건물 외벽에 박힌 형태로 세워진 신전
- 수도입테랄pseudodipteral(pseudodipteros): 건물 외벽에 박힌 형태의 열주가 외에 건물과 분리된 별도의 열주가 나오스를 둘러싸고 있는 신전 형식

건축 양식, 오더

건축계획이나 의장, 특히 건축사에 관심이 있었다면 '오더order'란 용어가 낯설지 않을 것이다. 사전적으론 '명령'이나 '순서' 등으로 번역되지만, 건축적으론 "특정한 형식이나 양식을 결정짓는 다양한 건축 요소들의 조합"쯤으로 이해하면 된다. 흔히 '양식'이라는 말과도 같이 쓰는데, 고대 그리스 건축에서 서로 다른 오더, 양식을 구분할 때 가장 중요한 것은 기둥과 기둥 위에 올려진 캐피탈capital(주두柱頭)의 모양이다.* 그리스에선 세 가지 양식이 대표적이고 로마 시대로 넘어가면 거기에 두 가지가 더해져서 다섯 가지가 고전 건축을 대표하는 표준양식이 된다.

그리스 건축에서 가장 오래된 첫 번째 양식은 '도릭 오더Doric order(도릭 양식)'로, 다른 양식에 비해 단순한 형태를 띠고 있다. 캐피탈에는 장식이 절제되어 있고, 둥근 기둥 위에 사각형의 아바커스abacus를 올려 지붕의 하중을 기둥으로 전달한다. 나머지 두 양식과는 달리 기둥 하부에도 장식적인 베이스가 없고 바닥 면에 기둥을 그대로 올려놓았다.

상고기부터 그리스 전역에 걸쳐 광범위하게 사용되던 양식으로, BC 7~6세기부터 사용되기 시작해, 코린트의 아폴로 신전Temple of Apollo at Corinth(BC 550), 네미아의 제우스 신전Temple of Zeus at Nemea(최초 건축 BC 6세기, 신축 BC 330)의 예가 있으며, 특히 파르테논 신전(BC 447~BC 432)도 이 양식을 따르고 있다.

두 번째는 '이오닉 오더Inoic order(이오니아 양식)'다. 이 양식에선 볼루트volutes라고 하는 양의 뿔 모양으로 말아 올린 장식이 특징적이고, 그리스의

---

* 그리스 건축과 관련된 용어 중에는 기둥, 주두柱頭, 주초柱礎 등과 같이 우리말로 충분히 이해되는 것들이 많다. 그러나 이 책에서는 외래어로 표현할 수밖에 없는 용어들이 많으므로, 일관성을 유지하고 혼돈을 피하자는 의미에서 칼럼, 캐피탈, 베이스 등으로 표기한다.

세 가지 양식 중 기둥의 두께가 가장 가늘다. 기원전 6세기 중반, 이오나아인Ionians이 정착해있던 아나톨리아Anatolia(현대 튀르키예) 서쪽 해안 이오니아 지방에서 시작되었고, 파르테논 바로 옆에 있는 에레크테이온Erechtheion(BC 421~BC 406)[†]에 사용됐다.

마지막은 '코린티안 오더Corinthian order'로, 세 오더 중 가장 늦게 시작됐고 가장 화려하며, 로마의 건축양식에도 큰 영향을 끼쳤다. 형태로 보면 장식이 가미된 이오닉 오더의 연장이자 더 발전된 모습이라 할 수 있는데, 아칸서스acanthus라는 식물의 줄기와 잎을 본떠 캐피탈의 장식으로 만들었다. 밧새의 아폴로 신전Temple of Apollo Epicurius at Bassae(BC 450~BC 420)이 이 양식을 사용한 최초의 사례로 알려진다.

이 세 가지 양식 중, 단순한 형태의 도릭 오더는 로마의 '투스칸 오더Thuscan order'로, 이오닉과 코린티안 오더는 이들을 합쳐놓은 듯한 '컴포짓 오더Composite order'로 발전한다.

··· 그리스와 로마의 캐피탈

---

† 에레크테이온이 건설된 시기를 BC 430년대로 추정하면서 파르테논의 건설을 지시했던 페리클레스Pericles의 아크로폴리스 프로젝트의 하나였다는 주장도 있다.

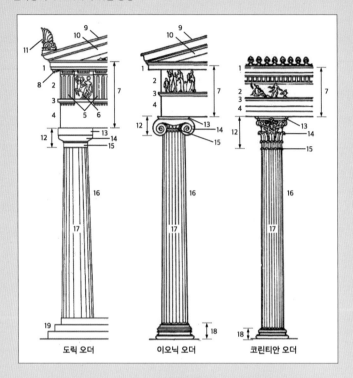

도릭 오더   이오닉 오더   코린티안 오더

1. 코니스Cornice: 엔타블러처 최상부의 부재로 빗물을 막기 위해 돌출시킨 부분
2. 프리즈Frieze: 아키트레이브와 코니스 사이에 있는 부분으로 그림이나 부조로 장식함.
3. 타이니아Taenia: 프리즈와 아키트레이브의 사이에 있는 수평대 모양의 몰딩 부분
4. 아키트레이브Architrave: 열주列柱 위에 설치하고 위로 프리즈 및 코니스를 받치는 수평 대들보
5. 트리글리프Triglyph: 프리즈에서 일정한 간격을 두고 반복되는 세로 줄늬의 수직부재
6. 메토프Metope: 프리즈에서 두 개의 트리글리프 사이에 놓인 민무늬 또는 장식이 있는 사각 패널
7. 엔타블러처Entablature: 페디먼트 아래로 기둥에 의해 떠받쳐지는 부분의 전체
8. 뮤틀Mutule: 도릭 양식에서 코니스 아랫부분에 붙인 작은 벽돌 장식
9. 시마Sima: 돌이나 테라코타로 지붕 맨 윗부분 가장자리를 둘러 설치한 부재
10. 페디먼트Pediment: 건물 전면 지붕 부위에 있는 삼각형 부분
11. 아크로테리움Acroterium: 페디먼트의 정상 부분(용마루)과 양 모서리에 얹어 놓은 장식물
12. 캐피탈Capital(주두): 기둥 상단부에 놓여 지붕을 받치고 있는 부재
13. 아바커스Abacus: 엔타블러처 상부의 하중을 직접 받는 캐피탈의 맨 윗부분
14. 에키누스Echinus: 캐피탈에서 아바커스와 네킹 사이의 부재로 이오닉 오더에서는 둥글게 말린 장
    식, 코린트 오더에서는 이파리 장식이 있는 부분
15. 네킹Necking: 캐피탈에서 기둥과 맞닿는 맨 아랫부분
16. 칼럼Column: 기둥
17. 플루팅Fluting: 기둥에 새겨진 홈
18. 베이스Base(주초, 초반): 기둥에 전달되는 상부 하중이 더욱 넓은 면적에 전달되도록 해주는 기둥의
    최하부 부분 또는 부재
19. 스타일로베이트Stylobate(기단): 건물 아래에 흙이나 돌을 쌓아 건물을 지면보다 높여주는 단

신전건축의 정점. 파르테논

200개가 넘는 그리스의 신전은 시대와 지역에 따라 다양한 형태와 규모를 보이고 있다. 그들이 어떻게 지어졌는지 일일이 알 수는 없지만, 몇몇 신전에 관해선 많은 연구가 진행되어왔다. 그중 파르테논 신전이 가장 대표적으로, 이제부터 이 신전을 모델로 그리스인들의 건축방법과 기술을 설명하려고 한다. 그전에 이 신전의 유래와 개요에 대해 간단히 알아보도록 하자.

'Parthenon'의 어원은 그리스어 'parthénos'에서 왔고 그 뜻은 '미혼의', '처녀의'란 뜻이다. 따라서 신전의 이름을 그대로 해석하면 '처녀의 집'이란 뜻이 되는데, 신전에서 가장 특별한 '방'인 나오스를 지칭한다는 주장과, 아테나에게 시중을 들던 아레포로스arrephoros라는 4명의 소녀 그룹이 파나텐 축제Panathenaic Festivals* 때 아테나에게 바치는 옷을 만들던 방의 이름이라는 주장도 있다. 어원이 좀 예상 밖이긴 하지만, 어쨌든 이 신전은 지혜, 전쟁, 직물, 요리, 도기, 문명 등 다양한 능력을 지닌 신, 아테나Athena를 위한 것으로, 아테네인들은 아테나를 수호신으로 섬기며 이렇게 대단한 신전을 바쳤다.

실제 그리스를 가보지 않았어도 파르테논만큼은 누구나 그 모습을 떠올릴 수 있을 정도로 유명하다. 건물의 정면, 즉, 파사드의 열주와 페디먼트는 서양건축의 모델이 되었고, 유네스코가 지정한 첫 번째 세계문화유산이자, 유네스코 로고의 모델이기도 하다. 심지어 우리나라에도 파르테논의 파사드를 본뜬 건축물이 있을 정도다. 파르테논은 무엇 때문에 그렇게 특별한 건축물이 되었을까.

---

* 아테나 여신에게 드리는 축제로 4년마다 아테네에서 열렸고, 스포츠, 음악, 승마 등의 경기가 열렸다. 일주일 넘게 지속한 이 축제에서는 아테나를 위해 특별히 옷을 지어 입은 여성들이 아크로폴리스를 향해 나가는 행렬을 벌이기도 했다.

파르테논은 BC 447년에 시작해서 BC 438년에 건물의 뼈대가 완성되고, BC 432년까지 외부를 장식하는 공사가 진행되었다. 당시는 아테네를 중심으로 한 그리스 동맹이 40여 년에 걸친 그리스-페르시아 전쟁Greco-Persian Wars(BC 499~BC 449)을 끝낸 직후로, 아테네는 페르시아의 재침략을 대비해 델로스 동맹Delian League(BC 478)을 구성해 150~200여 개 도시의 지배자 역할을 하고 있을 때다. 이 동맹의 명목은 페르시아의 침략에 대비하고 그리스 폴리스들을 지키는 것이었지만, 이로 인해 아테네는 경제적, 종교적 중심지가 되었고 유례없는 전성기를 구가하게 되었다. 그리고 그 위상에 걸맞은 신전건축 프로젝트를 시작하니 그것이 바로 파르테논이었다.

지금의 파르테논이 서 있는 아크로폴리스*에는 현대 사람들이 'Older Parthenon' 또는 'Pre-Parthenon'이라 부르는 옛 신전이 있었다. 이 신전은 그리스-페르시아 전쟁 중 BC 490년 마라톤 전투Battle of Marathon에서† 그리스군이 대승을 거두고 난 뒤 곧바로 공사를 시작했다가, BC 480년 페르시아가 아테네를 공격했을 때 파괴됐다.

우리가 아는 파르테논은 전쟁이 모두 끝난 뒤, 아테네가 전성기를 구가하던 시기에, 군인이자 정치가, 사실상 그리스 의회의 최고 권력자였던 페리클레스Pericles(BC 495?~BC 429)의 지시로 세워진 신전이다. 페리클레스는 유명한 그리스 건축가 익티누스Ictinus와 칼리크라테스Callicrates, 조각가 페이

---

* 아크로폴리스Acropolis란 폴리스에 있는 높은 언덕을 의미하는 말로, '높다'라는 뜻의 그리스어 '아크로akros'에서 유래되었다. 아테네의 아크로폴리스에는 세 개의 신전과 디오니소스 극장, 헤로데스 아티쿠스 음악당 등이 같은 성역 내에 있다.

† 페르시아는 그리스를 침략하기 위해 2차례의 원정을 감행하는데, 이를 BC 492~BC 490의 1차 원정, 10년간의 정전(BC 490~BC 480) 후, BC 480~BC 479년의 2차 원정으로 구분한다. 이를 그리스-페르시아 전쟁이라 하며, BC 490년 마라톤 전쟁으로 1차 원정이 일단락된다. 이 전쟁은 BC 449년 아테네 동맹국과 페르시아 왕 아르타크세르크세스 1세 간에 '칼리아스 평화조약'이 맺어지면서 끝이 났다.

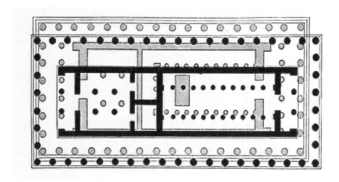

··· 옛 파르테논(검은색 평면)과 신 파르테논 평면(회색 평면)의 비교

페리클레스   익티누스   칼리크라테스   페디아스

··· 파르테논 건축의 주역

디아스Phidias(BC 480~BC 430)에게 설계를 맡겼고, 파르테논은 당대 최대의
도릭 양식 신전이 되었다.

　그런데 조각가가 건축에 참여했다고? 지금은 건축가와 조각가가 완전
히 다른 직업의 전문가이지만 그 시절에는 그런 구분이 없었다고 한다. 아
마 페이디아스는 건축에도 관여했지만, 조각으로 더 이름을 날리던 장인
이었든지 아니면 신전의 조각을 전담했는지, 어쨌든 그의 역할은 건축가
에 버금갈 정도로 컸던 모양이다. 또, 보통 'architect'를 '건축가'로 표현하
지만, 이 시대 'architect'의 역할은 단순히 건물의 형태를 설계하는 것에

그치지 않고 해당 프로젝트의 총괄 책임자로 생각하는 것이 맞다. 그러니까 현대의 '건축가'보다 업무 범위가 훨씬 넓다고 볼 수 있다.

어쨌든 공사를 시작한 지 만 8년만에 신전은 완공된다. 꽤 오래 걸린 것 같지만, 프로젝트의 규모나 당시의 기술을 고려했을 때 그리 긴 것도 아니다. 대한제국 말기의 덕수궁 석조전이 1900년부터 1910년까지 10년 걸린 것과 비교하면, 2,500여년 전의 건축기술이 훨씬 우수했던 것 아니냐는 생각까지 든다.

그러면 얼마나 대단한 건물이길래 그렇게 유명한 것일까? 먼저 이 파르테논의 외형적인 스펙을 살펴보면 아래와 같다.[*]

- 평면 형식: 페립테랄 옥타스타일peripteral octastyle. 즉, 한 줄의 열주가 나오스를 둘러싸고 정면에 기둥이 8개 있는 형식
- 스틸로베이트의 제일 낮은 곳(지면)에서 페디먼트 상부까지의 높이: 18.62m
- 캐피탈을 포함한 기둥 높이: 10.44m
- 코니스에서 페디먼트 꼭대기까지, 즉, 삼각형 지붕의 높이: 5.00m
- 바깥 기둥 외부면 기준 바닥 크기: 30.86×69.51m = 2,145.08m² ≒ 650평
- 안쪽 기둥 외부면과 건물 벽 외부면 기준 바닥 크기: 22.34×59.02m = 1,318.51 m² ≒ 400평
- 스타일로베이트 외곽선 기준 바닥 크기: 33.94×72.59 m = 2,463.70 m² ≒ 746.58평
- 기둥의 개수: 외곽 46개, 내부 19개(정면과 후면에서 보이는 기둥 수는 각각

---

[*] 문헌과 기록에 따라 각 부위의 측정치에는 조금씩 차이가 난다. 훼손되거나 온전한 상태가 아닌 부위가 있으므로 여러 가지 추정치가 나오는 것으로 보인다.

8개, 양 측면에서 보이는 기둥 수는 각각 17개)

- 기둥의 직경(외부 열주의 평균치): 파사드 바깥 기둥 하부 1.71m, 기둥 위, 캐피탈 하부 지름 1.37m(귀퉁이에 있는 기둥의 직경이 다른 기둥보다 큼)

- 기둥 간격(기둥 중심 기준): 평균 4.28m, 모서리 기둥 4.76m

- 총 13,400개, 11,176m³의 돌 사용

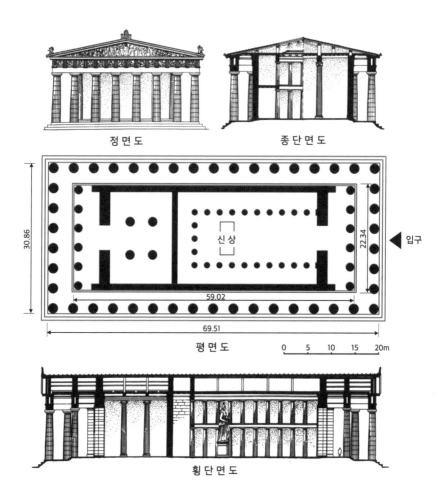

정 면 도   종 단 면 도

30.86   59.02   22.34   ◀입구

신 상

69.51

평 면 도   0 5 10 15 20m

횡 단 면 도

··· 파르테논 신전의 평면, 입면, 단면도

이 건축물의 규모에 감이 안 온다면 이렇게 비교해보자. 높이는 아파트로 치면 약 7층, 일반 오피스 빌딩이라면 5~6층 높이와 맞먹고, 기둥만 3~4층 높이다. 바닥면적은 바깥 기둥 외곽선을 기준으로 했을 때 농구 경기장(15×28m)의 4배, 또는 아이스하키 경기장(30×61m)보다 조금 길다. 신전 안에는 지금은 없어졌지만, 아테나의 신상이 놓여있었고 높이가 12m 정도였을 것이라 추정되며, 나무로 깎아 만든 몸체에 상아와 금으로 치장했다. 서울 광화문광장에 있는 이순신 장군 동상 높이(6.5m)에 거의 두 배가 된다. 그래도 감이 안 온다면? 이 신전 앞에 서면 그 웅장함에 곧바로 압도되고 만다고 생각하면 된다. 그저 신상 하나 모셔놓은 건물인데, 이렇게까지 큰 노력을 들일 필요가 있었을까 하는 생각도 들지만...

공사비에 대한 기록도 있다. 고대 그리스에서는 공사의 진행 상황을 일지로 기록해 놓는 관습이 있었는데, 지금까지 남아있는 자료와 다른 기록들을 참고하면 파르테논의 총공사비는 469탤런트 정도였을 것으로 추정된다.* 고대 그리스에서 은화 1탤런트는 무게로 따질 때 순은 26kg, 금액으론 대형 군선軍船에서 노 젓는 선원 170명의 한 달 치 품삯이라고 한다. 가장 최근에 요즘 돈으로 환산한 기사를 보면 미화로 약 7백만 달러, 우리 돈으로 약 98억이 조금 안 되는 액수다. 이 액수만 보면 그리 비싸지 않다는 생각도 들겠지만, 냉난방이나 기계설비, 전기, 수도, 창문 같은 것 하나 없이 달랑 골조만 있는 건물인데다, 건설과정에 값비싼 장비나 재료가 사용되지 않았으며 당시의 물가와 인건비 등을 고려한다면 아마 당대 아테네에서 가장 비싼 프로젝트 중 하나였을 것이다.

---

* 총 340~800탤런트(507만 달러~1,194만 달러, 70억 7,150만 원~166억 3,880만 원)가 들었을 것이라는 연구도 있다.

파르테논의 부위별 공사비 추정액

부위	비용 (탤런트)
벽체, 열주, 바닥, 중심부	365
천장, 지붕, 출입문	65
페디먼트, 신상, 아크로테리움	17
내부 프리즈	12
메토프	10
총계	469

파르테논이 그렇게나 대단한 건물인가 하는 의문이 드는 사람도 있을 법하다. 눈에 보이는 현재 파르테논의 상태가 '신이 사는 집'이라기에는 폐허에 가깝기 때문이다. 그도 그럴 것이, 파르테논은 2,500년의 세월 동안 수많은 고난을 겪어야 했다.

아테네와 아크로폴리스는 파르테논 완성 후 불과 7년만에 스파르타에게 점령당해 위기에 빠졌었고,[†] BC 3세기에는 대화재로, BC 276년엔 고트족의 침략으로 피해를 입었는가 하면, AD 267년에는 로마 군사들이 쳐들어와 아테네를 파괴하고 파르테논에 불을 지르기도 했다. 이때 건물 내부에 거대한 목재 보와 나오스의 내부, 지붕, 기둥 등이 심하게 손상됐다.

AD 5~6세기에는 비잔틴 제국의 지배하에 놓이면서 기독교 교회로 사용됐고, 이때 동쪽 문으로 들어오는 출입구를 없애고 동쪽 벽의 재료를 떼어다가 그 자리에 기독교 교회 양식인 애프스apse[‡]를 만들었으며 창문도

---

† 그리스의 패권을 놓고 아테네와 스파르타가 각각 중심이 된 동맹이 벌인 펠로폰네소스 전쟁(BC 431~BC 404)이 발발해 BC 431년 아테네가 스파르타에 의해 점령당한다.

‡ 커다란 방이나 공간에 부속된 반원 또는 반원에 가까운 다각형 모양의 내부 공간. 주로 애프스 앞 공간에 제단을 놓는다.

뚫었다. 기독교식으로 리모델링을 한 것이다.

오스만제국Ottoman Empire이 그리스를 지배하던 시절엔(1371~1912) 파르테논이 이슬람 사원으로 사용되기도 했다. 그러다 1687년, 이탈리아 북쪽에서 세력을 키워오던 베네치아The Venetian Republic가 그리스까지 쳐들어와 오스만군이 화약고로 사용하던 파르테논에 포격을 가하는 결정적인 사건이 발생한다. 그 결과 나오스의 일부 벽체만 빼고 신전이 거의 두 동강이 났고, 지금처럼 지붕이 날아가고 벽이 허물어진 모습으로 남게 된 것이다. 그렇지 않았다면 파르테논은 더 온전한 상태로 남아있었을지도 모른다. 세계적인 문화유산에 가해진 어이없는 사건이었다.

황당한 사건은 또 있었다. 오스만의 점령이 이어지던 1802년, 영국의 엘긴 백작Lord Elgin (1766~1841)이 오스만의 허가를 받아 파르테논 페디먼트 조각의 거의 절반을 영국으로 가져가버렸다. 세계적인 유물을 팔아넘긴 것이다. 더 심각하게는 그 작업 과정에서 조각상이 훼손되었고, 그것도 모

··· 1687년 베네치아의 파르테논 포격을 그린 그림

자라 1898년에는 복원작업을 하다가 고대 그리스인들의 지혜를 이해하지 못했던 건축가들이 오히려 구조물에 큰 피해를 주기도 했다. 그뿐인가. 1981년에 발생한 지진은 파르테논을 크게 흔들어놓았다.

이런 고난과 우여곡절을 겪은 파르테논. 그런데 신기하게도 파르테논의 열주와 페디먼트는 지금도 굳건히 버티고 서있다. 고대 그리스인들의 지혜와 건축기술이 아니었다면 있을 수 없는 일이었다.

파르테논의 건축기술

파르테논의 건축기술에 대해서는 이미 많은 연구가 있었고, 아직도 진행 중이다. 그런데 학자마다 관심사가 다르다 보니 건축기술의 전체적인 모습을 보기가 쉽지 않고, 많은 연구가 너무 전문적이어서 이해하기도, 찾아보기도 어렵다. 그래서 이제부터는 공사가 진행되는 순서에 맞춰, 주재료인 돌 부재가 채석되어 가공되고 현장까지 운반되는 과정, 그리고 현장에서의 공사 방법, 그리고 사용된 장비와 설비 등에 대해 핵심적인 내용을 중심으로 살펴보기로 한다.

주요 건축재료, 석회암과 대리석

메소포타미아에서는 벽돌이, 이집트에서는 석회암과 화강암이 각각 지구라트와 피라미드를 낳았다. 그렇다면 파르테논은 무엇으로 만들어졌을까?

물론, 당연히 눈에 보이는 그대로, 돌이다. 그러나 그리스가 처음부터 건축재료로 돌을 사용했던 것은 아니다. 오래전 일이라 남아있는 기록이 별로 없지만, BC 8~6세기, 그러니까 그리스의 상고기 때까지는 목재와 점토 벽돌이 주재료였다고 한다. 목재는 일부 구조적인 부재와 지붕의 서까래 등으로, 벽돌은 벽체에 사용됐고, 주택의 지붕은 억새류의 짚이나 점토로 구운 테라코타 타일로 덮었다. 벽돌은 이미 메소포타미아나 이집트에서 흔한 재료였기 때문에 놀랄만한 일은 아니고, 목재의 경우, 그리스에는 대형 건물을 지을만한 큰 나무가 없어서 건축물의 골조로 사용하기에는 적절치 않았다. 이 전통 때문인지 그리스에선 목재 수입이 자유로워진 현대에도 순수한 목구조 건물은 드물다고 한다.

이런 재료들은 내구성에 한계가 있으므로, 신전 같은 기념비적인 건물을 지으려면 더 단단하고 화려한 재료가 필요했을 텐데, 때마침 유럽에는 건축재료로 쓸만한 돌이 아주 풍부했다. 게다가, 그리스는 암흑기, 즉 BC 1200년대부터 초기 철기시대에 해당하고 상고기부터 본격적인 철기시대에 접어들었으므로 훨씬 효율적이고 강한 도구와 연장으로 돌을 다룰 수 있었다. 신전건축의 경우, BC 600년대 초부터 이미 돌을 사용한 흔적이 나타나더니, 고전기에는 건축재료로서 돌의 시대가 본격적으로 열리게 된다.

그리스에는 특히 석회암과 대리석, 사암 등이 풍부했고, 파르테논도 석회암 지반 위에 지은 것이라 충분히 튼튼한 기초를 갖출 수 있었다. 다만, 지대가 언덕이므로 일부 지반에는 아테네 인근 피레아스Piraeus에서 나는 석회암 블록을 쌓아 평지를 만들었다. 나머지 대부분의 건축재료는 대리석이다. 그렇다고 그리스의 모든 신전이 대리석으로 지어진 것은 아니고, 밧새의 아폴로 신전의 경우, 프리즈의 대리석을 제외하곤 아카디안 석회암으로 지어졌다. 그러니까, 이집트와 같이 수백 킬로미터 떨어진 곳에서 돌을 가져오지 않고 인근에서 쉽게 구할 수 있는 자재를 사용한 것이다.

대리석은 강도 면에서 석회암이나 화강암보단 약하지만, 기둥과 보로 이루어진 신전건축에선 구조재로 사용하기에 충분했다. 게다가 대리석에는 큰 장점이 있었다. 대리석은 처음 채석됐을 때는 비교적 무르고 가공이 쉬우나 시간이 지남에 따라 단단해진다. 그러므로 석공들은 정만으로 그들이 원하는 형상을 만들 수 있었고, 기둥의 플루팅이나 페디먼트와 프리즈의 정교한 조각상도 대리석이었기에 가능했다. 중세 유럽에서 대리석

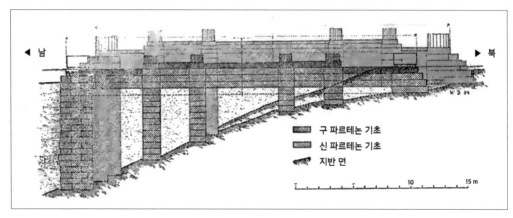

··· 파르테논의 남-북 단면도

··· 발굴 과정에서 드러난 파르테논의 기초 부분

조각이 많은 것도 이 돌로 섬세한 표현이 가능하고 마치 사람의 피부처럼 부드럽고 반투명한 느낌을 살릴 수 있기 때문이다. 유럽의 오래된 교회에서 보는 살아있는 듯한 인물조각과, 상대적으로 둔탁한 석굴암의 화강암 불상을 비교해보면 쉽게 차이를 알 수 있다.

대리석 중에서도 아테네에서 북동쪽으로 약 20km 떨어진 펜텔리쿠스 산Mount Pentelicus에서 나는 펜텔리콘 대리석이 채석장이 가깝고 품질도 좋아 건축물과 장식, 조각에 널리 사용됐다. 올림포스 제우스 신전, 세움 신전 Theseum(헤파이스토스 신전), 아테네 아크로폴리스의 프로필리어Propylaea*, 에레크테이온, 그리고 파르테논의 주재료가 여기서 난 대리석이다.

돌의 채석과 가공

채석장에서 채석하고 돌을 운반하는 방법은 이집트 기술과 크게 다르지 않았던 것 같다. 먼저 돌에 일렬로 정을 박아 해머로 내리쳐 돌을 쪼개고 옆면에 깊게 트렌치를 파서 암반으로부터 돌을 떼어낸다. 그리고 높은 지대에 있는 채석장에서는 비탈길을 따라, 평지에서는 포장된 도로로 에스카레스eschares라고 하는 썰매 운반 틀에 실어 돌을 운반한다.

하지만 이집트 피라미드 시대보다 약 2,000년 뒤에 태어난 그리스인들이라면 뭔가 달라도 훨씬 다른 신기술을 가지고 있어야 마땅하다.

차이점이라면 첫째로 연장의 진화를 들 수 있다. 이집트에서는 돌을 다듬는 데 주로 파운딩 기법과 무딘 정을 사용했지만, 그리스에서는 다듬기의 정도나 용도에 맞는 다양한 연장을 구사했다. 고전기에 들어서서는 이집트에 비해 연장의 강도도 훨씬 좋아졌을 것이다.

또, 이집트의 피라미드는 캐낸 돌 블록을 채석장에서 옮겨와 그대로 쌓아 올리는 구조였지만, 그리스의 신전에선 채석장에서 '반가공'한 부재를 현장으로 옮겨 마무리 작업을 했다. 처음에는 육면체의 형태로 돌덩어리를

---

* 아크로폴리스의 관문으로 신전 정문으로 이용되었다.

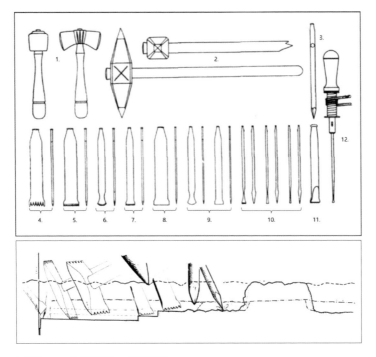

1. 해머hammer 2. 뾰족망치pick 3. 뾰족정pointed chisel
4. 굵은 이빨 정coarse toothed chisel 5. 중간 이빨 정medium toothed chisel
6. 이빨 달린 게이지toothed gauge 7. 잔 이빨 정fine toothed chisel 8. 평정flat chisel
9. 평 게이지flat gauge 10. 가는 게이지fine gauge 11. 커터cutter 12. 오우거auger

··· 고대 그리스의 돌 가공 연장과 사용법

채석하겠지만, 그것을 기둥의 드럼이나 벽체용 돌 블록으로 만들려면 어느
정도 형태를 잡아 부피와 무게를 줄이는 것이 운반에 효율적이었을 것이
다. 완전한 형태로 가공하지 않은 것은, 특히 대리석의 경우, 운반이나 설치
과정에서 파손되기 쉬우므로 돌 표면에 미리 여유를 두기 위함이었다. 부
위에 따라 완전히 설치된 후에 최종 마무리를 하는 경우도 있었다.

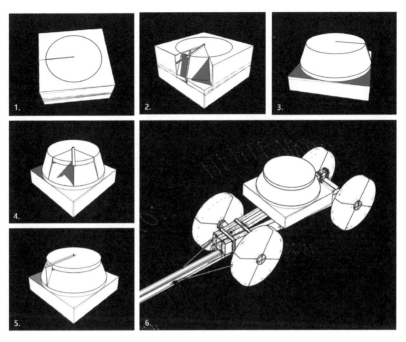

··· 기둥 베이스의 가공과 운반 기구

현장까지의 돌 부재 운반

채석장에 캐낸 돌 부재는 썰매나 수레에 실어 운반했는데, 대부분의 그리스 채석장은 고지대에 있었으므로 비탈길을 내려올 때 상당한 주의가 필요했고, 돌을 썰매에 실을 때까지 밧줄을 적절히 사용했다. 이때 밧줄은 평지에서 운반할 때도, 그리고 최종적으로 돌 부재를 높은 곳으로 올릴 때도 매우 요긴한 도구였다. 그리스인들, 특히 아테네인들은 밧줄을 만들고 다루는 데 특별한 재주가 있었다. 그들은 에게해에서 가장 강력한 해군력과 해상무역 능력을 갖추고 있었고, 배 위에서 밧줄을 다루던 솜씨가 건축공사에도 적용된 것이다.

밧줄과 함께 도르래를 만들고 이용하는 데에도 특출났다. 이집트에서도 도르래의 원리와 밧줄을 이용한 선례가 있었듯이, 이 방법은 적은 힘으로 돌을 운반할 수 있게 해줬고, 이것으로 세계 최초의 기중기를 탄생시키기도 한다. 아크로폴리스의 언덕길을 따라 돌을 운반하는 데에는 밧줄과 도르래 역할을 해주는 말뚝, 안전을 위해 수레 뒤를 받치는 통나무, 그리고 지렛대면 충분했다.

이집트와 또 다른 점으로, 그리스인들은 바퀴 달린 수레를 사용했고, 짐승의 힘을 빌려 수레를 운반할 줄 알았다. 이집트에서 바퀴도 없이 사람의 힘으로 그 큰 돌 블록을 운반했던 것과 비교하면 얼마나 효율적이었겠는가. 수레를 끄는 데에는 소나 노새를 좌우 한 쌍씩 줄을 세워 수십 마리가 동원됐고, 6~8톤의 무게를 움직이는 데 19~37쌍의 소가 필요했다고 한다. 수레는 일반적으로 바퀴가 네 개 달린 목제품이었고 파르테논을 건설할 때는 이 수레나 썰매가 다닐 수 있도록 펜텔리쿠스산에서 아테네 사이에 포장도로를 놓았다. 다만, 고대의 도로는 평평한 돌을 땅에 박아 놓은 수준으로 상태가 그리 좋지 못했기 때문에 돌 운반은 수레바퀴가 진흙탕에 빠지지 않도록 우기를 피해 1년 중 가장 건조한 7~8월에 집중적으로 진행했다.

이 도로는 아크로폴리스의 남쪽 입구까지 이어졌고, 편도로 약 6시간 걸리는 거리였으며 20개의 수레가 하루에 10번 왕복했다고 한다. 이때 수레의 수나 왕복 횟수를 놓고 단순하게 많다 적다, 또는 느리다 빠르다를 판단할 수는 없다. 왜냐하면, 돌 부재는 일찍 오지도, 늦게 도착하지도 않게 하는 것이 중요했기 때문이다. 일찍 도착하면 현장이 복잡해지고, 장소가 협소하면 일단 다른 곳으로 옮겨 보관했다가 다시 가져와야 했기에 효율성과 노동력 측면에서 크게 불리했다. 가능한 한, 채석장과 현장 간에

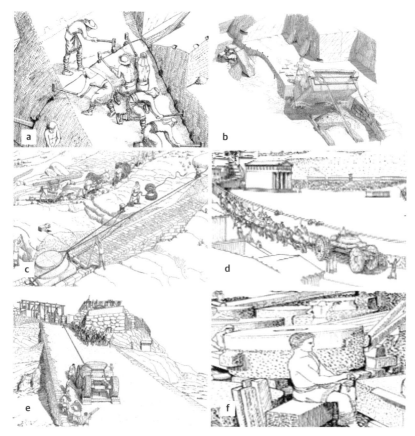

a. 채석   b. 채석장에서 비탈길로 운반   c. 밧줄과 포장도로를 이용한 평지운반
d. 수레와 짐승을 이용한 운반   e. 아고라 언덕길로 현장까지 운반   f. 건축현장에서의 돌 부재 가공

… 파르테논 돌 부재의 채석과 운반

스케줄을 맞춰 부재가 제때 도착하도록 하고 설치까지 시간이 지연되지 않도록 해야 했다. 여기에는 과학적인 현장관리 기법과 그들이 발명해낸 양중기계가* 톡톡한 역할을 했다.

---

* 무거운 재료를 들어 올리는 일을 건설용어로 '무거울 중重, 위로 오를 양揚'자를 써서 '양중'이라 한다. 현대 건설현장에서 대표적인 '양중기계'로 타워크레인을 포함한 각종 크레인과 공사용 엘리베이터라 할 수 있는 '호이스트hoist'가 있다.

돌 부재의 건축방식

파르테논을 포함한 그리스 신전이 지구라트나 피라미드와 차별화되는 것은 건축물의 구조방식, 즉, '가구식 구조'때문이다. 가구식 구조란 기둥과 보를 일체화시키지 않고 단순히 기둥 위에 보를 올려놓는 방식을 말하는데, 이 방식에선 벽체 대신 기둥이 상부의 하중을 받으므로 건물이 높아질 때 벽 두께가 커지지 않아도 되고, 공간을 넓힐 수 있다는 장점이 있다. 그러나, 현대 건축물에서 주로 볼 수 있는 기둥, 보, 바닥판으로 된 구조체와는 유사하면서도 차이점이 있다.

현대의 구조방식에서는 대부분 이들 구조재를 완전히 일체화해서 강성을 높이고, 철근콘크리트나 철골재 등을 사용해 부재의 자중까지 줄일 수 있다. 그러나 파르테논 등에 사용된 가구식 구조에서는 부재를 그저 올려놓는 수준, 또는 간단한 접합방식으로 연결한 수준이었다. 따라서 무거운 돌을 보로 쓸 경우, '스팬span', 즉, 기둥과 기둥 사이의 간격을 넓히는 데 매우 불리해지고, 파르테논에서 기둥 굵기에 비해 기둥 간격이 5m 정도로 좁은 것은 바로 이 때문이다.

결국, 파르테논에서는 높이 10m가 넘는 기둥을 내외부를 합쳐 총 65개를 세웠다. 보의 길이를 길게 하는 대신, 기둥을 촘촘히 세워 구조적인 문제를 해결했고, 박공형의 지붕은 목재로 틀을 만들었으며 그 위에 점토로 만든 테라코타 타일을 올려 상부구조의 무게를 최대한 줄였다.

그런데 그리스인들이 진짜 해결해야 했던 문제는 이 육중한 돌 부재들을 어떻게 세우고, 높은 곳까지 올리느냐였다. 가구식 구조에서 메소포타미아나 이집트에서처럼, 거대한 램프를 건설하기란 적합하지 않았을 것이다. 또 다른 한계는 구조재의 접합 부분이 매우 느슨해서 횡력에 약하다는

··· 파르테논의 기둥과 캐피탈, 엔타블라처의 구조

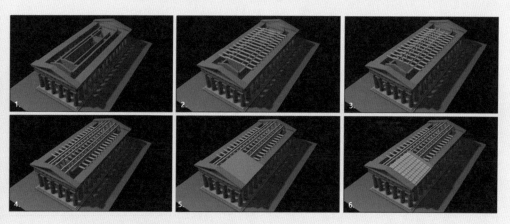

··· 파르테논의 지붕구조

지붕을 받치는 도리, 보, 천장 등의 구조는 나무를 사용했고 지붕면에는 테라코타 타일을 올렸다. 실제 지붕구조는 소실되었기 때문에 이 이미지는 여러 상상도 중 하나다.

것, 즉, 지진과 같이 옆에서 흔드는 힘에 위험하다는 것이다. 지구라트나 피라미드에 비하면 혁신적인 구조 방식이었지만, 이런 단점을 극복하기 위해 그리스인들은 그들만의 지혜를 짜냈다.

돌 부재의 양중 장비와 비계 시스템

첫 번째 문제에 대한 해결책은 크레인이었다. 공사장에서 흔히 볼 수 있는 타워크레인이나 이동식 크레인의 원조가 바로 고대 그리스였다. 물건을 들어 올린다는 관점에서 즉, 양중 장비로서 샤도프나 이 원리를 이용한 운반장치를 크레인의 시초라 보는 시각도 있지만, 그리스의 크레인에는 비장의 무기인 '도르래'가 장착됐고,* 이전 것과는 차원이 다른 장비로 발전했다.

코린트 이스트미아의 유적을 분석한 최근의 연구를 보면, 그리스의 크레인은 BC 7세기경 나타났으며, 그 이후로 항해나 건설은 물론이고 BC 5세기부터는 고대 극장에서 드라마틱한 시각적인 효과를 만들어내기 위한 목적으로도 사용됐다. 연극이 절정에 달하면 종종 신과 같은 존재가 하늘로부터 등장해 클라이맥스를 만들어내는데, 크레인에 몸을 매단 배우가 하늘을 날아 등장하는 것이다. 지금으로 따지면 와이어액션인 셈으로, 이 장면을 '데우스 엑스 마키나Deus ex machina'라 하며 이는 연극 분야에서 널리 알려진 용어라고 한다. 이때 사람이나 물건, 동물 등을 들어 올리는 도르래 크레인을 메켄mechane, 이 메켄을 설계하고 만들고 작동시키는

---

* '도르래'는 '바퀴에 홈을 파고 줄을 걸어서 돌려 물건을 움직이는 장치'라 정의되며, 바퀴와 바퀴를 돌리는 축, 그리고 바퀴의 홈을 지나가는 밧줄로 구성된다. 한 개 이상의 도르래를 고정시키거나 매다는 장치가 있을 때 '활차장치滑車裝置' 또는 '풀리 블럭pulley block'이라고 하며, 무거운 것이나 큰 것을 들어 올리기 위해 두 개 이상의 도르래와 로프로 구성된 장치를 태클tackle이라 한다.

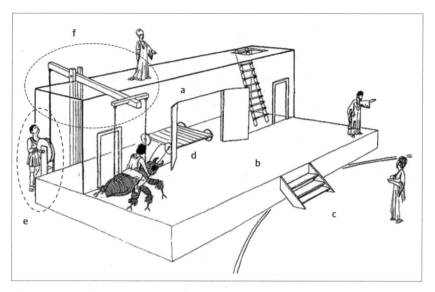

a. 스케네 skene : 무대와 분장실을 겸비한 건물
b. 스테이지
c. 오케스트라
d. 에키크레마 ekkyklema : 바퀴가 달린 일종의 수레로 배우나 소품의 등장에 극적인 효과를 만들기
   위한 장치
e. 도르래와 도르래를 작동시키는 사람(메케노포이스, mechanopoios)
f. 메켄 mechane 또는 크레인

… 고대 그리스 극장의 구조와 크레인

사람을 메케노포이스mechanopoios라 불렀으며, 이 용어가 각각 현대 영어의 'machine'과 'machanic'의 어원이 됐다.

도르래를 아르키메데스Archimedes(BC 287~BC 212)가 발명했다는 주장도 있다. 그는 도르래와 크레인의 원리를 이용해 세계 최초로 투석기와 선박을 육지로 올리는 장치를 발명했지만, 엄밀히 말하면 복합도르래compound pulley의 이론을 발전시킨 인물로 보는 것이 맞다.[†] 시기적으로도 아르키메

[†] 도르래의 종류는 물건을 들어 올리는 기능만 가능한 '고정도르래fixed pulley', 바퀴의 개수에 따라 힘을 절반 이상으로 줄여주는 '움직도르래moveable pulley', 고정도르래와 움직도르래를 함께 사용하는 '복합도르래compound pulley'로 구분된다.

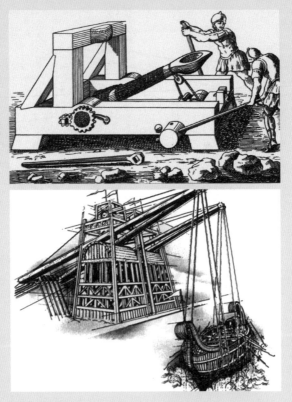

··· 아르키메데스가 발명한 투석기와 선박을 들어 올리는 장치

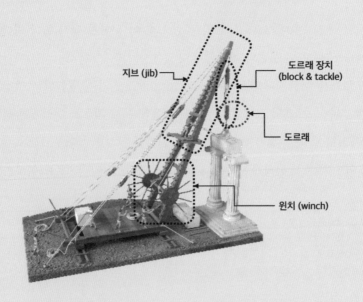

지브 (jib)

도르래 장치
(block & tackle)

도르래

윈치 (winch)

··· 그리스 시대의 크레인 모형

데스가 생존했던 때가 신전건축이 정점을 넘어 시들해지기 시작한 때이므로, 도르래와 크레인은 이미 보편적인 장비였을 것이다.

현대 학자들은 이런저런 증거자료를 모아 고대 그리스의 크레인 복원도를 만들어냈는데, 그 구조는 비스듬히 세워진 버팀대 위로 로프를 걸고 그 로프에 도르래와 물건을 잡는 집게를 연결한 다음, 다른 한쪽에서 커다란 윈치로 밧줄을 감아 물건을 들어 올리는 방식이다. 현대의 크레인이 유압이나 전기동력을 사용하는 방식이라면, 이 크레인이 수동이라는 것 외에는 작동 원리에 큰 차이가 없다. 이후 로마인들은 이 장비에 도르래의 개수를 늘리면서 '트리스파스토스trispastos', '폴리스파토스polyspastos'라는 크레인으로 발전시킨다.*

한편, 건축공사에서 무거운 자재를 높은 곳으로 올리면, 그것을 받아 제자리에 설치하는 작업이 같이 이루어져야 한다. 이때 필요한 것이 '비계scaffold'다. 비계는 현대 건축공사에서도 필수적인 가설자재로, 건물의 내외부에 설치해 사람이 작업하거나 이동하는 공간으로, 또는 자재를 임시로 적재할 때 사용한다. 전체 공사비에서 차지하는 비중도 만만치 않다. 그러므로 학자들은 그리스인들이 당시로는 초고층 건물이라 할 수 있는 파르테논을 지을 때 비계 시스템까지 갖추었을 것이라 보고 있다. 현대에는 인건비 절감과 재활용(전용성轉用性)을 높일 목적으로 비계를 철재로 만들거나 유압으로 자동 상승시키는 시스템까지 개발하고 있지만, 이 시대의 비계는 당연히 목재로 만든 것이었고, 이 비계를 만드는 작업에도 크레인이 동원됐다.

---

* '트리스파스토스trispastos'는 세 개의 복합 도르래로 구성되어있고 '폴리스파토스polyspastos'는 5개의 도르래가 3개 세트 설치된 크레인이다. '폴리스파토스'의 경우, 윈치 대신 사람이 발로 밟아 회전시키는 커다란 쳇바퀴treadwheel를 장착해 30톤에서 60톤까지의 물건을 30~40m 높이까지 들어 올릴 수 있었다고 한다.

··· 크레인을 이용한 기둥 공사 과정

··· 그리스 신전건축에 사용된 크레인과 비계의 상상도

돌 부재의 양중 방법

이제 크레인이 갖춰졌으니 돌 부재를 올리고 쌓을 준비가 됐다. 그런데 그리스 크레인이 들어 올릴 수 있는 양중 용량은 어느 정도나 됐을까? 현대 건설현장에서는 100톤이 넘는 타워크레인까지 사용되고 있지만, 당연히 그 수준은 어림없었을 것이고, 그러나 적어도 가장 무거운 건축부재를 들어 올릴 정도는 되어야 했을 것이다.

파르테논에서 가장 무거울 것 같은 부재를 생각해보자. 우선 길이가 10m가 넘는 기둥을 떠올릴 수 있는데, 그리스의 크레인으로 이 기둥을 한번에 들어 올릴 수 있었을까? 로마 시대에 발전된 크레인의 용량에 대해선 전해지는 자료가 있어서, 53.3톤의 블록을 34m까지 올렸다는 분석이 있고, 믿거나 말거나 최대 100톤까지 가능했다는 기록도 있다. 그리스의 크레인 용량에 대해선 정확한 기록이 없어 비교하기가 힘들지만, 분명히 로마의 크레인만큼은 성능이 좋지 못했을 것이다.

기둥도 꽤 무거웠을 텐데, 그리스인들은 돌기둥을 한 번에 들어 올리는 것이 아니라, 10~12개의 드럼drum으로 나누어 하나의 기둥으로 조립하는 방법을 택했다. 기둥을 토막을 낸 것이다. 이 드럼의 무게를 추정해놓은 연구가 있는데, 파르테논의 드럼 한 개의 평균 높이는 1.086m, 평균 지름이 1.825m, 무게는 대리석 1m³에 2.75톤으로 잡아 약 7.84톤이 나간다. 그러니까 기둥 하나가 80여 톤은 된다는 얘기이므로 이 기둥을 드럼으로 토막 낸 것은 매우 현명한 방법이었다.

돌 블록은 어땠을까. 크레인이 처음 나타났을 때 이미 400kg이 넘는 돌블록이 신전건축에 사용됐고 파르테논의 돌 블록 중에는 10톤이 넘는 것도 있다고 하니까 그리스 크레인의 성능은 여기서도 증명된다. 학자들은

8개의 대형 크레인과 여러 대의 소형 크레인이 파르테논 공사에 동원됐고 이 크레인은 10톤의 대리석 부재를 15m 높이까지 20분이면 올릴 수 있었다고 한다. 종합해보면, 그리스 크레인의 양중 용량은 적어도 8~10톤은 됐을 것이다.

그런데 가만히 생각해보면, 돌 부재를 양중할 때, 또 다른 문제가 있다. 기둥 드럼처럼 둥글고 매끈한 돌덩어리를 어떻게 잡아 올렸느냐는 것이다. 학자들은 이미 설치되었거나 현장 주변에 버려진 돌 부재에서 그리스인들이 사용한 다양한 방법을 알아냈다.

핵심은 돌 부재를 밧줄로 묶어 크레인에 연결하는 것인데, 첫 번째 방법은 밧줄을 돌 부재에 걸 수 있도록 돌기를 미리 만들어 놓는 것이다. 채석장에서 돌 부재의 크기를 여유 있게 만들어 현장에 보내면 돌기 부위만 남기고 표면을 가공한 뒤, 이것을 밧줄 걸이로 삼아 들어 올린다. 부재가 제위치에 설치되면 이 돌기를 제거하고 마지막으로 표면을 매끈하게 마감한다.

두 번째 방법은 밧줄을 걸 수 있는 홈을 파 놓는 것으로, 이 방법은 부재의 양 옆면이나, 아래위로 다른 부재와 맞닿아 설치 후 홈이 보이지 않게 되는 위치에 주로 사용했다.

셋째로, 부재 위에 홈을 파서 갈고리나 집게 등의 철물로 부재를 잡을 수 있도록 하거나 부재를 관통해서 밧줄을 걸 수 있도록 구멍을 내는 방법이다. 또, 작업할 때 모서리가 파손되지 않도록 나무판을 덧대어 부재를 보호하기도 했다.

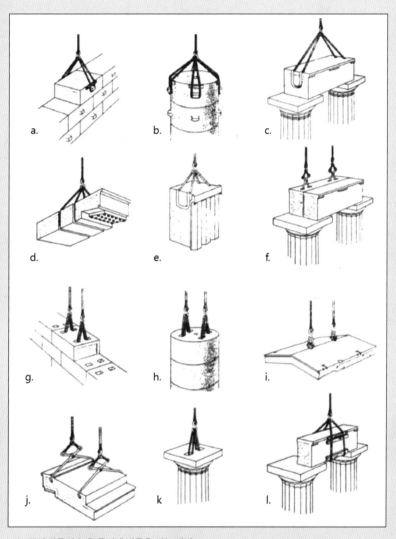

a. b. 미리 만들어 놓은 돌기에 밧줄을 거는 방법
c. d. e. 홈을 파서 밧줄을 걸거나 감는 방법
f. g. h. i. 돌에 구멍을 파고 삽입한 철물에 밧줄을 연결하는 방법
j. 돌에 구멍을 파고 갈고리로 잡아 밧줄을 연결하는 방법
k. 돌에 구멍을 파고 밧줄을 넣어 연결하는 방법
l. b. 부재의 모서리가 손상되지 않도록 다른 부재를 덧대고 밧줄을 감는 방법

… 크레인의 밧줄과 돌 부재를 연결하는 방법

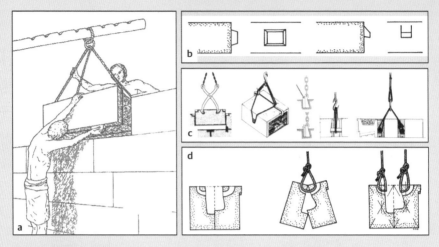

a. 크레인을 이용한 돌 블록 양중
b. 밧줄 거는 돌기 디테일
c. 갈고리나 후크의 연결 디테일
d. 아키트레이브 돌 블록과 밧줄 연결 디테일

… 크레인을 이용한 돌 블록 양중과 밧줄 연결방법 디테일

a. 기둥 드럼에 남겨진 밧줄 걸이 실물   b. c. 돌 블록에 새겨진 밧줄 홈 실물

… 크레인 양중을 위한 밧줄 걸이 실물

돌 블록 쌓기

파르테논에는 여러 부위에 서로 다른 유형의 돌 블록이 사용됐다. 기둥을 제외하곤, 대부분의 돌 부재가 기본적으로 직육면체, 블록 모양을 하고 있으며, 이 돌 블록을 운반하거나 쌓을 때는 특별한 주의가 필요했다. 특히 벽체에 블록을 쌓을 때는 부재 표면이 손상되지 않도록 해야 함은 물론이고, 한 켜 한 켜 블록이 제 위치에 정확히 놓이고 아래위가 빈틈없이 접합되도록, 그리고 수평, 수직이 잘 맞도록 쌓아야 했다.

현대 조적공사에는 벽돌이나 블록 사이에 모르타르를 바르고 채워 넣어 줄눈을 만드는데, 이것이 접합제 역할을 해 지진과 같은 횡 방향의 충격과 움직임에 버틸 수 있도록 도와주고, 미적으로도 안정감을 준다. 때에 따라 구멍이 나 있는 벽돌이나 블록에 수직 방향으로 철근을 넣어 강성을 높이기도 한다. 그런데 고대 그리스에선 모르타르를 사용하지 않았다. 그러니까 구조적으로나 미적으로 최대한 정확한 쌓기가 필요했을 것이다.

여기서 또 다른 문제가 있다. 현대 건축에 사용되는 벽돌은 한 손으로 잡을 만한 크기고, 조금 큰 시멘트 블록도 한 사람이 들고 작업하기에 무리가 없을 정도지만, 파르테논에 사용된 돌 블록은 한 개를 운반할 때 크레인을 써야 할 만큼 크다는 것이다.

얼마나 크고 얼마나 무거웠을까. 추정해보자면, 우선 나오스나 아디톤을 둘러싼 벽체의 두께가 0.9~2.06m 정도로 이 치수가 블록 한 개의 폭이 될 수 있다. 다른 사례로 고전기 말엽에 지어진 것으로 추정되는 아테나 폴리아스 신전Temple of Athena Polias(BC 350~BC 330)[*]의 돌 블록을 보면, 길이가 1.2m, 폭이 0.5m 정도 된다. 대략 돌 블록의 폭과 높이가 같다고 치

---

[*] 현재 튀르키예의 서쪽, 이오니아 지방에 있는 신전

면, 이를 근거로 파르테논 벽체 돌 블록의 최소 크기를 길이 1.2m, 폭, 약 1.0m(최소 벽두께+α), 높이 0.5m의 크기로 추정할 수 있다. 그러면, 1.2×1.0×0.5=0.6m³, 거기에 기둥 드럼의 무게를 구할 때 사용했던 대리석 무게 2.75톤/m³를 곱하면 약 1.65톤 1,650kg의 무게가 나온다. 크고 무겁다.

이 돌 블록을 쌓기 위해 그들이 가지고 있는 장비와 도구, 지혜가 총동원됐다. 먼저 돌 블록에는 밧줄을 감거나 지렛대를 끼워 넣을 홈을 미리 파놓는다. 블록이 놓일 층에는 나무로 만든 롤러를 깔아 놓고 블록을 그 위에 올린다. 이 롤러는 블록을 옆으로 밀어 바로 옆 블록에 밀착시킬 수 있도록 해준다. 블록이 제 위치로 오면 이번엔 지렛대와 통나무 받침대를 사용해 살짝 들면서 롤러를 빼내고 다시 지렛대로 최종 위치에 마무리한다. 블록이 크고 무겁다고 걱정했지만, 의외로 간단하고 효율적으로 블록 쌓기를 완성할 수 있었다.

돌 부재의 접합

앞서 가구식 구조가 지진에 취약하다고 얘기했는데, 드럼을 쌓아 만든 기둥이나 블록으로 만든 조적식 벽체도 지진에 약하기는 마찬가지다. 그렇다면 파르테논은 이 약점을 어떻게 해결했을까.

먼저 기둥을 보자.

1m가 넘는 높이의 드럼을 10~12개 쌓아 하나의 기둥을 만들었다면 아무리 아래위를 잘 맞춰 놓았어도 불안하긴 마찬가지였을 것이다. 지진은 말할 것도 없고, 그 위에 보를 올리고 거대한 조각상을 올릴 때 기둥이 무너지면 어쩌나. 옆에 기둥까지 건드려 도미노처럼 쓰러지는 것은 아닐까.

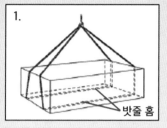

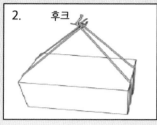

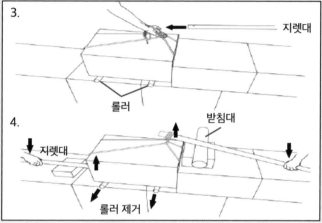

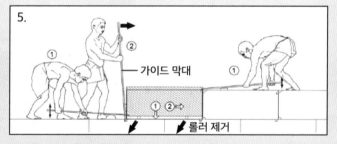

1. 돌 블록에 홈을 파고 밧줄로 감기
2. 밧줄의 후크에 크레인을 연결
3. 돌 블록을 롤러가 놓인 쌓기 면에 올리고 밧줄에 지렛대 연결
4. 돌 블록 앞뒤로 통나무 받침대를 대고 지렛대로 돌 블록을 들어 올리고 롤러 제거
5. 가이드 막대와 지렛대를 이용해 옆 블록에 밀착되도록 위치 조정

⋯ 크레인, 지렛대, 롤러를 이용한 돌 블록 쌓기

이런 문제에는 온전한 길이의 기둥보다 여러 토막을 이은 기둥이 드럼 사이의 마찰력 때문에 구조적으로 더 유리하다는 해석도 있다.

그런데 그리스에선 이미 상고기부터 이에 대한 보완책이 있었다. 드럼의 아랫면과 윗면의 중앙에 홈mortise을 파내고 사다리꼴 육면체 모양으로 생긴 엠폴리아empolia를 끼운 다음, 그 가운데에 폴 또는 폴로pole, polo라 하는 짧은 원통형 나무 핀을 끼워 아래위 드럼을 맞추는 방법이다. 이 폴은 기둥 드럼의 중심축을 맞춰주고 아래위 드럼을 연결하는 역할을 한다. 두 가지 부품 모두 나무였지만, 폴은 단단한 나무로, 엠폴리아는 그보다 연한

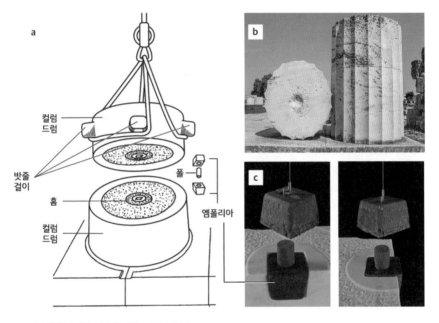

a. 폴, 엠폴리아를 이용한 기둥 드럼의 조립
b. 실제 드럼의 모습
c. 폴과 엠폴리아 디테일(폴: 길이 12cm, 엠폴리아: 11×11×6cm)

… 기둥 드럼의 조립

재질의 것으로 만들었다.[*] 철물 등의 단단한 재료가 서로 맞닿는 곳에 재료를 서로 밀착시키고 빈틈을 메우기 위해 고무나 실리콘으로 코킹caulking을 해주는 것과 같은 원리다.

기둥에 폴과 엠폴리아를 썼다면, 돌 블록과 벽체에는 부재가 서로 단단히 연결되도록 다월dowel과 클램프clamp를 사용했다. 철로 만든 작은 사각형의 다월은 돌 블록의 수직 조인트에 사용된 긴결재로, 미리 아래위 부재에 홈을 파놓고 끼워 넣었다. 크기는 부재가 받는 최대 하중에 따라 다르게 만들었다.

클램프는 수평 조인트에 사용한 방법으로, 그 크기와 모양은 연결되는 부재의 크기에 따라, 조인트 부위에 따라 다양하다. 또 클램프를 놓을 때는 대리석의 결을 보아 어떤 위치와 모양이 가장 이상적인가를 고려했고, 때에 따라 여러 개의 클램프가 대칭이 되도록, 또는 랜덤하게 배치했다. 오늘날, 클램프의 위치가 불규칙하게 발견되는 것은 이 때문이라고 한다.

그리스인들의 지혜가 더욱 놀라운 것은 다월이나 클램프를 사용할 때 철물이 들어갈 홈을 조금 여유 있게 파고 납을 녹여 넣었다는 것이다. 철제 부품에는 녹이 생기기 일쑤이므로, 이들은 철물을 공기에 노출된 상태로 두지 않았고 녹을 방지하기 위해 납으로 감싸는 방법을 썼다. 이런 방법이 파르테논과 에렉테이온 신전에서 그대로 발견된다.

녹 방지 외에도 더 놀라운 기능은 납의 신축성이었다. 덕분에 온도 변화로 다월이나 클램프에 수축팽창이 일어날 때 철재가 돌 부재에 미치는 영향을 제어할 수 있었고, 지진과 같은 흔들림이 발생하면 납이 완충재 역할을 할 수 있었다.

---

[*] '폴'은 올리브 나무나 산수유 나무로, '엠폴리아'는 침엽수로 만들었다.

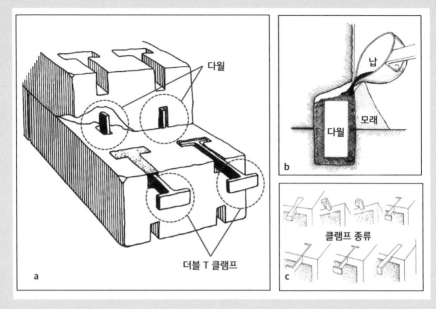

··· 다월의 설치와 클램프 종류

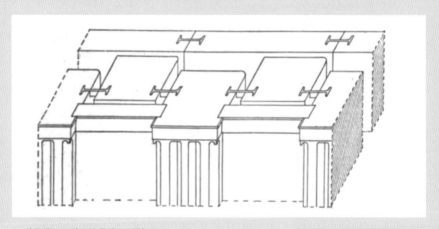

··· 파르테논 프리즈의 클램프 연결

이런 납의 기능을 이해하지 못한 것은 오히려 2,000년이나 지난 후대 사람들이었다. 1898년 그리스는 니콜라스 발라노Nikolas Balanos(1869~1943)에게 파르테논을 포함한 아크로폴리스의 복원작업을 맡겼는데, 이 복원 팀은 납 코팅을 생략한 채 투박한 철재 클램프를 설치했다가 큰 재앙을 초래할 뻔했다. 비가 오고 조인트에 물이 스며들어 철재 클램프에 녹이 슬었고 대리석이 부풀어 오르며 금이 가버린 것이다. 오랜 세월 버텨왔던 건축물을 복원한답시고 완전히 망가뜨릴 뻔한 사건이었다.

기둥 드럼의 폴과 엠폴리아, 돌 블록 조인트에 사용된 다월과 클램프, 그리고 납을 이용한 마무리까지, 이런 방법들은 모르타르를 쓰지 않던 시대에선 최선이었다. 무엇보다 횡하중에 대한 강성을 확보하는 데 가장 효과적인 방법이었으며, 바로 이것이 2,500년 동안 파르테논이 그 자태를 유지할 수 있었던 비결이었다.

건축프로젝트의 관리

이집트의 왕가의 계곡에서 그들의 '건설관리' 시스템을 얘기했었다. 피라미드 시대부터 왕가의 계곡이 문을 닫은 이후에도 이런 시스템이 계속 발전했겠지만, 500~600년이 흐른 그리스에서도 주목할 만한 건설관리 시스템이 발견된다. 그런데 그 내용과 방법을 보면 현대적인 관리체계가 여기서 왔구나 싶을 정도로 디테일이 뛰어나다. 특히, 프로젝트의 조직과 운영, 시공업체와의 계약, 시공계획, 시방과 드로잉 등에서 과거 문명과 다른 흥미로운 점들이 눈에 띈다.

먼저 프로젝트의 운영조직을 보면, 이집트에서는 파라오가 최고의 건축주이자 의사결정자였지만, 시민사회와 민주주의의 개념이 싹트기 시작한 그리스는 달랐다. 폴리스마다 차이는 있었겠으나, 파르테논의 아테네는 사회 계층을 시민citizen, 폴리스 밖 다른 지역에서 이주해온 이방인metics*, 노예로 구분하고 시민들에게는 평등한 권리와 정치, 경제적 권한을 부여했다. 따라서 신전을 비롯한 공공건축을 시행할 때도 시민들의 의견이 중요했으며, 시민의 대표로 구성된 시민의회Ecclesia of Demos, Assembly of Citizens가 프로젝트를 책임질 건축가를 지명했다. 파르테논의 경우, 페리클레스가 익티누스와 칼리크라테스, 페이디아스 등에게 설계와 조각의 책임을 맡겼다지만, 의회의 승인은 필수 조건이었을 것이다.

그 밑으로 해당 프로젝트에 대한 '감독 위원회'가 만들어져 공사 과정을 감독하는 업무를 담당했다. 위원회는 매년 교체를 전제로 다섯 명의 감독관epistatai, commissioner으로 구성되며, 기술적인 전문가일 필요는 없지만, 프로

---

* 이들은 직업과 노동의 권리 등을 법으로 보장받는 자유인이다. 수입에 대한 세금납부의 의무도 있었지만, 결혼이나 사유재산을 소유하는 데에는 제약이 있었다.

젝트 성공에 대한 책임이 있었고, 따라서 자재와 인력의 수요, 수급, 비용 등을 관리하는 지식과 역량을 갖추어야 했다. 또 이 위원회는 업체를 선정하고 공사를 발주하면서 공사에 대한 설명, 회계, 위원회 보고 등을 책임지는 것은 물론이고 시공자나 기능공들의 의무를 상세하게 규정하고, 이런 내용을 대리석 판에 새겨 공사현장 앞에 설치해 모든 사람이 볼 수 있도록 했다. 여기에 적힌 내용은 일종의 공사 계약서와 계약조건인 셈인데, 폴리스의 모든 시민이 볼 수 있게 했다는 것은 공공성을 높이고 철저하게 품질을 관리한다는 점에서 현대보다도 더 강력한 조치로 보인다.

선정된 건축가는 이집트의 '마스터 빌더'와 같이 설계, 시공에 대한 관리책임과 상당한 의사결정 권한을 가진 자로, 프로젝트를 위한 계획과 드로잉drawing, 시방specification을 준비하고 채석장에서부터 공사현장까지 정해진 방법과 절차에 따라 작업이 진행되는지를 확인했다.[†] 여기서 도면 대신 '드로잉'이란 표현을 쓴 것은, '도면'이라고 하기엔 그것이 그림에 더 가깝기 때문이다. 각종 수치와 작도법을 적용한 명실상부한 현대적 개념의 설계도면은 18세기 후반 프랑스에서 시작됐고, 그 이전까지는 실물을 상징적으로 그린 것이거나 "대략 이렇게 만들면 되겠다"는 설명용 그림이었다. 그 정도 수준의 드로잉으로 파르테논과 같은 건축물과 조각을 할 수 있었다는 것은 현장 기술자들의 상상력과 실력이 얼마나 뛰어났던가를 보여주는 것이기도 하다. 설계도면이란 것이 없다 보니, 그들은 설계 의도와 결과를 미리 확인하기 위한 수단으로 실물 크기의 모형인 '파라데이그마Paradeigma'를 만들어 보기도 했다.

그리스의 시방서는 시공재료와 물량, 시공방법, 치수, 모양 등을 글로 써

---

† 단, 여기서 현대 영어 'architect'와 '건축가'를 같은 의미로 받아들이는 데에는 다소 무리가 있는 데, 이 이야기는 뒤에 '집을 짓는 사람들'에서 다루도록 한다.

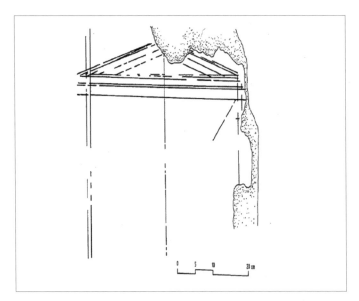

··· 프리에네의 아네나 신전(Temple of Athena Priene, BC 350년 경)
— 나오스 벽면 하단에 그려진 페디먼트 드로잉

서 제공한 '신그라파이\(_{syngra\text{-}phi,\ syngraphe}\)'라는 문서다. 한 예로, 비트루비우스
가 기록해 놓은 공공건물 시방서에는 다음과 같은 내용이 적혀있다고 한다.

"석공\(_{mason}\)은 악터\(_{Akte}\)에서 가져온 돌로 벽과 기둥을 만들어야 한다. 석
공은 벽체를 쌓기 위해 어틴테리아\(_{euthynteria}\)*를 만들어야 하고, 폭은 91cm,
높이는 46cm 길이는 122cm의 돌을 사용해야 하며 모퉁이에는 137cm 길
이의 돌을 써야 한다. 어틴테리아 위에는 길이 122cm, 두께 76cm, 높이
91cm의 올소스테트\(_{orthostates}\)†를 놓아야 한다."

이런 시방은 공사가 시작되기 전에 미리 작성해 작업자들에게 제공했

---

* 어틴테리아: 건물의 기초 면으로 스틸로베이트, 컬럼, 벽체, 엔타블라처 등의 상부구조가 올라앉
　는 부분
† 이집트의 서기관과 같이 문서를 작성할 수 있는 공무원에 해당한다.

으며, 일하는 과정에서 작업자가 다른 작업을 방해하거나, 재료를 허비할 때, 작업이 지연되거나 완성하지 못할 경우, 페널티를 물도록 하는 규정까지 있었다.

건축가는 공사 감독 업무에 보조 감독관grammateus‡과 회계를 담당하는 직원logistoi을 두었으며 모든 결과를 위원회에 보고했다. 이 과정에서 작성된 공사일지 또는 회계 장부 등이 고대 그리스의 건설공사에 대해 중요한 정보를 제공해주는데, 그 내용이 아주 상세하다. 예를 들어, 파르테논의 장부로 알려진 기록에는 건축재료별 구매 비용과 인건비 출납 기록이 적혀있고 작업 현황에 관한 내용이 적혀있다.

"공사 6년 차: 이제 기둥 위에 캐피탈이 계획대로 설치됐다. 열주 안쪽, 나오스의 벽 위의 프리즈에 들어갈 메토프와 패널이 블록을 최종 위치까지 쌓기 전에 완성될 것이다."

"공사 8년 차: 작업자들에게 일당을 지급했고, 신전의 문 설치가 완료됐다."

"공사 9년 차: 상아를 구매했고 금박, 은박 공사하는 인부들에게 임금을 지급했다. 대리석의 채광과 운반, 그리고 아크로폴리스 작업장에서 양중 작업을 계속 진행하고 있다."

파르테논 옆에 있는 에레크테이온에서는 현장에서 작업했던 사람들의 이름과 그들이 어떤 작업을 했는지, 인건비는 얼마였는지에 대한 기록도 발견됐는데, "작업자와 장인이 107명, 그중에 아테네 시민이 24명, 이방인 42명, 노예 20명, 그밖에 신분을 알 수 없는 21명이 동원됐다"라 적혀있을

---

‡ 올소스테트: 어틴테리아 위에 바로 올려놓는 두께보다 높이가 큰 일종의 기단基壇이면서 벽체의 하부를 구성하는 부재

정도로 구체적이다.

그들이 남겨 놓은 기록으로 현장 노동자들의 구성과 임금 체계도 파악할 수 있다. 파르테논 공사에 고용된 인력은 채석공quarryman, 운반과 짐수레를 끄는 인부carter & driver, 그리고 숙련공과 장인skilled craftsmen and artists으로 분류된다. 이들 중에 숙련공과 장인을 제외하면 전문가라 할 수 있는 인력은 별로 없었고, 소나 노새를 소유한 농부들이 가축과 수레를 직접 가져와 공사에 참여하기도 했다. 공사현장의 노예들은 장인에게 소속돼 그들 옆에서 작업했고, 다른 신분의 인력과 같은 일을 했다면 같은 임금을 받았다.

현장 노동자들에게 임금을 지급하는 방법은 크게 네 가지로 구분된다. 일당 방식, 고정 임금 방식, 작업량에 따른 지급방식, 그리고 계약에 의한 방식이다. 일당 방식은 하루 임금에 일한 날짜를 곱해서 지급하는 것이고, 고정 임금 방식의 경우, 정해진 기간의 임금을 주로 연봉형식으로 지급했으며, 작업량에 따른 지급방식은 일을 많이 하면 할수록 더 많은 임금을 받을 수 있었다. 그리고 이런 계약에 서면 계약서까지 썼다.

건축가와 그 팀은 고정 임금을 받았고 단순 노동자는 일당으로 임금을 받는 경우가 많았으며, 채색공이나 도금공 등, 장인이나 숙련공들은 계약으로 정한 임금을 받았다. 하지만 이런 방법이 특별히 정해진 것은 아니었고, 이 중 어떤 것을 택하느냐는 어떤 일을 하는가보다, 일의 양이 얼마나되는가에 따라 달라졌다.

정리해보면, 건설공사 진행하면서, 발주자와 설계자, 시공자의 역할과체계가 뚜렷했고, 공사에 대한 시방이나 기록, 현장 인력의 구성 등은 현대와 비교해도 손색이 없었다. 아니, 어쩌면 그들의 운영체계가 진화해 오늘날의 것으로 발전했다는 것이 맞을 것 같다.

고대 그리스의 신전건축에 대해서는 유네스코의 로고만 보더라도 더 이상의 설명이 필요 없다. 그만큼 세계를 대표하고 인류의 문화를 상징하는 건축물이다. 하지만 보통 사람들은 그 모습에만 매료되었지, 그 건물이 어떤 지혜와 기술로 지금까지 서 있는지 잘 모른다. 고대 그리스인들과 신전건축이 없었다면 서양 건축사에서 배우는 건축은 완전히 다른 모습이었을 것이다.

신전건축뿐만이 아니다. 고대 그리스는 이전의 기술들을 바탕으로 건축 기술의 새로운 시대를 열었다. 심지어 그들의 건축과 기술은 이미 현대적 느낌이 물씬 난다. 그들은 건축 형태로나 기술적으로 서양건축의 기원이라 해도 전혀 손색이 없는 위대한 발전을 이뤄낸 것이다.

IV장

건축기술의 대도약,
고대 로마

서구 문명의 뿌리, 고대 로마

필자에게 '로마'라는 단어가 각인 된 것은 어릴 적 TV에서 방영된 '로마의 휴일'이라는 영화를 보았을 때부터인 것 같다. 비록 흑백 영화였지만, 주인공들이 시내를 돌아다니며 보여주는 화려한 도시의 모습은 사람들에게 로마에 대한 로망을 심어주기에 충분했다. 이 영화가 제작된 지는 70년이 넘었지만, 아직도 로마는 누구나 한 번쯤 가고 싶은 매력이 넘치는 도시다.

우리가 아는 지금의 로마는 이탈리아의 수도이자 하나의 도시에 불과하지만, 고대 로마는 유럽 전역은 물론이고, 아프리카와 아시아의 일부 지역까지 영토를 넓혔던 막강한 국가였고, 그만큼 서구 문명에 미친 영향은 어느 시대, 어느 나라보다 강력했다. 고대 그리스가 서구 문명의 시작을 알렸다면, 고대 로마는 그 뿌리를 완성한 것이다.

고대 로마의 탄생에 대해서는 마치 우리나라의 단군신화처럼 잘 알려진 건국 신화가 있다. 이야기는 로마의 원조 격인 '알바롱가Alba Longa'로 거슬러 올라간다. 이 도시를 다스리던 누미토르Numitor 왕이 죽자, 그의 동생 아물리우스Amulius가 왕위를 차지하고 공주이자 조카인 레아 실비아Rhea Silvia를 무녀巫女로 만들어 버린다. 무녀는 왕위를 이을 수 없으므로 혹시라도 모를 위험을 제거하고자 함이었다. 그러던 중, 레아는 전쟁의 신 마르스Mars*와 사랑에 빠져 쌍둥이, 로물루스Romulus(BC 772?~BC 716?)와 레무스Remus를 낳게 되고, 그들의 존재를 두려워한 아물리우스는 사람을 시켜 이 쌍둥이 형제를 테베레강에 버려버린다. 천우신조로 늑대 무리가 이 아이들을 구하게 되고, 성장하면서 세력을 키운 이들은 마침내 출생의 비밀을

---

* 그리스 신화의 아레스Ares와 같은 신이다.

··· 카피톨리나 늑대 상Capitoline Wolf
- 쌍둥이가 늑대가 쌍둥이에게 젖을 먹이는 장면을 묘사한 청동 조각상

알게 되어 알바롱가로 쳐들어가 원수를 갚는다. 그리고 형제간의 다툼 끝에 동생을 죽이고 세력을 잡은 로물루스가 그곳에서 멀지 않은 테베레 강하류, 그들이 자란 곳에 작은 도시를 세웠으니, 이곳이 로마고 그때가 BC 753년이다. 인간과 신 사이에서 태어난 쌍둥이. 늑대의 젖을 먹고 자란 로마의 시조. 건국 신화로 딱 어울리는 설정이다. 늑대 얘기만 빼면 역사적으로도 인정되는 스토리다.

　현실 역사에서는 BC 10세기에서 8세기 무렵, 로마 이전부터 정착해 살고 있던 에트루리아인Etruria, Etruscan civilization과 그리스에서 넘어온 이주민, 등 여러 부족이 비옥한 이탈리아 땅에서 자리 잡기 시작했다고 한다. 그러니까, 로마가 탄생한 시점과 이 지역에 사람이 모여들기 시작한 때와는 큰 차이가 없다. 그런데 흥미롭게도, 로마의 기원을 BC 12세기경, 그리스 지역의 미케네 문명이 꺼져갈 시기까지 확장해놓은 또 다른 신화가 있다. 게다가 더 재미있는 것은 이 창작, 아니, 조작에 가까운 신화를 만들게 한 장본인이 로마제국의 초대황제 아우구스투스(가이우스 옥타비아누스Gaius Octavius, Gaius Julius Caesar Augustus, BC 63~AD 14)였다는 것이다.

신화의 전말은 이렇다.

여기서 가장 중심이 되는 인물은 아이네아스Aeneas로 이 신화에 따르면 로마의 시조는 바로 이 영웅이다. 아이네아스는 트로이아Troia의 왕족으로 그리스와 트로이아의 전쟁이 발발하자 그리스와 맞서 싸우다, 결국은 아버지 앙키세스Anchises와 그를 따라나선 유민들과 함께 20척의 배로 트로이아를 탈출하게 된다.* 아이네아스는 트로이아의 명맥을 이을 나라를 다시 세우겠다는 일념으로 트라키아, 델로스, 크레타 등의 지역을 전전하다가 트로이아의 선조 다르다누스Dardanus가 이탈리아 출신이라는 점에 이끌려 이탈리아 중부 서해안의 라티움Latium에 도착하게 된다. 항해 8년만의 일이었다. 당시 라티움은 라티누스Latinus 왕이 다스리고 있었고, 아이네아스가 마음에 들었던 라티누스는 딸 라비니아Lavinia와 결혼시켜 그를 사위로 삼았다. 덕분에 유민들도 정착할 수 있었으며 아이네아스는 후에 로마의 초기 도시인 라비니움Lavinium을 건설하게 된다. 이 라비니움이 후에 알바롱가 왕국이 되고, 로마의 창시자 로물루스와 레무스가 바로 이 왕국의 후손이다.

긴 이야기를 한 단락으로 정리하기는 했지만, 아이네아스의 여정은 러브스토리와 어드벤처를 합쳐놓은 어마어마한 서사시이며 중간중간 나오는 인물 관계도는 몇 번을 봐도 이해하기 어려울 정도로 복잡하다. 막장 드라마의 수준도 꽤 심하다.

그런데 이 스토리가 단순한 서사시에 그치는 것이 아니라 '신화'로 승

---

* 19세기 후반의 발굴작업으로 유적이 발견되기는 했으나 트로이아의 존재와 트로이아 전쟁의 실제 여부는 역사적으로 확실한 것은 아니다.

격되는 것은, 아이네스의 출신성분 때문이다. 아이네아스의 어머니는 다름 아닌 사랑의 여신 아프로디테였고 그의 아버지 안키세스의 선조는 제우스와 그의 연인 엘렉트라 사이에서 태어난 인물이었으며, 아이네아스와 라비니아, 그리고 트로이아의 공주였던 크레우사 사이에서 태어난 아스카니오스, 실비우스가 알바롱가의 왕가를 이루게 되니 로물루스와 레무스 역시 신의 피를 물려받은 셈이다.

아우구스투스는 황제가 되자마자(BC 27), 당대 최고의 문학가 베르길리우스(BC 70~AD 19)에게 이와 같은 새로운 신화를 쓰게 했다. 하지만, 이것은 단순한 문학적 동기에서가 아니었고 아우구스투스의 속셈은 따로 있었다. 사실 아우구스투스는 로물루스의 후손이었는데, 결국 그의 핏줄이 제우스와 아프로디테와 같은 최고의 신들과 이어져 있음을 신화로 증명하고 싶었던 것이고, 그가 황제로서의 혈통과 정당성을 충분히 갖추고 있음을 보여주기 위한 것이다. 거기다, 이 신화가 그리스 신화에 뿌리를 두고 있는 것과 같이, 로마인들에겐 그리스에 대한 동경심이 컸고, 특히 트로이아는 그리스 본토의 도시국가들조차 부러워했던 선진국이었으므로 신들의 핏줄이자, 트로이아 영웅의 후손이 세운 로마는 국민에게 자긍심을 안겨주는 데에도 큰 몫을 했을 것이다.

다시 현실 역사로 돌아와 보면, 로마는 로물루스 이후 7명의 왕이 나라를 통치하는 왕정기 王政期, Roman Kingdom(BC 753~BC 509)를 거치면서 국가의 기초를 다졌다. 1대 왕은 당연히 로물루스였고, 이 왕정기에 원로원의 구성과 로마의 정치체계가 완성되기 시작한다. 하지만 왕의 독재적인 지배체제에 피로감을 느끼던 로마인들은 마침내 일곱 번째 왕인 루키우스 타르퀴니우스 수페르부스Lucius Tarquinius Superbus(재위 BC 534~BC 509)를 몰아내고

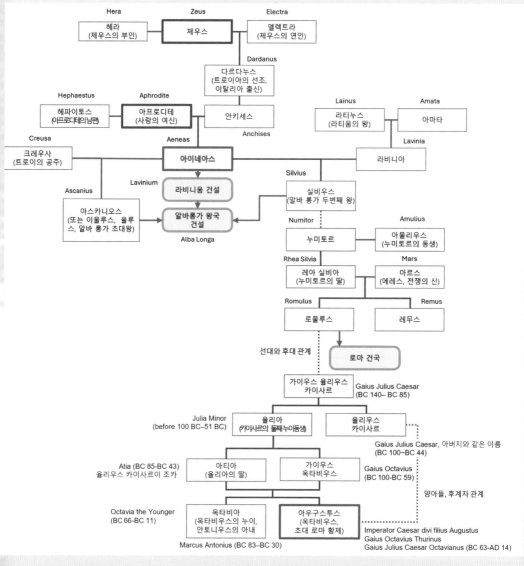

The family tree contains the following labels:

Hera — 헤라 (제우스의 부인)
Zeus — 제우스
Electra — 엘렉트라 (제우스의 연인)

Dardanus — 다르다누스 (트로이아의 선조, 이탈리아 출신)

Hephaestus — 헤파이토스 (아프로디테의 남편)
Aphrodite — 아프로디테 (사랑의 여신)
Anchises — 안키세스
Lainus — 라티누스 (라티움의 왕)
Amata — 아마타

Creusa — 크레우사 (트로이의 공주)
Aeneas — 아이네아스
Lavinia — 라비니아

Lavinium — 라비니움 건설
Silvius — 실비우스 (알바 롱가 두번째 왕)

Ascanius — 아스카니오스 (또는 이울루스, 율루스, 알바 롱가 초대왕)
Alba Longa — 알바롱가 왕국 건설
Numitor — 누미토르
Amulius — 아물리우스 (누미토르의 동생)

Rhea Silvia — 레아 실비아 (누미토르의 딸)
Mars — 마르스 (에레스, 전쟁의 신)

Romulus — 로물루스
Remus — 레무스

선대와 후대 관계
로마 건국

가이우스 율리우스 카이사르 — Gaius Julius Caesar (BC 140– BC 85)

Julia Minor (before 100 BC–51 BC) — 율리아 (카이사르의 둘째누이동생)
율리우스 카이사르

Gaius Julius Caesar, 아버지와 같은 이름 (BC 100~BC 44)

Atia (BC 85-BC 43) 율리우스 카이사르이 조카 — 아티아 (율리아의 딸)
가이우스 옥타비우스 — Gaius Octavius (BC 100-BC 59)

양아들, 후계자 관계

Octavia the Younger (BC 66-BC 11) — 옥타비아 (옥타비우스의 누이, 안토니우스의 아내)
아우구스투스 (옥타비우스, 초대 로마 황제)

Marcus Antonius (BC 83–BC 30)

Imperator Caesar divi filius Augustus
Gaius Octavius Thurinus
Gaius Julius Caesar Octavianus (BC 63-AD 14)

··· 로마 건국 신화의 가계도

공화정共和政, Roman Republic(BC 509~BC 27)을 열게 된다. 수페르부스는 25년이나 로마를 통치했지만, 선대왕과 가족을 살해하고 왕위를 찬탈한 잔인한 성품의 인물이었고, 곳곳에 각종 기념물을 세워 민심을 잃는가 하면, 결정적으로 그의 아들이 저지른 문란한 사생활이 민중 봉기에 도화선이 됐다. 학자들은 이렇듯 로마가 왕을 몰아내고 공화정 체제를 가져오게 된 것은 그리스의 영향을 받은 것이라 보고 있다.

공화정이란 1인의 군주, 즉 왕이 통치하는 방식을 배제하고 복수의 주권자가 통치하는 정치체제를 말하며, 현대 국가에서는 국가의 대표자나 원수가 필요할 때 선거로 선출하는 것이 일반적이다. 우리나라도 1인의 국가원수로 대통령이 있지만, 선거로 선출하고 있고, 삼권 분립에 기초한 공화제를 채택하고 있다.

로마 공화정은 크게 군대의 지휘나 행정을 담당하는 집정관, 주로 귀족들이 중심인 외교와 재정, 집정관에 대한 자문을 담당하는 원로원, 그리고 관리 선출과 입법, 재판 및 국가 주요 정책 등을 결정하는 평민회로 구성되고, 각 기관의 권한과 서로 간의 견제 기능이 매우 복잡하게 얽혀있어서 한편으론 서로 타협하고 다른 한편으론 대립하는 묘한 관계가 지속됐다.

어쨌든, 이 시기부터 로마의 본격적인 팽창이 시작된다. 그 결과 BC 272년경에는 게누아Genoa(지금의 제노바)에서 이탈리아 최남단까지 거대한 동맹 체제를 수립하고, 이후 150여 년 동안 북으로는 현재의 프랑스, 벨기에, 스위스에 이르는 갈리아Gallia 지역, 남쪽으로는 아프리카 북쪽 끝단, 현재의 튀니지의 카르타고Carthago까지 지중해 전역을 제패했다. 로마의 위대한 장군이자 클레오파트라와 연인관계로도 유명한 율리우스 카이사르Julius Caesar(BC 100~BC 44), 마르쿠스 안토니우스Marcus Antonius(BC 83~BC 30) 등

… 로마의 초대황제 아우구스투스

이 모두 공화정 말기의 인물들로, 이들은 정복지를 넓혀가는 과정에서 원로원을 넘어서는 막강한 권력을 쥐게 된다.

이때 이른바 '삼두정치'라는 체제가 등장하는데 BC 60년, 폼페이우스 Gnaeus Pompeius Magnus(BC 106~BC 48), 크라수스Marcus Licinius Crassus(BC 115~BC 53), 카이사르가 힘을 합쳐(1차 삼두정치triumvirate) 원로원에 대적하는 형태를 갖췄고, BC 48년 최종 승자인 카이사르가 원로원을 무력화시키면서 독재 체제를 만든다. 하지만 불과 4년 후, 카이사르가 암살당하자, 이번엔 안토니우스, 옥타비아누스, 레피두스Marcus Aemilius Lepidus(?~BC 13)가 결탁해 2차 삼두정치 체제를 수립했으며, 이 구도에서 최종 승리한 옥타비아누스가 로마의 1인 지배자로 등극하게 된다. 이것이 로마 제정帝政시대의 서막이었으며, 이 승리를 계기로 옥타비아누스는 '아우구스투스Augustus'라는 호칭을 받게 된다.*

---

* '아우구스투스'는 본래 이름이 아니라 호칭에 해당하므로 옥타비우스 외에도 많은 로마 황제에게 아우구스투스라는 호칭이 붙는다.

제정 초기의 로마제국은 5현제五賢帝* 시대까지 약 200년간 '팍스 로마나Pax Romana'로 불리는 태평성대를 구가하며 로마의 전성기를 이뤘다.† 5현제 중 두 번째로 꼽히는 트라야누스 황제Traianus(AD 53~117) 때에는 북으로 스코틀랜드에서 남으로 아프리카 수단까지, 서로는 포르투갈의 대서양 연안에서 동으로 카프카스 지방‡까지 거대한 영토를 확보했으며, 그 면적은 5백만km² 에 달했다. 이 면적은 이집트의 신왕국 시대의 영토에 5배, 신바빌로니아 제국에는 10배, 알렉산드로 대왕이 터를 닦은 마케도니아 왕국과는 거의 비슷한 규모에 해당된다.§ 좀 더 현실감 있게 현대 나라들과 비교하면, 육지면적을 기준으로 미국이나 중국의 거의 절반¶, 대한민국과 비교하면 약 50배가 넘는 크기다. 한창 전성기 때를 기준으로 보면, 로마 이전 어느 제국보다 큰 영토를 차지하고 있었음은 두말할 필요도 없다.

그러나 영원할 것 같던 로마제국에도 혼란기가 찾아온다. 그 징후로 서기 2세기 말부터 약 50년간 20여 명의 황제가 교체되는 등, 어수선한 분위기가 시작된다. 다행히 디오클레티아누스 황제Gaius Aurelius Valerius Diocletianus(AD 244~311)가 이 혼란을 겨우 수습하지만, 이런 문제가 로마가

---

* 이 당시에는 세습이 아니라 원로원에서 가장 유능한 인물을 황제로 지명했으므로 훌륭한 황제들이 잇달아 나타났다. '5현제Five Good Emperors'란 표현은 니콜로 마키아벨리Niccolò Machiavelli (1469~1527)가 그의 저서『로마사 논고Discourses on Livy』에서 처음 사용했다. 5현제는 다음과 같다.

　　네르바Marcus Cocceius Nerva (재위 AD 96~98)

　　트라야누스Marcus Ulpius Nerva Traianus (재위 AD 98~117)

　　하드리아누스Publius Aelius Traianus Hadrianus (재위 AD 117~138)

　　안토니누스 피우스Titus Aurelius Fulvius Boionius Arrius Antoninus Pius (재위 AD 138~161)

　　마르쿠스 아우렐리우스Marcus Aurelius Antoninus (재위 AD 161~180)

† 이 평화 시대가 아우구스투스 시기부터 시작되었다 하여, '아우구스투스의 평화Pax Augusta'로 불리기도 하며, 그가 황제로 등극한 BC 27년에서 대략 AD 180까지의 기간을 말한다.

‡ 흑해와 카스피해 사이에 있는 지역

§ 이집트 신왕국: BC 1450~1300년경, 면적 1백만km², 신바빌로니아 제국: BC 562, 면적 5십만km², 마케도니아 왕국: BC 232년, 520만km²

¶ 미국 9,147,593km², 중국 9,326,410km², 대한민국 99,909km²

··· 로마제국 전성기의 영토 (AD 117년)

너무 방대하기 때문이라고 생각한 그는 293년, 로마를 서부와 동부로 나누는 결단을 내린다. 이에 따라 디오클레티아누스는 동쪽을 맡고 막시미아누스Aurelius Valerius Maximianus(AD 250~310)에게 서쪽을 통치하게 했으며 각 지역에 황제와 부제副帝를 따로 두는 이른바 사두정치四頭政治, Tetrarchia 또는 Tetrarchy 체제를 시도한다.

그런데, 이 두 황제가 살아있을 때만 해도 무탈하게 보였던 이 제도는 사실상 동·서로마 분열의 빌미를 제공하게 된다. 본격적인 분열은 330년 콘스탄티누스 대제Flavius Valerius Aurelius Constantinus(AD 272~337)가 콘스탄티노폴리스Constantinopolis(또는 콘스탄티노플Constantinople)로 수도를 옮기면서 시작돼, 65년 만에 테오도시우스 1세Flavius Theodosius(AD 347~395)가 죽은 395년, 로마제국은 동로마와 서로마로 완전히 갈라져 버렸다.

이 두 제국은 형제의 나라이면서 같은 전통을 갖고 있었지만, 점차 문화적, 종교적인 차이가 뚜렷해진다. 예를 들어, 동로마제국은 그리스어를 공용어로 사용하면서, 그리스 문화, 헬레니즘 문화에 기반을 두고 동방정교회를 따랐지만, 서로마는 라틴어와 라틴 문화를 계승하고 로마 가톨릭교회를 섬겼다. 또, 동로마는 지정학적으로 중동이나 아시아와 연결되는 곳이었으므로 사회적, 문화적으로 다원화된 나라로 발전했다. 결국, 같은 나라라고 하기엔 그 간격이 너무 커지고 만다.

그러던 중, 왕권 다툼과 외세의 침략 등으로 쇠락의 길을 걷기 시작하던 서로마제국이 476년, 로물루스 아우구스투스Romulus Augustus(460~511) 황제를 마지막으로 게르만족 출신 오도아케르Flavius Odoacer(AD 433~493)에 의해 멸망한다. 이후 이 지역은 사르데냐 왕국Kingdom of Sardinia, 양시칠리아 왕국Kingdom of the Two Sicilies, 밀라노 공국Duchy of Milan, 베네치아 공화국Republic of Venice 등, 여러 독립 국가들로 분열됐고 북쪽으론 게르만족의 득세로 프랑크 왕국이 세워진다. 다만, 로마제국은 모든 유럽이 동경해온 나라로, 서로마가 멸망한 지 300여 년 만에 로마의 후계자를 자처하는 신성로마제국Holy Roman Empire이 탄생하기도 하다. 그러나 이 제국은 기본적으로 독일 민족이 세운 나라였고, 여기서 '로마'는 상징적인 명칭이었을 뿐이다. 서로마제국의 실질적인 후예는 누구나 알고 있듯이 지금의 이탈리아로, 분열되었던 도시국가들을 다시 통일해 1861년에 독립을 이뤄냈다.

한편, 동로마제국은 11~12세기 초까지 기존 서로마제국의 영토까지 일부 회복하는 등, 번영을 지속하다가 12세기 이후 무리한 전쟁과 내분, 종교적 분열, 이민족의 침입 등을 겪으면서 결국 1453년 오스만 제국에게 정복당한다. 동로마의 마지막 황제는 콘스탄티노스 11세Constantine XI Palaiologos(AD 1404~1453)였고, 동로마를 무너뜨린 자는 '정복자Mehmed the

Conqueror'란 별명을 가진 메흐메트 2세Mehmed II(AD 1432~1481)였다.

동로마제국을 얘기할 때 종종 헷갈리는 것이 비잔티움Byzantium 제국이라는 명칭이다. 이것은 학자들이 붙인 이름으로 콘스탄티노폴리스의 원래 이름이 비잔티움이었기 때문이다.* 특히, 서로마제국이 사라진 다음에는 동, 서의 구분이 무의미해졌고 동·서로마 분리 이전 로마의 중심이었던 라틴어를 사용하는 로마제국과 구분하자는 의미가 컸다.† 동로마를 정복한 오스만 제국(AD 1453~1922)은 당시 가장 번영했던 도시 콘스탄티노폴리스를 계속 수도로 사용했고, 터키 공화국(현 뤼르키에)이 세워지면서 명칭을 이스탄불로 바꿨다.

학자들은 서로마제국의 멸망 시점을 유럽 중세시대의 시작으로 보고 있다. 현재 이탈리아의 로마와 뤼르키예의 이스탄불을 비교해보면 별다른 설명이 없어도 수긍이 간다. 로마는 누가 보아도 유럽의 분위기가 물씬 나지만, 이스탄불은 사뭇 다르다. 건축적인 측면에서도 그 차이는 뚜렷하고, 우리가 '로마 건축'으로 알고 있는 건축물 대부분은 동·서로마가 분리되기 이전의 것이거나 서로마 지역에 있어서 유럽 건축에 영향을 준 것들이다. 건축 분야에서 동로마를 얘기할 때면 아예 '비잔틴 건축', '비잔틴 양식'이라는 용어로 로마와 별개인 듯 구분하기도 한다.

그런 의미에서의 '로마 건축'은 우선 그리스로부터 많은 것을 물려받았다. 도릭 오더, 이오닉 오더, 코린티안 오더에 '투스칸 오더', '컴포짓 오더'를 더해 자기들의 건축양식으로 사용했고, 그리스·로마 신화를 바탕으로

---

* '비잔틴 제국'이란 용어는 독일의 역사학자Hieronymus Wolf(1516~1580)가 그의 저서에서 '비잔틴'에 대한 연구를 소개하면서 비롯됐고, 19세기 중반에서야 보편적인 역사 용어로 자리 잡게 되었다.

† 이 도시는 BC 667년에 세워진 고대 그리스의 식민 도시로, 당시의 왕 비자스Byzas 또는 뷔잔타스Byzantius의 이름을 따 비잔티움이라 불렸다.

메종 카레

콜로세움

판테온

카라칼라 욕장

··· 로마의 대표적인 건축물

계승된 신전 건축의 형식, 열주와 파사드 등을 그대로 채용했다. 남프랑스
에 있는 신전 메종 카레Maison Carrée(BC 20~BC 12, AD 2)가 대표적인 예다. 그
리스의 영향은 지리적으로나 역사적으로 자연스러운 것이었겠지만, 아우
구스투스가 창조한 아이네아스의 신화가 그리스 문화권에 있던 트로이아
까지 거슬러 올라가는 것을 보면 로마인들이 얼마나 그리스 문화를 동경
했는지를 잘 알 수 있다.

제정 시대로 넘어가면 로마만의 색채가 짙어진다. '로마' 하면 빼놓을
수 없는 콜로세움Colosseum(AD 70~80), 판테온(AD 113~125), 카라칼라 욕장Baths

of Caracalla(AD 212~216) 등도 모두 통일 제국 때 지어진 건축물이다. 특히 팍스 로마나 시대는 로마 건축의 전성시대로, 로마시에 화려하고 대표적인 건축물들이 세워진 것은 물론이고, 그 넓은 영토 구석구석에 로마의 건축 양식이 전파됐으며 현대 여러 나라의 중심 도시가 로마의 지배하에 만들어지기도 했다.

한편, 로마는 그리스나 그 이전 문명에서부터 시작된 기술들을 전수받아 최고의 것으로 발전시키기도 했다. 측량기술과 기중기, 석재와 벽돌의 사용 등이 대표적이며, 현대 건축기술에 원동력이 된 많은 것들을 개발하고 사용했다. 특히 콘크리트의 사용은 가히 혁신적이었다. 이런 기술적 발전이 없었다면, 지금의 로마 건축이 없었을 것이고, 이들이 없었다면 서양 건축의 모습도 지금과 달랐을 것이다.

건축재료의 혁신, 로만 콘크리트

로마를 대표하는 건축물, 로마가 발전시킨 건축기술을 들라면 수백 권의 책으로도 모자랄 것이다. 그중엔 이미 잘 알려진 것도 많고, 건축을 공부한 사람이라면 빼놓을 수 없는 건축사의 한 부분이기도 하다. 그런데 눈에 보이는 건축물 이상으로 로마의 건축이 있게 한 가장 위대한 발명품을 꼽으라면, 그것은 아마도 콘크리트일 것이다.

학자들에 의하면 로마인들은 BC 280년 전후부터 콘크리트를 본격적으로 사용했다고 한다. 하지만, 로마시의 첫 번째 수도인 아피아 수도Aqua Appia(BC 312)에서 채널 안쪽의 방수 재료로 모르타르를 사용했으니까,[*] 시작점은 그보다 더 이른 시기라 봐도 될 것 같다.

하지만 다른 문명의 발명품과 비교하면 그리 오래된 것 같지 않은데, 로마의 콘크리트, 즉 로만 콘크리트는 무엇이 그렇게 특별한 것일까. 현대 건축공사에서 콘크리트는 너무 친숙한 재료인데, 로마에서 시작되었다는 것만으로 위대한 것일까.

그 이유를 설명하려면, 우선 콘크리트를 구성하는 요소나 재료, 용어 등에 대해 정확히 알고 가는 게 좋을 것 같다.

먼저, 현대의 콘크리트와 로만 콘크리트와는 성분과 만드는 과정에 조금 차이가 있다. 그런데도 시대 구분 없이 뭉뚱그려 '콘크리트'라 부르는 것은, 이 용어 자체가 라틴어 '혼합하다concretus'라는 말에서 유래했고, 여러 혼합물을 물과 함께 섞어 인공적으로 만든 건축재료라는 점에서 현대의 것과 유사하기 때문이다.

---

[*] 수경성 방수 시멘트hydraulic cement, waterproof cement 를 물과 섞어 만든 모르타르

현대 콘크리트의 주요 재료는 시멘트, 모래, 자갈 또는 쇄석碎石 등의 골재 aggregate, 그리고 물이다. 이 중에서 시멘트, 모래, 물을 적절히 섞으면 유동성을 가진 반죽이 되는데, 이것을 모르타르라 한다. 이 '모르타르'라는 용어 역시 라틴어 'mortarium'에서 유래했는데, '으깨진', '분쇄된' 등을 뜻한다. 따라서 먼 옛날에 여러 재료를 섞어 그것이 굳어지기 전에 어딘가에 바르거나 마감 재료로 썼다면, 현대에는 그것을 통칭해 모르타르라고 불러왔다. 간혹, 모르타르와 플라스터plaster란 용어를 혼용해 쓰기도 하는데, 플라스터는 석고나 석회를 물로 반죽해서 벽이나 천장 등에 바르는 풀 모양의 재료를 말하며, 그런 의미에서 벽체 마감에 사용하는 모르타르도 플라스터의 범위에 든다.

여기서 가장 중요한 요소는 시멘트cement다. 시멘트가 무엇인지 모르는 사람은 없을 텐데, 이 회색 가루의 어원은 접착제라는 뜻의 그리스어 'cementos' 또는 '물체를 결합시키다'라는 프랑스어 'cimenter'라고 한다. 그래서 고대에 물과 섞었을 때 결합, 접착의 기능을 가진 재료를 현대에서는 '시멘트'라 표현하며 이 시멘트는 석회나 석고를 주원료로 한다. 여기서 석회는 석회석을 구워 가루로 만든 재료이고, 석고는 그 자체가 석회 성분의 광물로서 역시 가루로 만들어 사용한다.

물과 모래, 골재가 섞여 반죽이 된 시멘트는 시간이 지나면 굳어지기 시작하고 마침내 돌과 같은, 심지어 돌보다 강한 콘크리트가 된다. 이때 시멘트와 물이 화학반응으로 결합하는 현상을 '수화반응水和反應, hydration'이라고 하는데, 시멘트의 성분에 따라 수화반응의 속도가 달라지고 콘크리트의 강도와 성질이 결정된다. 여기에 철근을 넣으면 철근콘크리트가 되고, 비로소 건축물의 뼈대를 이루는 구조재가 된다. 물론 로마 시대에는 철근이라는 자재가 없었으니까 철근콘크리트의 개념이 있었을 리 없다. 철근과 유사한 철재가 콘크리트의 보강물로 사용되기 시작한 것이 19세기 중후반, 건축물에 본격적으로 철근콘크리트가 사용되기 시작한 것은 20세기에 들어설 무렵의 일이다.

현대적 시멘트는 1824년에야 등장한다. 영국의 조지프 애스프딘Joseph Aspdin(1779~1885)이 그 주인공으로, 재료는 역시 점토와 석회석이었다. 과거의 것과 차이가 있다면 가루 상태의 재료를 고온에서 구워 덩어리clinker를 만든 다음, 이것을 다시 곱게 갈아 시멘트를 만들었다는 것으로, 이 시멘트로 만든 구조물이 당시 영국 건축공사에 많이 사용되던 포틀랜드석石과 닮았다고 해서 '포틀랜드 시멘트Portland cement'라 불렸다. 이 명칭은 이후부터 지금까지 가장 일반적인 시멘트를 칭하는 고유명사가 됐다. 현대에는 여름철에는 콘크리트의 수화열을 낮추고 천천히 굳도록, 겨울철에는 더 빨리 굳도록, 또는 주어진 환경에 최적의 상태로 만들어질 수 있도록 다양한 첨가제, 혼화제를 추가하기도 한다.

로마 이전의 콘크리트와 로만 콘크리트의 차이점

시멘트, 모르타르, 콘크리트의 역사를 살펴보면 로마보다 앞선 사례들이 발견된다. 가장 오래된 예로는 무려 BC 1200만 년 경, 사람이 만든 것은 아니지만, 지금의 이스라엘 지역에서 석유 쉐일oil shale이 자연발화 하는 과정에서 석회석과 화학반응이 일어나 콘크리트와 같은 퇴적물이 만들어졌다는 보고가 있다. 아마 고대인들이 이런 자연현상에서 힌트를 얻어 쉽게 구할 수 있는 재료를 이용하다 보니 콘크리트까지 발전했는지도 모르겠다.

그다음으로 BC 12,000~10,000년경, 인류 최초의 주거 흔적으로 알려진 튀르키예 지역의 괴베클리 테페Göbekli Tepe 사례도 있다. 하지만, 석회석을 시멘트와 같은 용도로 사용했다는 정황만 있을 뿐, 정확한 얘기는 아닌 것 같다.

제대로 된 사례는 BC 7세기부터 BC 2세기까지 요르단 북쪽과 시리아 남부 지역에서 번성했던 작은 왕국 나바테아Nabataea와 베두인족Bedouins이 만든 유적에서 나온다.* 이들은 물이 귀한 사막에서 생활했기 때문에 어떻게 해서든 소량의 물이라도 관리하고 보관해야 했다. 그 결과, 그들은 그들만의 비밀 수로와 물탱크를 만들었고, 이때 모르타르를 사용했다. 특히 이 나바테아인들은 방수성능을 높이기 위해 '된 반죽', 즉 물기가 별로 없는 모르타르를 만들어 썼고, 경화와 접착력 촉진을 위해 콘크리트 표면을 두들겨 주는 도구까지 개발할 정도로 이 재료에 대한 이해도가 높았다. 그들은 이 기술을 더 발전시켜 BC 700년경에는 석회를 대량 생산할 수 있는 가마kiln까지 만들었다고 한다.

이집트도 여기에서 빠질 수 없다. 이집트인들은 소석고燒石膏, calcined gypsum†와 석회를 혼합해 시멘트와 모르타르를 만들었는데, 바로 기자의 대피라미드가 그 증거다. 대피라미드에 사용된 모르타르의 양을 추정해보면 약 50만 톤이나 되고, 이 모르타르를 케이싱 스톤 밑에 깔아줌으로써 정교한 돌쌓기가 가능했다. 현존하는 케이싱 스톤의 모양을 보면 겉에서 보이는 한쪽 면만 매끈하고 나머지는 거친 모습으로 되어있어서 어떤 이들은

---

* 나바테아는 BC 7~BC 2세기경 아라비아반도의 북동부, 시리아·이라크 서부를 지배했던 고대 아랍 부족이 세운 왕국이다. 베두인족은 아랍어로 '바다 위badawi', 즉 사막을 바다에 은유하여 '사막에 사는 자들'이라는 뜻으로 중동, 이집트, 아프리카 등의 사막 지역에 사는 유목민이다. 현재까지 300만명 정도가 존재하는 것으로 알려진다.
† 석고를 120~130℃로 가열해 얻는 분말

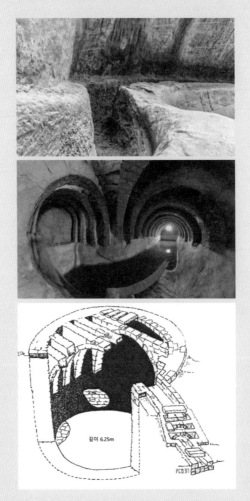

··· 나바테아인들이 콘크리트로 만든 수로와 비밀 물탱크

··· 대영박물관 소재 쿠푸 대피라미드의 캐스팅 스톤

석공이 요령을 피웠다는 얘기도 한다. 하지만, 사실은 어차피 감춰질 부분을 힘들게 가공하기보다 밑면과 옆면을 모르타르로 충전해 공간을 메꾼 것이고, 그 모습은 이런 비법을 염두에 둔 의도적인 결과였다. 이것이 BC 2600년경의 일이다.

　로마보다 조금 앞서 고대 그리스에서도 시멘트와 모르타르가 사용된 유적이 발굴됐다. 그리스의 옛 도시 중 하나인 메가라Megara를 발굴하던 중, BC 500년경 만들어진 지하 수로와 급수장이 발견됐고 그리스인들은 이 시설의 바닥 마감에 석회와 화산재를 섞어 만든 시멘트를 사용했다. 나바테아의 물탱크나 메가라의 저수시설 모두 시멘트가 물속에서도 경화되는, 즉, '수경성水硬性' 때문에 가능했고, 이 시설을 만든 자들은 이 성질을 이미 알고 있었다

… 그리스 메가라의 저수조 유적과 모형

는 얘기다. 이 기술이 로만 콘크리트에 직접적인 영향을 미쳤을 가능성도 큰데, 파르테논 신전에서 본 것처럼 그리스인들은 이것을 주요 건축재료로 사용하지는 않았다. 결론적으로 이런 사례들은 로마 이전에도 시멘트나 모르타르라 부르는 재료가 여러 용도로 건축공사에 사용됐음을 말해준다. 여기서 앞서 질문을 다시 떠올려보자. 그렇다면 로만 콘크리트는 무엇이 특별한 것인가? 왜 로마가 콘크리트를 발명했다고 하는 것일까?

이전 것과 비교했을 때 로마의 시멘트가 가장 크게 차이가 나는 것은 주요 성분으로 포졸라나pozzolana를* 사용했다는 것이다. 로마가 포졸라나를 사용하게 된 것은 나폴리 인근의 베수비오 화산Monte Vesuvio에서 천연 화산재 포졸라나를 구할 수 있었기 때문이다. 아이러니컬하게도 이 베수비오는 AD 79년 폭발로 폼페이와 헤르쿨라네움을 비롯해 나폴리 근처 도시에 재앙을 불러왔고, 1944년까지 분출이 있을 정도로 오랫동안 공포의 대상이기도 했지만, 로만 콘크리트는 이 산이 내려준 선물이었다.

포졸라나라는 이름은 베수비오 화산 동쪽 나폴리 인근의 도시 포주올리Pozzuoli에서 온 것으로 생김새는 굵은 모래알과 같고 성분으론 가용성 규산†을 포함하고 있다. 로마인들은 이 포졸라나와 석회, 물을 혼합해 모르타르를 만들었고, 최종적으로 깬 돌rubble이나 타일 조각을 골재로 삼아 콘크리트를 완성했다. 기술이 발전하면서 화산재 대신 구운 점토, 즉 테라코타terra cotta를 분쇄한 분말이나 '알루미나'나 '실리카' 등의 재료를‡ 첨가하

---

* 포졸라나와 함께 '포졸란pozzolan'이란 용어가 혼용해 사용되기도 하는데, 엄밀히 구분하면 포졸라나는 실제 화산에서 나온 자연산이고 포졸란은 화산재, 즉 포졸라나를 포함해 화산 활동으로 만들어진 광물질을 총칭해서 일컫는 것이다.

† 가용성 규산 可溶性 硅酸, soluble silicic acid : 낮은 온도에서 물이나 액체, 약품 등에 잘 녹는 물질의 성질을 가진 규산. 규산은 규소와 산소 및 수소가 혼합된 화합물이다.

‡ 알루미나 = 산화알루미늄(Al_2O_3), 실리카 = 이산화규소(SiO_2)

258 | 고대 건축기술의 비밀

··· 베수비오 화산의 현재 모습과
이 화산에서 얻은 포졸라나

기도 했다. 이렇게 만들어진 시멘트는 화산재 시멘트보다 강도는 좀 떨어졌지만, 수밀성은 더 좋아졌고, 이런 성분들은 현대 시멘트를 제조할 때 혼합하는 재료이기도 하다. 재미있는 것은, 과학적으로 무슨 작용을 했는지는 알수 없지만, 혼합재료로 동물의 지방, 우유, 피 등을 사용하기도 했다.

그러면 로마의 시멘트가 현대 또는 그 이전의 것과는 어떤 차이가 있을까? 시멘트의 성질과 품질을 좌우하는 요소 중 하나는 그 안에 있는 성분들을 어떤 비율로 조정하는가인데, 로마인들이 사용한 콘크리트의 레시피, 즉 그 성분들을 어떻게, 어떤 비율로 조합했는지는 정확히 알려지지 않고 있다.

하지만 포졸라나는 좀 다르다. 이 재료는 자체적으로 물에서 굳어지는 성질이 없지만, 석회, 물과 만나면 화학반응이 일어나고 수화작용에 따라 돌덩이같이 단단해지며, 물밑에서도 사용할 수 있었다. 이런 성능은 나바테아나 메가라에서도 잘 알려져 있었으므로 크게 새로울 것은 없다. 그런데 이전의 시멘트나 모르타르는 대부분 건축물 내부의 마감용이었고, 콘크리트 수준에는 미치지 못했던 반면, 로마는 같은 재료로 구조적 역할을 하는 콘크리트를 만들었고, 이것으로 기념비적인 건축물을 만들었다. 강도가 훨씬 커졌다는 얘기고, 이것은 건축의 역사를 바꾼 어마어마한 전환점이었다.

로만 콘크리트의 강도와 수명

로마인들이 시멘트에 포졸라나를 사용했다는 것, 또는 구성요소가 조금 달랐다는 것만으론 그들의 콘크리트가 특별하다고 하기에 뭔가 부족하다. 아마도 차이점으로 가장 기대되는 것은 콘크리트의 강도와 수명일 것이다. 다만, 강도의 경우, 로마 이전엔 콘크리트를 구조재로 사용하지 않았으니 이전 것과 비교하는 것은 별 의미가 없을 것이다. 그렇다면 현대의 콘크리트와 비교한다면?

사실 콘크리트에 요구되는 강도는 환경과 용도에 따라 달라지기 때문에 무엇이 정답이란 기준은 없다. 하지만, 일반적으로 얘기하는 콘크리트의 강도, 특히 압축강도는 타설 후 28일 지났을 때를 기준으로 35MPa(약 $350kgf/cm^2$)* 정도로 본다. 요즘처럼 100층이 넘는 초고층 빌딩에 사용하는 초고강도 콘크리트는 강도가 100MPa 이상 나가기도 하고, 시간이 지나면 강도는 더 증가한다.

그럼 로마의 콘크리트는? 콘크리트 강도에는 변수가 많으므로 두 시대

---

* 'kgf/cm²'란 1cm²의 면적에 작용하는 무게를 뜻하고 1MPa(메가 파스칼)은 대략 10kgf/cm²와 같다. 그러니까 압축강도가 35MPa 또는 350kgf/cm²라는 것은 1cm²의 면적에 무게 350kg이 가해져도 버틸 수 있다는 뜻이다.

의 콘크리트 강도를 직접 비교하기가 쉽지 않다. 그렇다고 해서 연구자들이 가만있을 리 없고, 한 연구 결과에 의하면, 로마의 건축물에서 얻은 52개의 샘플에서 평균 12.9MPa의 압축강도가 얻어졌다고 한다. 현대 보통 콘크리트 강도의 절반도 안 되는 값으로, 고강도 콘크리트에 비하면 보잘것없는 수준이다. 물론, 이 강도가 건축물에 적합하지 않다는 의미는 아니며, 현대 건축물의 높이나 규모, 하중 등을 고려하면 비교하는 것 자체가 불공평할 수 있다.

그런데 결정적인 반전은 콘크리트의 수명이다. 일반적으로 현대에서는 콘크리트의 수명을 약 50년 정도로 본다. 그렇다고 해서 50년이 지나면 수명이 다해 금세 무너진다는 의미는 절대로 아니다. 콘크리트만 놓고 보면 100년은 간다는 주장도 있다. 하지만 로마의 콘크리트는? 콘크리트로 된 로마의 건축물들은 거의 2,000년을 버티고도 멀쩡히 서 있다. 이것이 로만 콘크리트의 가장 특별한 점이고, 지금도 많은 학자들이 그 비밀을 캐내려고 연구 중이다.

콘크리트의 수명이 짧아지는 원인으로 표면에 생기는 크랙이나 내부의 기포 공간 등을 들 수 있으며, 이 중에서도 크랙이 가장 큰 문제가 된다. 콘크리트에서 크랙은 가만 놔둬도 어느 정도 생기기 마련이다. 그러니까 우리 아파트 벽에 보이는 실 크랙 정도는 큰일 날 일이 아니니 걱정하지 않아도 된다. 문제는 사이즈와 진행성 여부다. 크랙의 폭이나 깊이가 커지고 내부로 침투하면, 그 틈으로 공기나 빗물, 유해 물질이 들어가고 콘크리트 강도가 저하되거나 철근이 부식될 우려가 있다. 부식된 철근은 부피가 팽창해 또 다른 균열을 발생시킨다.

특히 염분에 많이 노출되거나 바닷물에 잠기는 콘크리트 구조물에서는 침투한 염분의 결정화로 내부 팽창 압력의 증가, 황산염으로 인한 콘크리트 조직의 변화, 석회질의 용해, 알카리 골재의 팽창 등 다양한 물리적, 화학적 반응으로 훼손 정도가 더 높아진다. 한마디로 바닷물과 만나면 좋지 않다는 얘기다.

그런데 로마의 콘크리트가 이런 환경 속에서도 *끄떡없는* 이유는 무엇이었을까?

몇몇 연구에 따르면, 그 비결은 로만 콘크리트가 '자가치유self-healing' 능력을 갖추고 있기 때문이란다. 즉, 크랙이 생겨도 스스로 그 공간을 메우는 능력이 있어서 외부 요인이 콘크리트를 훼손시킬 수 없다는 것이다.

먼저, MIT 대학의 연구진은 로만 콘크리트에 아주 작고 하얀 광물질, 즉 라임 클래스트lime clast(석회 쇄설암)*란 물질이 공통적으로 존재한다는 것을 발견했다. 그들의 주장은 콘크리트에 크랙이 조금이라도 생기면, 라임 클래스트가 물과 반응해서 칼슘 포화 용액calcium-saturated solution을 만들고, 이것이 다시 탄산칼슘calcium carbonate으로 결정화되면서 크랙을 메워준다는 것이다. 화학을 싫어하는 필자에겐 너무 복잡한 얘기다.

이들의 연구에서 또 한 가지 눈여겨볼 것은, 상온에서 콘크리트를 다뤘다면 석회석에서 라임 클래스트가 생기는 화학반응이 불가능하므로 콘크리트의 재료를 가열한 상태에서 섞었을 것hot-mixing이란 주장이다. 이렇게 하면, 수화반응이 촉진되어 양생 시간도 줄고, 시공을 빠르게 할 수 있었을 것이라고 한다.

한편, 유타 대학의 연구진은 바닷물에서도 자가치유 성능을 발휘한 로마의 건축물에 주목하고 또 다른 물질을 제안했다. 그들의 주장은 콘크리

---

* 쇄설암은 기존의 암석이 풍화, 침식, 화산 작용 등에 의해 분쇄된 광물이 다시 뭉쳐 만들어진 일종의 퇴적암이다. 화산 작용에 의한 화산쇄설암과 지각변동 등에 따른 퇴적쇄설암으로 나뉜다.

··· 변형되고 훼손된 현대 부두의 콘크리트 피어

트가 바닷물과 접촉하면 포졸라나와 석회석이 2차 화학반응을 일으키고, 터보모라이트robermorite라는† 결정체가 생겨나 이것이 크랙의 틈을 메워주고 콘크리트를 더 단단하게 만든다는 것이다. 계속 몰아치는 파도가 콘크리트에 크랙을 만들면 만들수록, 더 많은 결정체가 콘크리트 구조물을 더 단단하게 해준단다. 이들의 주장이 맞는다면 바닷물 속에서 형편없이 망가지는 현대 콘크리트에 획기적인 처방이 될 것 같다.

로만 콘크리트의 시공

시멘트, 모르타르까지 포함했을 때, 로만 콘크리트의 용도는 두 가지였다. 하나는 수도 건설 등에서 발견되는 방수 기능이고, 다른 하나는 구조물의 뼈대에 사용하는 것이다. 이중 방수 기능은 이미 더 오래전부터 사용

---

† 칼슘-실리케이트-아이드레이트, 또는 규산칼슘 수화물calcium silicate hydrate

된 예가 있음을 보았다. 로마의 콘크리트가 혁신적이라 할 수 있는 것은 바로 구조적 기능 때문이다.

현대의 콘크리트는 시멘트, 모래, 자갈, 기타 혼화제와 물을 섞어 굳지 않은 상태로 거푸집, 또는 형틀에 '부어 넣기' 또는 '타설打設, pouring'해서 만든다. 시내에서 종종 볼 수 있는 레미콘 차량이 이런 굳지 않은 콘크리트를 운송하고 있는 장비이다. 이때까지 콘크리트는 유동성이 있으므로 거푸집을 다양한 형태로 제작하면 직선은 물론 곡선 형태의 구조물도 쉽게 만들 수 있다. 이 거푸집 속에 철근을 배근해 넣고 콘크리트가 굳을 때까지 기다렸다가 거푸집을 해체하면 마침내 단단한 철근콘크리트 구조물이 완성된다.

그런데 로마인들이 콘크리트 구조물을 만드는 방법은 현재와 많이 달랐다. 그들이 사용한 것은 유동성이 없는 된 반죽의 콘크리트였기 때문에 '부어 넣기' 한다는 개념이 없었고, 주로 모르타르를 돌이나 벽돌로 쌓은 외벽 사이에 일정한 두께만큼 채워 넣는 방식이었다. 이 외벽은 자연스럽게 거푸집 역할을 해서 해체하지 않은 상태 그대로 두었고, 따라서 로마의 콘크리트는 주로 두껍고 하중을 받는 벽체를 만드는 데 사용됐다.

··· 현대의 거푸집 작업과 콘크리트 타설 장면

콘크리트 이전 로마인들은 키클로피안cyclopean 방식*이라 하여 큰 돌과 작은 돌을 불규칙하게 쌓아 견고한 벽체를 만들었다. 그러다가 돌 가공 기술이 발전하면서 좀 더 정교하게 다듬은 돌 블록을 쌓는 방식으로 업그레이드됐고, 이런 방식을 라틴어로 '오푸스 꽈드라툼opus quadratum'이라 한다.†로마인들은 이 방식을 콘크리트와는 상관없이 BC 6세기 이후 계속 애용했으며 주변에서 쉽게 구할 수 있는 돌을 가져다 썼다.

한편, 콘크리트가 등장한 이후에는 외벽의 재료와 패턴, 시공방법에 따라 벽체의 형식이 분류되는데, 가장 초기 형태는 나무로 만든 거푸집 안에 콘크리트를 채우고 거푸집을 제거하는 오푸스 체멘티치움opus caementicium 방식이었다. 하지만 이 방식은 거푸집을 사용했어도 골재의 크기가 불규칙하고 거푸집이 세련되지 않아서인지 매끈한 표면을 얻기 어려웠다. 그래서 그다음으로 대세를 이룬 것이 돌이나 벽돌을 거푸집 기능을 겸한 외부 마감 재료로 사용하는 방식이었다.

이처럼 돌과 벽돌을 함께 사용하면서 어떤 마감 재료를 사용하고 어떻게 장식하는가에 따라 다양하고 아름다운 외관을 얻을 수 있었다. 이를 크게 분류해보면, 내부에 콘크리트를 채우고 외면을 일정한 패턴 없이 돌로 마감한 오푸스 인체르툼opus incertum, 쐐기 모양의 돌을 마름모 모양으로 배열해 마감한 오푸스 레티쿨라툼opus reticulatum, 마감을 벽돌로 처리한 라테르치움latercium (혹은 오푸스 테스타체움opus testaceum), 돌과 벽돌, 패턴 등이 혼합된 오푸스 믹스툼opus mixtum 등이 있고, 이외에 여러 변형된 방식들이 사용되기도 했다.

---

* 원래 미케네 문명 등에서 볼 수 있는 방식으로 그리스 신화에 나오는 외눈박이 거인 키클롭스 Cyclops 가 벽을 쌓을 때 사용했다 해서 이런 이름이 붙여졌다.

† 오프스opus 란, 여러 다른 뜻이 있지만, 여기서는 라틴어로 벽돌, 조적 등을 뜻한다.

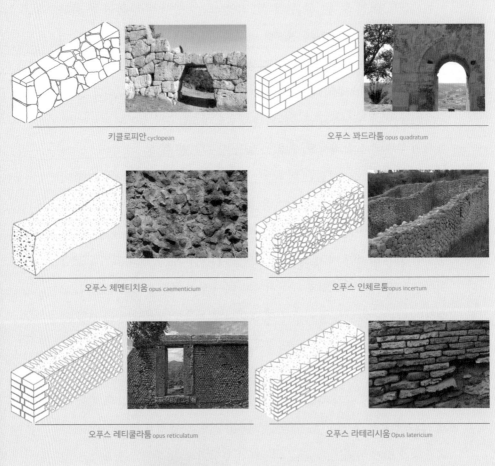

키클로피안 cyclopean

오푸스 꽈드라툼 opus quadratum

오푸스 체멘티치움 opus caementicium

오푸스 인체르툼 opus incertum

오푸스 레티쿨라툼 opus reticulatum

오푸스 라테리시움 Opus latericium

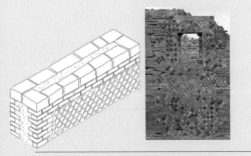

오푸스 믹스툼 opus mixtum

··· 로마 벽체 구조의 형식

로마의 역사적인 콘크리트 건축물

최초의 인공 콘크리트 항구, 카이사레아 마리티마

로마인들은 수경성 콘크리트에 대한 이해가 매우 뛰어났고 이런 성능을 이용해 BC 2세기 후반부터 콘크리트 벽체는 물론이고 수도를 비롯해 물이 닿는 곳에 콘크리트를 사용해왔으며 마침내 이전엔 볼 수 없었던 대단한 시설을 만들어냈다. 바로 현재 이스라엘의 북서쪽 지중해에 면한 카이사레아Caesarea Maritima, Caesarea Maritima Sebastos* 항구다.

이 항구는 로마의 공화정 말기인 BC 22~BC 10년, 헤롯 대왕Herod the Great(BC 73~BC 4)이 건설한 것으로,† 그 이름은 아우구스투스 카이사르에게 헌정하는 의미에서 붙여졌다. 이 항구가 특별한 것은 유사 이래 가장 큰 규모의 콘크리트 인공항구라는 점 때문이다. 지금은 로마 시대에 지어진 시설 대부분이 바다 밑에 가라앉아 계속 유적을 발굴 중이고, 어떻게 그런 공사를 해낼 수 있었는지에 대해서도 연구가 진행되고 있다.

이 연구들에 실마리가 된 것은 비투르비우스Marcus Vitruvius Pollio(BC 80-70?~BC 15?)가 『건축서建築書, De Architectura』(BC 25)에 남긴 여러 해양 구조물 공사에 대한 설명이다. 하지만 안타깝게도 여기에는 스케치와 같은 시각적 정보가 없어서 연구자들은 이 책에 기술된 내용과 발굴된 결과 등을 토대로 로마인들이 했음 직한 여러 방법을 재현해 제안하고 있다.

이 항구가 '인공항구'라고 일컬어지는 것은 무엇보다 콘크리트로 만든

---

* Sebastos는 아우구스투스를 존경한다는 의미의 고대 그리스어다.

† 로마제국 시대에 유대 지방을 다스리도록 임명된 왕으로, 카이사레아 항구를 포함해 예루살렘의 성전을 증축하는 등 여러 업적을 남겼다. 그러나, 예수의 탄생을 두려워해 신생아를 학살하는 등, 잔인한 군주라는 평가도 있다.

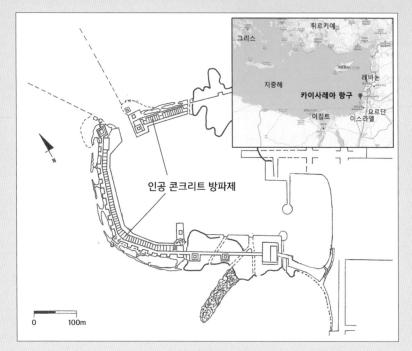

··· 카이사르 항구

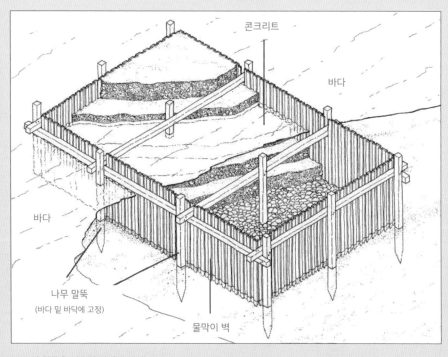

콘크리트

바다

바다

나무 말뚝
(바다 밑 바닥에 고정)

물막이 벽

··· 고정 형틀을 이용한 방파제 제작

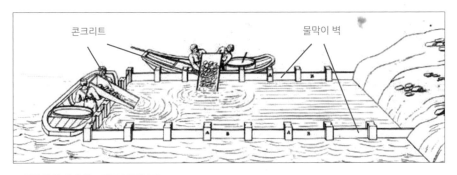

··· 물막이 벽 안에 콘크리트 부어 넣기

방파제와 기초 시설 때문이다. 비투르비우스는 이런 시설을 만드는 여러 가지 방법을 기록해 놓았는데, 그중 한 가지는 마치 가두리 양식장처럼, 말뚝과 나무판으로 된 큰 형틀을 바다에 만들어 놓고 그 안에 콘크리트를 직접 부어 넣는 것이다. 콘크리트를 부어 넣을 때는 배를 이용했고, 이렇게 하면 바닷속 콘크리트가 파도에 쓸려가지 않고 온전한 형태의 방파제 유닛이 만들어진다. 당연히 수경성 콘크리트이기에 가능한 얘기다.

또 바닥이 없는 이중벽으로 된 부유 케이슨double-walled floating caisson without bottom을 사용하는 방법도 있다.˙ 이 케이슨은 뭍에서 만들어 바다로 이동시켰고 먼저 이중벽 사이의 공간에 콘크리트 채워 그 무게로 케이슨을 가라앉힌 한 다음, 가운데 부분에 콘크리트를 채워 넣었다. 이렇게 해서 만들어진 블록은 크기가 15×11.5×2.4m(가로, 세로, 깊이), 무게가 1,000톤이나 됐다.

카이사레아 항구나 다른 곳에서 발견된 사례는 없지만, 비트루비우스는 모래를 채운 제방 위에 콘크리트 블록을 만들고 모래와 임시벽을 제거해

---

* 케이슨caisson이란 수중 구조물을 만들 때 물을 막아 사람이 들어가 작업할 수 있도록 만드는 큰 상자 또는 잠함潛函을 말한다.

부유 케이슨 조립

부유 케이슨

이중벽

밑바닥 없음

… 이중벽 부유 케이슨을 이용한 수중 콘크리트 구조물 만들기

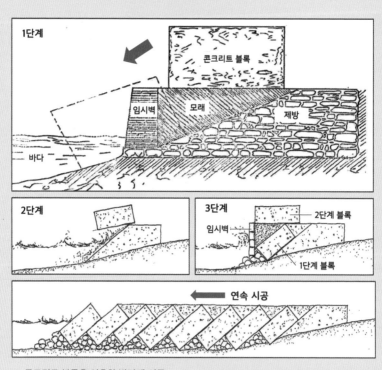

1단계

콘크리트 블록

임시벽　　모래　　제방

바다

2단계

3단계

임시벽

2단계 블록

1단계 블록

연속 시공

… 콘크리트 블록을 이용한 방파제 시공

콘크리트 블록을 바다로 미끄러뜨리는 방법도 제안했다. 이 과정을 반복하면 연속된 콘크리트 블록으로 방파제가 만들어진다.

그런데 가만히 생각해보면, 한가지 궁금한 것이 있다. 로만 콘크리트의 비결은 베수비오 화산의 포졸라나라고 했는데, 지중해 건너 이스라엘은 로마로부터 상당히 멀리 있는 것 아닌가. 그렇다면 이 항구에는 어떤 재료를 쓴 것일까. 답은 간단하다. 그들은 포졸라나를 이탈리아로부터 수입해서 썼단다. 아마 이 항구를 건설한 엔지니어도 로마의 포졸라나가 최고의 재료라는 것을 잘 알고 있었고, 이 사업에 재료를 수입해올 만큼 헤롯 정부의 재력도 대단했던 모양이다.

네로의 골든 하우스 옥타고날 홀

로만 콘크리트는 이런 경험과 기술 축적을 토대로 서기 1세기에 들어서면서 진가를 발휘하기 시작한다. 가장 빠른 사례로 폭군 네로 황제Nero Claudius Caesar Augustus Germanicus(AD 37-68)의 호화 궁전, 골든 하우스Nero's Golden House(도무스 아우레아Domus Aurea, AD 64~68)를 들 수 있다. 네로가 구석구석 정성을 들였음에도 정작 완공을 보지 못했다는 이 궁전은 건축가이자 엔지니어, 켈레르Celer와 세르루스Severus의 작품으로, 특히 궁전의 일부인 옥타고날 홀Octagonal Hall로 유명하다. 이 8각형 홀은 8개의 벽돌 기둥 위에 콘크리트 돔을 올린 특이하고도 획기적인 구조로 되어있는데, 전체적인 모습은 조금 투박하지만, 가만 보면 어디서 본 듯하다. 바로, 로만 콘크리트의 대표 건축물, 판테온이다. 게다가 돔의 중앙에 뚫린 둥근 천창oculus까지 빼닮아, 형태로나 기술적으로 옥타고날 홀이 판테온에 큰 영향을 준 것이라 평가되고 있다.

··· 골드 하우스 옥타고날 홀의 내부 모습과 시공과정 컴퓨터 그래픽

콜로세움

더 이상 설명이 필요 없는 콜로세움Colosseum (AD 70~80)도 빠질 수 없는
콘크리트 건축의 사례다. 이 경기장의 본래 이름은 플라비우스 왕가Flavian
dynasty의 이름을 딴 플라비우스 원형 경기장Flavian Amphitheatre*이었으며, 콜로

---

* 플라비우스 왕조Flavian dynasty: AD 69~96년까지 티투스 플라비우스 베스파시아누스(재위 AD 69~ 79),
  티투스 플라비우스 베스파시아누스(재위 AD 79-81), 티투스 플라비우스 도미티아누스(재위 AD
  81-96) 등, 3명 황제를 배출한 로마제국의 왕가

세움이란 이름은 근처에 있었던 네로 황제의 청동상 콜로서스_{Colossus Neronis}에서 유래했다는 설과, '거대하다'라는 이탈리아어 콜로살레_{Colossale}에서 왔다는 설이 있다.

AD 72년 베스파시아누스 황제_{Vespasian} (AD 9~79)가 착공해 8년 뒤, 아들인 티투스 황제_{Titus} (AD 39~81)가 완공한 이 경기장은 긴 쪽이 188m, 짧은 쪽이 156m, 둘레 527m, 높이 48m의 4층짜리 타원형 건물로 5만 명에서 최대 8만 명의 관중을 수용할 수 있는, 이름 그대로 거대한 건축물이다. 우리나라에서 가장 큰 상암 월드컵경기장의 수용 인원 6.6만명, 2019년 개장한 영국의 최신식 토트넘 홋스퍼 스타디움의 6.2만명과 비교한다면 그 규모를 짐작할 만하다.

이 콜로세움에는 석회암의 일종인 트래버틴_{travertine}과 화산암의 일종인 투푸석_{tuff}, 그리고 벽돌, 모르타르, 콘크리트 등이 복합적으로 사용됐는데, 주목할만한 것은 가운데 경기장을 제외한 관중석 건물 하부에 깔린 콘크리트 기초다. 우리가 영화에서 보아온 검투사들의 경기장은 사실 지하층 위에 나무판을 깔고 모래를 덮어 만든 것이고, 이 부분에는 다져진 지반 외에 별다른 기초공사가 없었다.† 그렇다면 콜로세움의 기초란?

콜로세움이 세워진 자리가 본래 호수였다는 것은 잘 알려져 있다. 이 호수의 물을 비우고 건물을 세웠다는 것만도 놀라운 일이지만 로마인들은 거기서 그치지 않았다. 그들은 물이 빠진 점토질 지반에 깊이 6m, 폭 31m, 둘레 길이 530m에 이르는 도넛 모양의 트렌치를 파내고 그 안에 콘크리트를 부어 넣었으며, 그 위에 6m의 기초를 추가로 더 올렸다. 하중이 큰 관중석을 받치기 위해서였다. 골재로는 사이즈가 큰 깬 돌을 썼고, 로

---

† 콜로세움 중앙의 경기장을 영어로 'arena'라고 표현하는데, 이 단어의 어원 자체가 '모래'라고 한다.

마식대로 된 비빔의 콘크리트를 한 켜씩 채워 넣은 다음 망치로 두들겨가며 기초를 완성했다. 그리고 콘크리트 기초를 횡 방향에서 지지할 목적으로 기초의 둘레를 따라 지반 면에서 경기장 높이까지 폭이 3m나 되는 보강 벽돌벽을 세웠다.

콘크리트는 경기장 아래 지하층 벽체에도 사용됐다. 벽돌을 양쪽에 쌓고 그 가운데 콘크리트를 채워 넣는 오푸스 라테리시움 방식이었다. 콜로세움에선 검투사들의 경기만 있었던 것이 아니라 경기장 안에 물을 채우고 해상 전투까지 연출했었고, 이때 채운 물이 깊이가 약 1.5m에 380만 리터나 됐다고 하니까 이 벽체는 물이 채워진 경기장을 든든히 받치는 역할을 했을 것이다.

모르타르의 역할도 컸다. 콜로세움의 벽체, 기둥, 아치 등에는 돌 부재를 사용했지만, 다른 부위는 벽돌로 만들어졌고 이때는 모르타르를 사용했다.* 메소포타미아나 이집트에서 벽돌 줄눈에 진흙을 사용했던 것과는 비교가 안 될 정도로 강한 접합력을 갖추었을 것이고 이것이 콜로세움이 지금까지 제모습을 유지하고 있는 비결이다. 이렇게 기초공사를 비롯해 콜로세움 곳곳에 사용된 모르타르와 콘크리트의 양은 대략 250,000m³나 된다고 한다.

---

* 로마의 벽돌은 이전 문명의 것과 비교했을 때 크기가 작고 납작한 것이 특징이다.(60×30×10cm (L×W×H), 38×20×25cm, 40×40×4cm 등) 로마는 대형 가마나 심지어 이동형 가마까지 개발해 대량으로 벽돌을 생산했고, 제국 영토의 구석구석에 벽돌공장을 세워 국가가 직접 벽돌 생산을 관리했다.

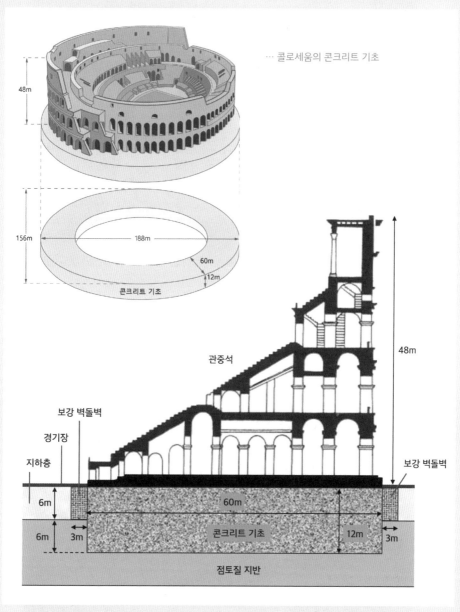

··· 콜로세움의 콘크리트 기초

48m

156m

188m

60m

12m

콘크리트 기초

48m

관중석

보강 벽돌벽

경기장

지하층

6m

6m

3m

60m

콘크리트 기초

12m

보강 벽돌벽

3m

점토질 지반

··· 콜로세움 단면

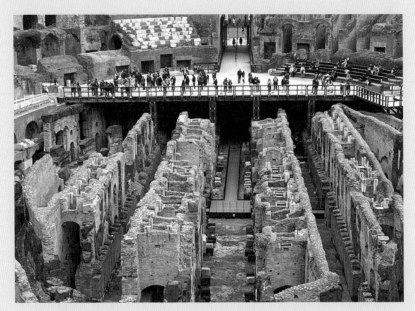

··· 콜로세움 경기장 밑 지하층의 콘크리트 벽

··· 콜로세움 벽체의 벽돌과 모르타르 줄눈 시공 모습

판테온

이쯤 되면, 로마의 콘크리트 기술은 절정에 다다랐다고 할 수 있는데, 그 결정판은 콜로세움이 완성된 지 불과 40여 년 만에 지어진 판테온Pantheon이다.

연중 약 900만 명의 관광객이 찾는다는 이 건축물은 실제로는 같은 이름의 세 번째 건물이다. 첫 번째 것은 BC 27~BC 25년, 아우구스투스의 사위였던 집정관 아그리파Marcus Agrippa(BC 62~BC 12)가 아우구스투스의 악티움 전쟁 승리를 기념하기 위해 지었다가 AD 80년 화재로 소실되었고, 도미티아누스 황제Titus Flavius Domitianus, Domitian(AD 51~96)가 두 번째 건물을 지었으나 이번엔 벼락을 맞아 불타버렸다.

현재 로마 시내에 서 있는 판테온은 트라야누스 황제Marcus Ulpius Trajanus(AD 98~117)가 시작해 하드리아누스 황제Publius Aelius Hadrianus(AD 76-138)의 집권 시기였던 AD 125년에 완공됐고, 하드리아누스 황제 자신이 이 건물의 설계에 적극적으로 관여했다고 알려진다.

보통 이 건물을 '펜테온 신전'으로 부르면서 그리스어로 모두를 뜻하는 '판Pan'과 신을 뜻하는 '테온Theon'이 합쳐져 만들어진 '모든 신에게 바치는 신전'으로 알려져 있는데, 실제 어떤 용도였는지에 대해선 정확한 기록이 없고, 역대 황제들에게 헌정된 것이라는 설도 있다. 이후 판테온은 AD 609년 교황 보니파시오 4세Pope Boniface IV(AD 550~615)에 의해 교회로 사용되기도 했으며, 현재는 사르데냐 왕국과 이탈리아 왕국의 왕을 겸했던 비토리오 에마누엘레 2세Victor Emmanuel II(AD 1820~1878)부터 르네상스 화가 라파엘Raffaello Sanzio(AD 1483~1520)에 이르기까지 총 7명의 역사적 인물들이 안장된 무덤이기도 하다.

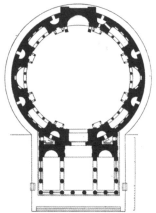

… 판테온의 로마 시대 복원도와* 실제 평면도

이 판테온이 건축적으로 가치가 높은 것은 독특한 외관과 양식 때문이기도 하지만, 그리스의 파르테논을 연상케 하는 파사드와 화려한 내장을 제외하곤 뼈대 대부분이 콘크리트로 지어졌기 때문이다. 특히 로우턴더 rotunda의 돔은 20세기 이전까지 최대의 콘크리트 구조이자, 아직도 '무근콘크리트'로 지어진 건물로는 최대 규모다.

기둥이 늘어선 전면부 포치porch(포르티코portico)를 통해 내부로 들어가면 바로 원형 홀 '로우턴더'가 나타나는데, 천장을 이루고 있는 돔과 돔을 받치고 있는 벽체가 모두 콘크리트로 되어있다. 이 돔은 평면 지름이 43.3m로 1층 바닥으로부터 돔 꼭대기까지의 높이와 같고, 돔의 높이와 이를 받치고 있는 벽체 높이가 거의 같다. 벽체는 오푸스 체멘티치움 방식으로 가장 두꺼운 부분의 두께가 약 6m, 전체 높이가 20m로 4,535톤이나 나가는 콘크리트 돔을 튼튼히 받치고 있는 구조이다. 거기다 건축물에서 상부의

---

* 프랑스의 고고학자이자 건축가인 장클로드 골뱅 Jean-Claude Golvin (1942~)의 작품

하중이 아래쪽으로 전달되는 구조 원리에 충실해, 벽체나 돔 패널, 즉 코퍼coffer의 두께를 위로 올라갈수록 줄였고, 응회암, 트래버틴, 타일 조각, 깬 벽돌, 다공질의 화산석 등, 골재의 무게까지 고려했다.

특히, 코퍼는 돔의 내부를 한층 돋보이게 하는데, 가운데를 움푹 들어가게 만들어 돔의 무게를 줄이는 데에도 한몫했다. 사각형 모양의 코퍼는 5개 층, 한 층에 28개씩 총 140개가 배치되어있고, 나무 거푸집과 비계를 사용해 시공했으며 이 거푸집은 아래층에서 위층으로 돔을 만들어갈 때 재사용했을 것이라 추정된다. 네로의 골든 하우스 옥타고날 홀을 지을 때 사용한 공법이 기초가 되었을 것으로 보인다.

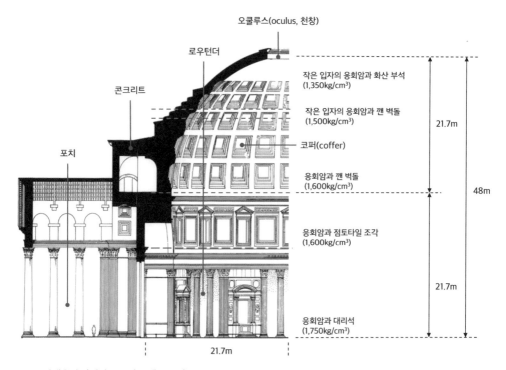

… 판테온의 단면과 콘크리트 재료 구성

콜로세움의 기초 방식 역시 판테온에서도 적용됐다. 먼저 포치와 그 뒤의 연결부 밑으론 평면의 생김새대로 사각형의 트렌치를 팠고, 원형의 로우턴더에는 건물 벽체의 둘레를 따라 콜로세움과 같이 도넛 모양의 트렌치를 팠다. 하드리아누스의 엔지니어들은 돔과 벽체의 하중을 받아야 하는 로우턴더 하부의 기초가 중요함을 알고 있었고, 도넛 트렌치에 깊이 4.7m, 폭 7.3m의 콘크리트 기초를 만들었다. 그러다 점토질 지반 때문에 공사 도중 기초에 크랙이 가자, 엔지니어들은 이 도넛을 폭을 3m 더 늘여 최종적으로 완성했고, 그래도 안전이 우려됐는지 건물 남쪽에는 보강 벽돌벽까지 세웠다.

이 정도면 현대 엔지니어들이 생각할 수 있는 모든 것들이 반영되었다 할 수 있고, 이런 지식과 기술이 지금까지 판테온이 꿋꿋이 서 있을 수 있는 비결이었다.

사라져간 로만 콘크리트

판테온이 완성된 지 몇 세기가 지나, 로마는 이 혁신적이고 기념비적인 건축재료와 점점 멀어지게 되고, 시멘트와 콘크리트는 이후 19세기에 와서야 다시 조명을 받게 된다. 그사이에 로만 콘크리트에 무슨 일이 생긴 걸까.

사실 제국의 땅은 넓었지만, 콘크리트는 이탈리아 밖에서는 별로 사용되지 않아 파급력이 그리 크지 않았다. 로만 콘크리트의 핵심은 베수비오 화산에서 나는 포졸라나였는데, 로마에서 멀어질수록 다른 지역에서는 이 재료를 구하기 어려웠다. 카이사레아 항구처럼 포졸라나를 수입까지 해가며 공사하는 때도 있었겠지만, 그것은 로마제국이 위세를 떨칠 때나 가능한 얘기였고, 로마의 중심에서 멀리 떨어진 지역에선 그들만의 방법과 재료로 건축을 했으므로 콘크리트 사용은 제한적일 수밖에 없었다.

특히 서로마제국의 멸망은 유럽 지역에서 건축에 관한 모든 관리와 통제력이 상실됨을 의미했다. 더는 로마의 양식을 따를 필요가 없어졌고, 기술 전수도 어려워졌다. 사실 로마가 오랫동안 그들의 건축기술을 발전시키고 계승할 수 있었던 것은, 일종의 길드trade guild와 도제제도 덕분이었다. 이 길드에서는 회원들이 그들이 가진 기술, 재료, 연장 등에 대한 노하우를 견습생에게 전수해줘야 하는 책임이 있었고, 그 대상에는 로마의 군인도 포함됐다. 로마군은 전투뿐만 아니라 자급자족할 수 있도록 훈련받았고, 따라서 건축과 엔지니어링도 이 훈련의 일부였다.˙ 그런데 제국의 멸망으로 이러한 맥이 끊겨버린 것이다.

한편, 제국의 영향력이 약해지면서 콘크리트와 잘 어울리는 건축물의 건설도 줄어들었다. 이제 수도 건설도 멈췄고 콜로세움과 같은 경기장도 필요 없게 되었으며 더는 판테온과 같이 로마의 신들을 모시는 신전도, 기념비적인 건축물도 찾아볼 수 없게 됐다. 물론 대형 건축물이 전혀 없었던 것은 아니다. 예를 들어, 막센티우스 황제Marcus Aurelius Valerius Maxentius(AD 278~312)가 시작해 콘스탄티누스 황제 때 완성된 바실리카 막센티우스 Basilica of Maxentius(AD 308~312)의 경우, 기초(100×65m)와 중앙의 볼트(높이 35m) 모두 콘크리트로 된 대형 교회 건축물이었다. 하지만, 여기까지였다.

이어 콘스탄티누스 황제가 기독교를 공인하고(AD 313, 밀라노 칙령) 수도를 비잔티움으로 옮기면서(AD 326~330) 로마의 건축양식에 큰 변화가 온다.

---

* 로마의 군인에게는 로마 시민권이 주어지고 연금 등, 각종 혜택이 주어져 선호되는 직업 중 하나였다.

여기서 '바실리카basilica'라는 용어에 주목할 필요가 있는데, 본래 왕궁, 왕족 등을 의미하는 그리스어 '바실리케basilikè'에서 유래했고, 로마에서는 주로 규모가 큰 공공건물을 일컫는 말이었다가, 기독교가 널리 퍼진 후에는 교회 건축을 뜻하는 동시에 로마 후기의 건축양식을 의미하게 됐다. 그러나 교회나 이 양식의 건축물에서는 육중한 콘크리트를 재료로 하지 않고 주로 목재를 썼다. 여기서도 콘크리트는 서서히 배제되기 시작한 것이다. 이후 바실리카 양식은 우리가 많이 보는 로마네스크나 고딕식 성당의 형태에 많은 영향을 주었지만, 이 양식에도 돌이나 벽돌을 주재료로 했지 콘크리트는 관심 대상이 아니었다.

로마가 만들어 낸 혁신적인 건축기술들은 이렇게 제국의 쇠망과 함께 암흑시대 중세로 사라져갔다. 그러나 로마의 콘크리트가 역사 속에 남겨지고 그들의 지혜와 기술이 잠시 잊혔었다 해도 결국 다시 태어나 오늘의 건축을 있게 한 위대한 업적이 되었다.

··· 바실리카 막센티우스

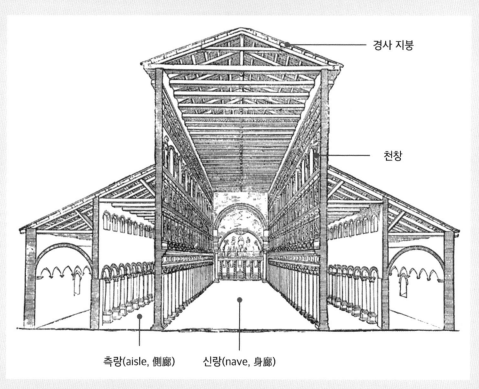

경사 지붕

천창

측랑(aisle, 側廊)   신랑(nave, 身廊)

··· 전형적인 바실리카 양식의 교회

로마 건축기술의 집합체, 수도

이집트의 피라미드, 그리스의 파르테논. 그러면 고대 로마의 가장 대표적인 건축물은 무엇일까? 아마 많은 독자가 앞에서 나왔던 콜로세움이나 판테온을 떠올릴 것이다. 그러나 이 책에서는 우리에게 잘 알려져 있거나 로마에 여행을 가면 꼭 봐야 하는 그런 건축물보다 그들의 놀라운 기술력을 종합적으로 보여주는 사례를 소개하고 싶다.

사람은 물이 없으면 살 수 없다. 마시는 물만이 아니다. 농사에 쓰는 물, 가축을 기르는 물, 공장을 돌리는 물... 그래서 문명이 시작될 때부터 사람들은 물이 있는 곳에 모여 살았고, 물 문제를 해결하기 위해 끊임없이 노력해왔다. 요즘이야 수도꼭지만 틀면 깨끗한 물이 콸콸 나오니까 물에 대한 고마움을 못 느끼고 살지만, 고대인들에겐 절실한 문제였다. 샘물을 찾아다니고, 우물을 파고, 수천 년 전부터 수로를 만들었다. 그러나 이런 방법들은 기본적으로 수원지나 지하수가 가까운 곳에 있어야 가능하다. 로마인들은 여기서 한발 더 나아가 보다 적극적인 방법으로 문제를 해결했다. 그것도 현대 사람들조차 혀를 두를 만큼 놀라운 기술로 말이다. 바로 로마의 '수도aqueduct'다.

로마의 수도

간혹 로마를 소개하는 책자나 화보에서 계곡을 가로지르는 멋진 아치로 만들어진 다리를 보곤 한다. 차가 다니는 다리도 아닌데, 저건 뭘까? 알고 보니 고대 로마 시대에 물을 흘려보내던 '수도교aqueduct bridge'란다. 보기만 해도 화려하고 호기심을 자아내는 건축물이다. 그런데 이 '수도교'와

'수도'에는 눈에 보이는 것 이상의 놀라운 비밀들이 숨어있다.

우선 수도의 개수부터 놀랍다. 로마의 공화정 시대부터 제국 시대까지 만들어진 수도는 수백 개가 넘고 로마 시내에 물을 공급하는 수도만 11개에 이른다. 그중에서 최초는 BC 312년에 지어진 아피아 수도Aqua Appia로[*] 원로원 최상급자였던 집정관 아피우스 크라우이우스 캐이커스Appius Claudius Caecus(재임 BC 312~BC 307)의 지시로 착수되었다. 첫 번째 수도였지만 길이가 16.5km나 되고, 로마시에 공급하는 물의 양이 하루에 73,000m³에 이를 정도로 처음부터 심상치 않았다. 그리고 한동안 뜸하더니, 40여 년 만에 두 번째 수도, 아쿠아 아니오 베투스Aqua Anio Vetus(BC 272~BC 269)가 건설된다. 이 수도의 총 길이는 아쿠아 아피아에 거의 네 배에 달하는 63.7km였고 하루 공급량은 175,920m³나 됐다.

이후 알렉산드리나 수도Aqua Alexandrina(AD 226)가 마지막으로 건설될 때까지 로마시의 수도 11개의 총연장 길이는 780km~800km에 달했고, 로마의 엔지니어 프론티누스Sextus Julius Frontinus(AD 40~103)[†]가 남긴 기록을 근거로 계산해보면 로마시의 인구 1백만 명을 대상으로 하루에 520,000~635,000m³에서 최대 1,000,000m³에 이르는 물이 공급된 것으로 추정된다. 서울에 바로 접한 고양시의 경우, 인구 107만에 수돗물 공급량이 하루 평균 341,000톤 정도라고 하니까,[‡] 로마의 물 소비가 얼마나 많았으며, 수도의 규모가 얼마나 대단했는지 놀라울 뿐이다.

---

[*] 아쿠아 aqua 는 라틴어로 물, 액체, 용액, 강, 옥색 등을 뜻하며, 로마 수도의 명칭에는 아쿠아란 단어가 앞에 들어가고 뒤에 지역명이나 수도를 구분하기 위한 고유명사가 붙는다.

[†] 프론티누스는 저술가, 군인, 집정관을 지낸 당대 최고의 엔지니어로, 수도 관리자를 지낸 경험을 바탕으로 『로마의 수도에 관하여 De aquaeductu 』라는 책을 저술했다. 두 권으로 된 이 책은 네르바 황제(또는 트라야누스 황제)에게 올린 보고서로, 로마 수도에 대한 역사, 규모, 수질, 관리상태 등 상세히 기술하고 있다.

[‡] 2023년 7월 기준

로마시를 지나는 수도 외에도 대표적인 수도는 많다. 카르타고 수도 Aqueduct of Carthage(또는 자구안 수도Zaghouan Aqueduct, AD 2세기 중반)는 튀니지의 카르타고시에 물을 공급했던 수도로, 수원지인 자구안으로부터 카르타고까지 총 132km를 흐르는, 로마제국이 건설한 가장 긴 수도다. 또 프랑스 남부 도시, 님을 흐르는 수도Nimes aqueduct는 퐁 뒤 가르Pont du Gard(BC 50년경)라는 수도교로 유명하다. 높이 48m, 길이 275m, 1층에 6개, 2층 11개, 3층 35개의 아치로 이루어진 이 수도교는 세상에서 가장 높고 아름다운 면모를 자랑하며 유네스코 세계 문화유산에 등재되어 있다.

··· 왼쪽 위부터 시계방향으로: 아피아 수도, 퐁 뒤 가르, 카르타고 수도, 클라우디아 수도*

---

* 클라우디아 수도에는 프론티누스가 "로마에서 가장 아름다운 수도교"라 칭찬한 수도교가 놓여있다.

로마시로 통하는 수도 (완공 연도순)

Name	착공 년도	완공 년도	길이 (km)	수원지 높이 (m)	로마에서의 높이 (m)	평균 경사도 (%)	용량 (m³/일)
아피아 수도 Aqua Appia		BC 312	16.5	30	20	0.06	73,000
아니오 베투스 수도, (구) 아니오(노부스) 수도 Aqua Anio Vetus	BC 272	BC 269	64	280	48	0.36	176,000
마르키아 수도 Aqua Marcia	BC 144	BC 140	91	318	59	0.28	188,000
테풀라 수도 Aqua Tepula		BC 125	18	151	61	0.51	18,000
율리아 수도 Aqua Julia		BC 33	22	350	64	1.32	48,000
비르고 수도 Aqua Virgo		BC 19	21	24	20	0.02	100,000
알시에티나 수도 Aqua Alsietina		BC 2	33	209	17	0.59	16,000
아니오 노부스 수도 Aqua Anio Novus	AD 38	AD 52	87	400	70	0.38	189,000
클라우디아 수도 Aqua Claudia	AD 38	AD 52	69	320	67	0.37	184,000
트리야나 수도 Aqua Traiana		AD 109	33	-	-	-	
알렉산드리나 수도 Aqua Alexandrina		AD 226	22	-	50	-	120,000 ~ 320,000

수도 물의 용도

이렇게 끌어온 물은 어떤 용도로 쓰였을까. 수도를 만들어 멀리서부터 물을 끌어왔다면 무엇보다 식수문제가 가장 급했을 것으로 생각할 수 있다. 그도 그럴 것이, 로마시에는 코앞에 테베레Tevere 강이 흐르고 있었지만,

오염이 심해서 식수로는 적당치 않았다. 그런데 뜻밖에도 시민들에게 오픈된 공공분수대에 공급되는 물의 양은 10%에 불과했다.[*] 그렇게 많은 수도를 만들어 놓은 것에 비추어보면 생각보다 많지 않은 양인데, 수도로 공급된 물은 쓸 곳이 많았다.

예를 들어, 맨 먼저 만들어진 아피아 수도는 우시장牛市場과 상업 시설에 물을 대기 위한 용도였고, 두 번째 수도 아니오 베투스는 맑은 날에는 수질이 좋지만, 비가 오거나 날씨가 나쁘면 흙탕물이 생겨 식수보다는 생활용수, 산업용수로 사용되었다. 알시에티나 수도 역시, 애초부터 테베레강 서안에 밀집해 있던 산업시설에 용수를 공급할 목적으로 지어졌다.[†]

또 로마제국에서는 적게는 65%, 많게는 90%의 인구가 농업에 종사하고 있었으므로, 이들에겐 항상 물이 필요했다. 물론 농업지역은 넓게 퍼져 있었으므로 수도로 모든 땅에 물을 댈 수는 없었고, 대부분은 샘이나 시내, 강, 호수에서 물을 끌어왔지만, 경작지가 공공수도 근처에 있는 농부들은 허가를 받아 정해진 기간에, 정해진 양의 수도 물을 사용할 수 있었다.

그런가 하면, 이탈리아 북쪽 폼페이와 헤르쿨라네움Herculaneum 등, 10개 이상의 도시에 물을 대던 아우구스타 수도Aqua Augusta의 경우, 일부 지선을 따로 뽑아 나폴리 포실리포Posillipo, Napoli에 있는 호화 저택에 물을 공급했다. 또 알시에티나 수도의 물은 트라스테베레Trastevere 지역에 정원을 가꾸기 위한 용도로, 심지어 오락용 해상 전투극을 위한 인공 호수를 만드는 데도 사용됐다.[‡]

로마인들이 목욕을 즐겼던 만큼, 공중목욕탕도 빼놓을 수 없는 수요처

---

* 로마 시대에는 591개의 분수대가 설치돼있었고, 로마시민들은 여기서 공짜로 물을 퍼갈 수 있었다.
† 이때 산업시설은 옷감을 짜거나 염색하는 작업장, 제분소 등이 주를 이뤘다.
‡ 이렇게 경기장 안에서 벌인 모의 해전을 라틴어로 '나우마치아Naumachia'라 한다.

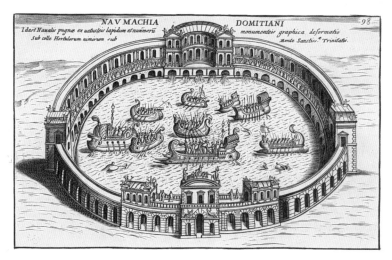

··· 로마의 해상 전투극 장면

였다. 시작은 아그리파가 최초로 지은 공중목욕탕Baths of Agrippa(BC 25)이었고, 이후, 많은 황제들이 너도나도 대규모 목욕탕을 만들었다. 이때부터는 이 목욕탕에도 깨끗한 물이 필요했다. 단, 공공분수대로 시민들에게 공급하기 위한 물이 공중목욕탕보다 우선했고 부유층보다 일반 시민들에게 우선권이 있었다. 도시에서 이미 사용했거나 남은 물은 관상용이나 정원을 가꾸는 용도로, 또는 배수로와 공공 하수로를 닦아내는 용도로 사용했다.

수도를 만든 로마의 기술

앞에서 본 대표적인 수도의 모습은 전체 수도의 경로 중 가장 눈에 띄는 '수도교'에 불과하다. 현대 도시에서 건물 구석구석에 물을 배달하는 송수관과 수도관을 땅 밑에 묻어놓듯이, 로마 수도의 대부분이 터널과 채널이고, 도시로 들어와선 도관을 사용했기 때문에 잘 보이지 않는다.

또, 당연한 얘기지만 당시의 수도에는 모터나 펌프가 없었다. 그러니까 물을 흘려보내려면 물이 높은 곳에서 낮은 곳으로 흐르는 자연의 법칙, 즉 중력에 의존할 수밖에 없었다. 로마 시내를 통과하는 수도의 모든 수원지가 출구보다 높은 곳에 있는데 바로 이런 이유 때문이다. 그런데 수도의 길이는 수십 km, 심지어 100km가 넘는 것도 있다. 전 구간이 '수도교'였을 리 없다. 무언가 다른 방법이 있어야 했을 것이다.

어떻게 이 먼 거리에 물을 흘려보냈을까? 물이 흐르다 보면 산도 있고, 계곡도 있고, 강도 있고 무수한 장애물이 있을 텐데? 도대체 로마의 수도는 어떻게 생겼길래, 어떻게 만들었길래 가능할 수 있었을까? 그 긴 경로에서 어떻게 수도의 기울기를 유지할 수 있었을까?

그 해답을 알아보기 전에, 로마 수도의 전체적인 구성을 이해하는 것이 필요할 것 같다. 먼저 모든 수도는 고지대의 수원지에서 시작된다. 물이 흐르다 언덕이나 산을 만나면 터널을 뚫어 물을 통과시키고, 계곡을 건너야 하거나 평지라도 수도의 경사도를 긴 구간에 걸쳐 유지해야 할 때는 수도교를 세운다. 수도교를 세우기에 계곡이 너무 깊고 비효율적이라면 역 사이펀 원리를 이용해 채널과 도관으로 물을 보낸다. 메인 수도로부터 여러 지역으로 물줄기를 나눠야 할 때는 카스텔룸으로 물을 분배하고, 도시

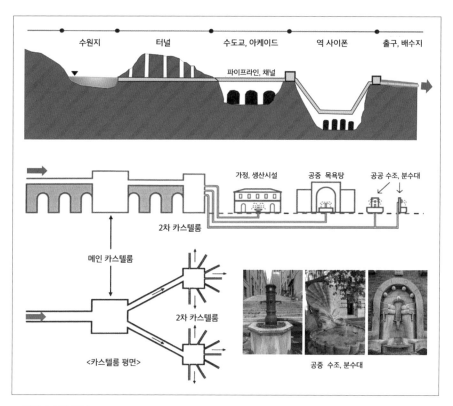

… 로마 수도의 구성

나 마을로 들어온 물은 지하에 묻힌 도관을 통해 종착지인 가정집이나 생
산시설, 공중 목욕탕, 그리고 공공분수대나 수조로 공급된다.

　너무 짧은 설명에 무슨 대단한 기술이 숨어있나 싶겠지만, 2,000년 전이
라면 얘기가 다르다. 나아가 그들이 만든 수도가 현대 기술의 모델이 되었
다면 좀 더 호기심이 생기지 않을까. 이제 로마 수도의 큰 구성과 흐름을
기억하면서 그들의 빛나는 지혜를 하나씩 살펴보도록 하자.

수원지 水源池

로마인들이 물을 얻는 방법은 여러 가지였다. 가장 흔한 것은 샘과 우물이었고 지하수를 도관導管에 연결하기도 했다. 강물에서 물을 얻는 것이 가장 쉬운 방법이긴 했지만, 오염의 우려가 있었고 드물게 댐이나 인공 호수를 만들어 강수량이 적거나 수요량이 많을 때 사용하기도 했다. 하지만 수도의 종점보다 고도가 낮은 수원은 쓸모가 없으므로, 수도의 수원은 일반적으로 고지대의 샘물이었다. 특히 로마로 공급되는 물의 대부분은 아니오 계곡Anio valley과 그 고지대에 있는 여러 샘에서 나온 것이었다. 샘물은 돌이나 콘크리트로 만든 스프링하우스springhouse*에서 모았다가 도관으로 흘려보냈다. 특별히 청결이 요구되지 않는다면, 댐이나 저수지에 물을 끌어와 수원으로 삼기도 했다.

터널

수원지에서 수도가 내려오다 보면 언덕이나 산을 만날 수 있고 그때는 산을 뚫어 터널을 만들었다. 그 시대에 터널이라야 "짧은 땅굴 수준이겠지"라고 생각했다가는 큰 오산이다. 이탈리아의 볼로냐 수도Bologna Aqueduct(BC 30년경)에는 18km짜리 터널이 있고 시리아와 요르단에 걸쳐있는 가다라 수도Gadara Aqueduct(AD 90~210)에는 무려 106km나 되는 터널이 있다. 이 터널은 세계에서 가장 긴 수도 터널로, 지표에서 가장 깊은 곳은 80m까지 되고 메소포타미아와 페르시아에서 보았던 카나트 공법을 사용했다. 수도에 공기를 공급하고 보수나 유지관리를 위해 수직 통로를 뚫어 놓은 것이 카나트의 전통방식과 거의 유사하고 지상의 수직 통로 입구에

---

*   샘의 오염을 막기 위해 덮개 형식으로 만든 구조물

… 가다라 터널의 내부

는 돌이나 나무로 만든 뚜껑을 덮었다. 터널 내부에는 돌을 주재료로 사용했으며, 채널과 같은 방법으로 콘크리트로 마감했다.

사실 터널을 뚫는 것 자체가 로마인들의 신기술이라고 보기는 어렵다. 규모는 작았지만 이미 카나트가 있었고, 로마인들이 그 기술을 사용한 것만 보아도 그렇다. 공법으로 보나 규모로 보나 터널다운 터널은 이미 기원전 6세기 에게해 사모스Samos 섬을 관통하는 에우팔리노스의 터널Tunnel of Eupalinos(BC 537~BC 523년경)†이 원조라고 할 수 있다. 사모스는 피타고라스Pythagoras(BC 580~BC 500)와 그리스 철학자 에피쿠로스Epikuros (BC 341~BC 270)의 고향이자 이솝Aesop(? ~ ?)이 살았던 곳으로 유네스코 세계문화유산에 등록될 만큼(1992) 문화적으로나 경제적으로 풍요로운 지역이었다. 그런데, 이 도시 사람들이 살아가는 데에 결정적인 문제가 있었다. 마실 물을 구하려면 도시 뒤편의 높은 산을 넘거나 돌아가야만 했던 것이다. 이 문제를 풀기 위해 당대 최고의 엔지니어 중 하나였던 에우팔리노

---

† 이 터널은 사모스섬을 지배한 폴리크라테스Polykrates (BC? ~ BC 522?) 군주 시대에 건설된 것으로 에우팔리노스Eupalinos 는 이 터널의 설계자이자 엔지니어로 알려져 있다.

스가 어찌 보면 상당히 무모한 해결책을 내놓는다. 아예 산 밑을 관통하는 일직선의 수도 터널을 뚫는 것이었다.

이 터널이 역사적, 기술적 의미를 갖는 것은 첫째, 정확한 측량의 결과였다는 것이고, 둘째, 현대 터널 공사에서처럼 양쪽 출구에서 뚫기 시작해 가운데에서 터널을 완성하는 공법을 사용했다는 것이다. 그리고 여기에는 비법이 있었는데, 이른바 에우팔리노스Eupalinos 테크닉이란 것이다. 이 테크닉에선 터널을 서로 반대 방향에서 뚫어오되, 한 팀이 반대쪽 팀과 만날 때쯤이면 경로를 오른쪽 또는 왼쪽으로 꺾고, 반대 팀은 마찬가지로, 그러나 방향은 반대로 왼쪽 또는 오른쪽으로 꺾는다. 그렇게 하면 어느 한 팀은 반대 방향에서 오는 경로와 반드시 마주치기 때문에 결국 터널이 이어질 수밖에 없다. 에우팔리노스의 터널은 1km가 약간 넘는 수준이었지만, 로마인들은 이런 기술들을 활용해 엄청난 터널과 수도를 완성시켰다.

수도의 터널만큼 길지는 않지만, 로마는 육상 터널의 기록도 가지고 있다. BC 38~BC 36년경 만들어진 나폴리 근처의 코세이우스 터널Cocceius tunnel이 그것으로, 규모는 사람과 마차 두 대 정도가 다닐 수 있는 정도였

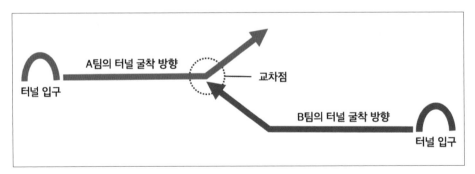

··· 에우팔리노스 테크닉의 개념

… 코세이우스 터널

고 단단한 응회암 산Monte Grillo 밑으로 약 900m를 뚫어 놓은 로마제국에서 가장 긴 육상 터널이었다.

트렌치와 채널

보통 전체 수도 경로의 80%는 트렌치나 채널, 터널 등의 형식으로 땅속에 묻혀있다. 트렌치란 도랑과 같이 땅을 U 모양으로 파놓은 것 자체를 말하고, 트렌치 안에는 도관pipe 을 설치하거나 내벽에 마감을 해서 바로 물이 흘러가는 채널로 만들었다. 산에서 내려오는 트렌치나 채널은 등고선을 따라 만들어 경사도를 조절하고 공사의 효율성도 높였다. 산속에 도로를 놓을 때, 높은 곳에서 낮은 곳까지 직선으로 만들지 않고, 굽이굽이 돌아가며 만드는 것과 같은 이치다. 생김새만 보면 채널과 터널의 구분이 좀 모호할 수 있는데, 터널은 땅을 파고 들어가 만든 통로이고, 채널은 트렌치를 판 다음 그 안에 만든 구조물이라 보면 될 것 같다.

대부분의 트렌치나 채널은 지표면으로부터 50cm~1m 깊이로 만들어 외

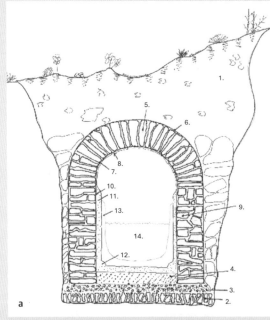

1. 트렌치trench
2. 기초foundation
3. 기초판footing
4. 바닥판floor
5. 볼트vault
6. 아치 바깥 면extrados
7. 아치 내측 면intrados, soffit
8. 거푸집 자국imprint of formwork
9. 측벽side wall
10. 플라스터plaster
11. 방수 코팅coating
12. 쿼터라운드quaterround
    (벽과 바닥이 만나는 곳에 볼록하게
    만들어 놓은 몰딩)
13. 퇴적물concretion
14. 수도 물aqueduct water

a. 로마 수도 채널의 전형적인 단면
b. 독일에 있는 에이펠 수도Eifel Aqueduct(AD 80) 발굴 당시의 모습(볼트 모양의 지붕)
c. 독일 본Bonn 근처 작은 마을 부쉬호벤Buschhoven에 전시된 실제 로마제국 채널 단면
d. 채널 내부

… 채널의 구조

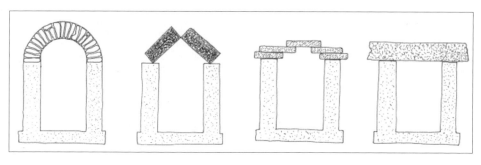

··· 채널 뚜껑의 모양

부로부터 적절히 보호될 수 있도록 했는데, 마르키아 수도에는 폭 90cm, 높이 2.4m의 대형 채널이 있는 것으로 보아, 어떤 용도로 사용되는가에 따라 규모가 달라지는 것 같다.

채널 속에는 물을 가득 채우지 않고 높이에 1/2~2/3 정도가 되도록 조절하여 물이 넘치지 않도록 했고, 채널 위에는 보통 볼트vault나 경사 지붕 형태의 뚜껑을 덮었으며, 내벽에는 벽돌을 주로 사용했다. 뚜껑을 설치하는 일이나 물을 완전히 채우지 않는 것은 수질과 유지관리를 위해서 필수적이었다. 다만, 뚜껑 없이 열린 상태의 채널도 있는데, 이 경우에는 크기가 조금 작았고, 사람이 들어가 관리하기 편하다는 장점이 있었다.

경사 수도Dropshaft

수도의 경사를 급하게 하면 많은 물을 빨리 흘려보낼 수 있다고 생각기 쉽지만, 큰 높이 차이로 인해 물의 압력이 커지고 오히려 하부의 수도를 훼손할 수 있다. 따라서 지형에 따라 수도의 경사가 커질 때, 또는 역사이폰 원리로 수도가 설계되었을 때, 수도를 계단식으로 만들거나 물이 떨어지는 부분에 수조를 만들어서 유속을 줄이고 물의 압력을 완충시켰다.

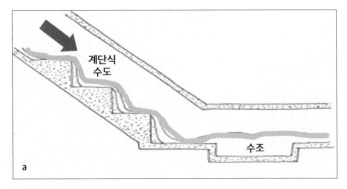

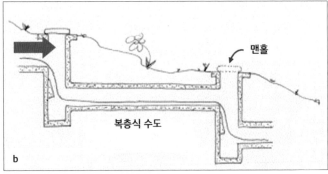

··· 경사 수도의 종류: a. 계단식 수도 b. 복층식 수도

수조Basin

수조는 수도 어딘가에 넓은 공간을 만들어 터널, 채널, 수도관 등을 타고 흘러온 물이 잠시 머물거나 저장될 수 있도록 만든 시설로, 보기엔 비슷해도 조금씩 다른 기능들이 있다. 이 수조를 기능별로 분류해보면 다음과 같다.

- 저장 수조Storage basin: 물이 흘러가면서 물결이 커지는 것을 방지하고 이로 인한 에너지를 흡수하기 위해 물이 잠시 머무를 수 있도록 설치한 수조
- 집수조Collecting basin: 수원에서 수도로 물을 흘려보내기 전에 충분한 양이 되도록 물을 모아두는 수조
- 분배 연결 수조Distribution, Splitting basin: 큰 수도로부터 작은 수도, 파이프 등 여러 방향의 길로 물을 분배하기 위해, 또는 수도가 갈라지는 분기점에 설치하는 수조
- 유속 조절 수조Waterfall Basin: 수도가 높은 지점에서 낮은 지점으로 이어져 높이 차이가 커질 때 수압과 유속을 완충시키기 위해 만드는 수조
- 수량 조절 수조Regulation basin: 계절적으로 수원지로부터 공급되는 물이 넘쳐나거나, 검사나 유지관리를 위해 수도의 물을 빼야 할 때, 상황에 따라 수도의 물길을 다른 방향으로 바꿔야 할 때 등, 수도의 수위를 조절하거나 물을 다른 곳으로 흘려보낼 목적으로 만드는 수조
- 침전 수조Settling basin: 흙이나 불순물질을 침전시켜 제거할 목적으로 수원지의 시작점, 수도의 종점, 마지막 카스텔룸 직전에 설치하는 수조
- 공공 수조Street-side basin: 시민들이 물을 퍼갈 수 있도록 수도의 종점에 만들어 놓은 수조

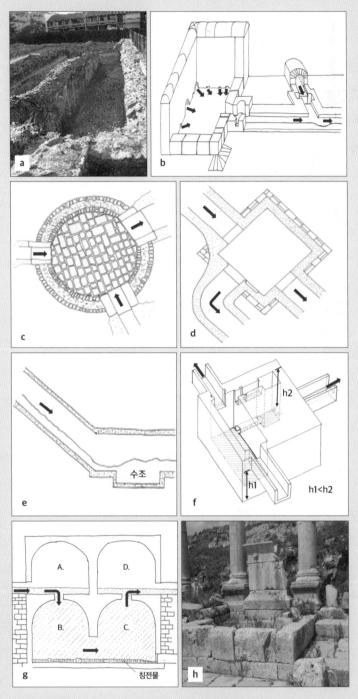

a. 저장 수조, b. 집수조, c. 분배 연결 수조 1, d. 분배 연결 수조 2,
e. 유속 조절 수조, f. 수량 조절 수조, g. 침전 수조, h. 공공 수조

… 수조의 종류

카스텔룸 아쿠아에castellum aquae

카스텔룸 아쿠아에는 라틴어로 "물의 성城"이라는 뜻으로, 집수조와 분배 연결수조의 기능을 함께 가지고 있는 시설이다. 정확히 알 수는 없지만, '성'이란 단어가 붙은 것은 이 수조 외곽을 둘러싼 구조물이 '성'의 이미지를 주었기 때문 아닌가 싶다. 어쨌든 이미 수조를 설명하고 나서 다시 카스텔룸을 소개하는 것은 이것이 로마 수도의 독특한 시스템 중 하나이자 수도에 대한 로마인들의 빛나는 아이디어를 보여주기 때문이다.

카스텔룸의 기본적인 구성은 수원지나 수도로부터 물이 흘러들어오는 인입구, 물이 일정한 높이까지 차오를 때까지 저장하는 수조, 그리고 여러 지역으로 물을 분배하는 배출구로 이루어진다. 얼 듯 평범해 보이지만, 수원지의 물이 항상 충분할 수 없으므로 수조 내부에 있는 장치로 공급되는 물의 양에 따라 더 급한 지역에 먼저 물을 공급한다는 것이 포인트다. 현재 보존 상태가 좋은 카스텔룸은 이탈리아 폼페이에 하나, 프랑스 님Nimes, France에 다른 하나가 있는데, 서로 다른 원리로 물을 분배한다.

폼페이의 카스텔룸은 커다란 수조 내부에 서로 다른 높이의 차수벽이 세워져 있는 형태로 물이 인입구로 들어오면 일단 일정한 높이까지 물이 차다가 1차로 가장 낮은 차수벽을 넘어 물이 빠진다. 인입량이 많아 수위가 더 높아지면 다음 높이의 차수벽 너머로 물이 흐르고 그다음 차수벽까지 모두 세 방향으로 물이 분배된다.

님의 카스텔룸은 수조를 나누지 않고 배수 파이프만으로 물을 분배한다. 파이프가 연결되는 구멍은 벽면과 바닥에 있는데, 바닥에 있는 구멍에는 수직 파이프를 세워 수위를 조절하도록 만들었다. 원리는 간단하지만 절묘하다. 수조로 물이 들어와서 수위가 높아지면 먼저 벽면에 뚫린 구멍

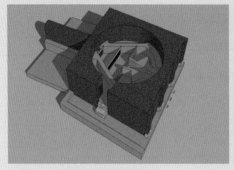

··· 폼페이 카스텔룸의 복원도(왼쪽) 및 외관(오른쪽)

··· 폼페이 카스텔룸 내부

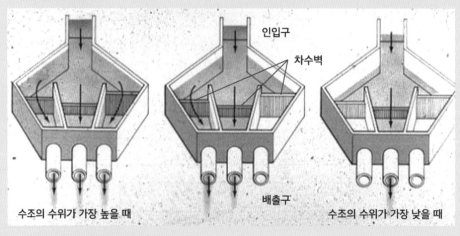

인입구

차수벽

배출구

수조의 수위가 가장 높을 때   수조의 수위가 가장 낮을 때

··· 폼페이 카스텔룸의 내부 구조와 물 분배 원리

과 이어진 파이프로 물이 빠져나가고 물이 더 차오르면 벽면의 구멍보다 입구 위치가 높은 수직 파이프로 물이 흘러 들어간다. 이렇게 함으로써, 수량이 충분하면 모든 곳에, 부족할 때는 우선 물을 보내야 할 지역과 조금 여유 있는 지역을 나누어 물을 분배하게 된다.

프로티누스의 보고서에 의하면, 로마의 9개 수도에 247개의 카스텔룸이 있었으며, 마을이나 주택으로 물이 분배되는 마지막 카스텔룸 직전에는 침전 수조를 두어 물을 정화했다고 한다.

도관Pipe

우리 주변에서 수도관이나 하수도에 문제가 생기면 땅을 파고 도관을 수리하듯이 로마의 수도 시스템에도 도관은 매우 중요한 요소였다. 거대한 터널이나 채널보다 만들기도 쉽고, 특히 도시 안에 물을 공급할 때는 도관을 사용하는 것이 훨씬 효과적이었다. 즉, 마지막 카스텔룸에서 물을 모았다가 직경이 가는 도관으로 물을 보내면 수압이 세져서 도시 곳곳의 공공 수조나 분수대에 물을 공급할 때 안성맞춤이었다. 물의 공급이 중력식에서 압력식으로 바뀌는 것이다. 다만, 도관이 막히거나 파손됐을 때 사람이 직접 들여다볼 수 있는 채널보다 관리가 어렵다는 것이 단점이었다.

도관의 재료로는 점토(테라코타)가 가장 흔했고, 그다음이 납, 그리고 돌이었다. 이탈리아를 포함한 남부 유럽에선 거의 사용되지 않았지만, 북유럽과 영국에선 젖거나 땅에 묻어도 괜찮은 단단한 소나무나 오리나무를 사용하기도 했고 드물게 가죽을 재료로 사용한 예도 있었다.

점토 도관은 튜불리tubuli라 불렸는데, 규모가 작은 수도와 변두리 지역의 분배 시스템, 하수관 등에 사용됐으며, 도관 한 개의 크기는 내부 직경

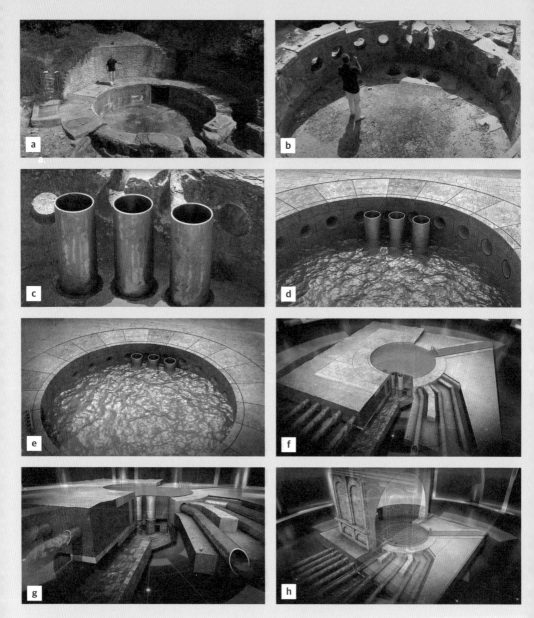

a. 실제 카스텔룸의 전경

b. 내부의 배수구. 바닥과 벽면에 배수 파이프와 연결되는 구멍이 보인다.

c. 바닥 배수구에 수직 파이프가 연결된 모습(컴퓨터 그래픽)

d. 인입구로부터 물이 흘러와 수조를 채우는 모습(컴퓨터 그래픽)

e. 수조에 물이 차면 벽면에 뚫린 배수구(작은 구멍)로 먼저 물이 빠져나가고 수직 파이프에는 수조가 가득 찼을 때 물이 흘러간다.
   즉, 수원지로부터 모아진 저수량에 따라 벽면 배수구와 연결된 수도는 물을 우선 공급해야 할 지역으로, 수직 파이프는 차순위
   지역으로 물을 보낸다.(컴퓨터 그래픽)

f. 배수관으로 물이 분배되는 모습(컴퓨터 그래픽)

g. 배수관 하부 모습(컴퓨터 그래픽)

h. 물이 분배되는 카스텔룸 전체 모습(컴퓨터 그래픽)

… 프랑스 님의 카스텔룸 구조와 물 분배 원리

··· 로마의 점토 도관과 유적

이 평균 15cm, 길이가 40~70cm 정도였다. 모양은 한쪽 끝이 다른 쪽보다 가는 테이퍼형으로 굵은 쪽에 가는 쪽을 끼워 잇거나, 암수 이음을 만들어 끼워 넣기도 했고, 이음 부분은 플라스터로 봉했다. 점토라 깨지기 쉽고 이음매가 터질 우려가 있어서 이 도관은 주로 수압이 낮을 때만 사용했고, 도관 세척을 위해 위쪽에 구멍을 뚫고 그 위에 뚜껑을 덮기도 했다.

사실, 이 점토 도관은 로마인들이 처음 발명한 것은 아니었다. 고대 그리스에서도 로마만큼의 복잡한 시스템은 아니었지만, 수도 시설이 있었고, 여러 형태의 점토 도관이 그리스 유적에서 발견된다. 로마의 그것과 많이 닮아

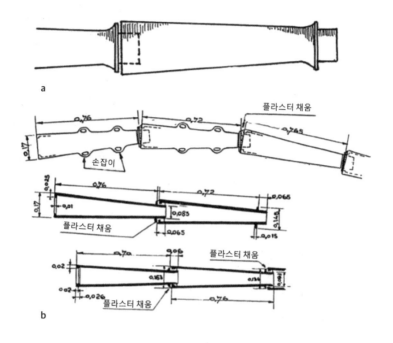

플라스터 채움
0.76
0.72
0.765
0.17
손잡이
0.045
0.76
0.72
0.065
0.17
0.01
0.083
0.145
플라스터 채움
0.065
0.015
0.70
0.06
플라스터 채움
0.02
0.157
0.13
0.02
0.026
0.76
플라스터 채움
b

··· 고대 그리스 크레타섬에서 발견된 도관의 모양과 이음

있는 것을 보면 로마가 그리스로부터 배워왔을 가능성이 커 보인다.

반면, 로마인들의 독창적인 발명은 납 도관이다.

인류가 처음 납을 사용한 것은 청동기보다 앞선 시대로, 튀르키예 지역에선 BC 6500년경의 것으로 보이는 납 광산의 흔적이 발견되었으며, 사람들은 납을 장신구로, 심지어 화장품, 의약품으로까지 만들어 썼다. 잘 알려져 있다시피, 납에는 독성이 있는데, 이 사실도 이미 BC 2000년 전부터 알려지기 시작했고 그리스에서도 BC 250년경부터 그 위험성이 언급됐지만, 독성과 증상 간의 정확한 인과관계는 밝혀지지 않았었다.

그럼에도 불구하고, 납은 제련이 쉽고 저렴하면서 장점도 많아, 로마는 이전 어느 나라보다 납의 채광과 생산을 확대했고 수요도 많았다. 장신구는 물론이고, 주방기구, 항아리, 와인병 등 다양한 용도로 납을 사용했으며, 도관의 재료로 납을 사용한 것은 로마가 최초였다. 배관이나 배관공사를 뜻하는 영어 단어 '플러밍plumbing'도 납을 나타내는 라틴어 '플룸붐plumbum'에서 유래했다.

납 도관을 만드는 방법은 쉽고도 기발했다. 먼저, 직사각형의 나무 형틀에 녹인 납을 흘려서 형틀 모양 그대로 넓은 납 판을 만든 다음, 가운데에 통나무를 놓고 이 판을 말아 원형, 또는 둥근 모서리가 있는 삼각형의 통으로 만든다. 납 판의 양 끝은 겹친 상태에서 납땜으로 마무리하거나, 겹치고 접은 다음 땜질을 했다. 대략 열 가지 정도의 규격이 있었는데, 각각 납 도관이 설치된 거리의 폭으로 구분했으며, 크기는 당시 로마에서 사용되는 단위(1 unit = 1.85cm)로 정해져 있었다.

하지만 로마가 왜 도관의 재료로 납을 썼는지는 좀 의아하다. 제작 자체는 점토 도관보다 쉬웠을지 몰라도 납 도관은 점토 도관에 비해 가격도 비싸고 숙련공이 필요했으며, 수압이 강하면 이음 부분이 터지는 문제도 있었다. 또 로마인들도 납의 유독성에 대해 이미 알고 있었다. 비투루비우스는 납을 제련하고 주조하는 작업자들에게 유해한 증상이 많다는 점을 들어 납 도관의 위험성을 경고하기도 했다. 심지어 많은 귀족이 납 중독이 아니라면 설명할 수 없는 원인으로 사망했으며, 로마가 납 도관을 사용했기 때문에 쇠락의 길을 걷게 됐다는 주장도 있다. 물론 납은 흐르는 물에는 영향을 주지 않기 때문에, 고대 로마인들의 뼈에서 발견된 납 성분이 납 도관 때문이 아니라는 반론도 있다.

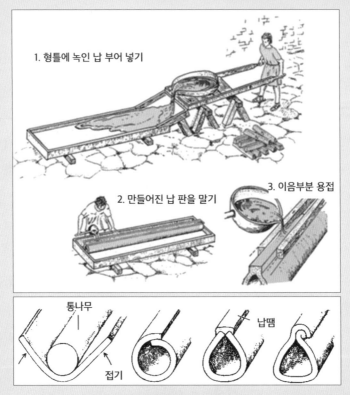

1. 형틀에 녹인 납 부어 넣기

2. 만들어진 납 판을 말기

3. 이음부분 용접

통나무

접기

납땜

··· 납 도관의 제작 과정(위쪽)과 그 용접 형태(아래쪽)

··· 영국 서미싯의 공중 목욕탕(AD 60)과 바닥에 납으로 만든 도관의 설치 모습, 그리고 로마제국 시대 사용된 납 도관 (AD 1~300)

어쨌든 로마의 납 도관은 현재까지 많이 남아있어서 그들의 아이디어를 직접 확인할 수 있고, 특히, 영국 서머싯Somerset에 있는 제국 시대 공중목욕탕Aquae Sulis(AD 60)에서는 당시 공중목욕탕의 화려함과 함께 납 도관이 설치된 모습을 생생하게 볼 수 있다.

역사이펀inverted siphon

수도가 지나가야 할 길에 계곡이 너무 깊거나 높낮이 차이가 심해서 수도교를 놓기가 마땅치 않을 때는 수도교 대신 '역사이펀 원리'를 이용했다. 이 용어는 좀 생소할 수 있지만, '사이펀'은 알게 모르게 생활 속에서 많이 봐왔다. 사이펀은 파이프나 튜브를 뜻하는 고대 그리스어에서 온 말로 거꾸로 된 U자 모양의 관을 말한다. 사이펀을 사용하면 펌프 없이도 유체를 중력의 반대 방향, 즉, 위쪽으로 끌어올려서 수면이 낮은 곳으로 이동시킬 수 있다. 석유 난로를 많이 쓰던 시절에는 난로에 석유를 넣기 위해 플라스틱 관 두 개가 달린 사이펀이 필수품이었다.

역사이펀은 이와 딱 반대한다. 수위가 높은 곳에서 아래로 한번 내려갔다가 다시 올라가는 사이펀을 말하며, 대신 올라가는 물의 수위가 출발점

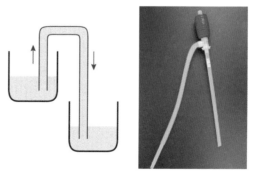

··· 사이펀의 원리와 석유 사이펀

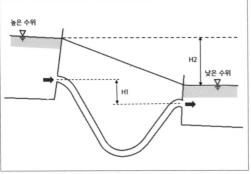

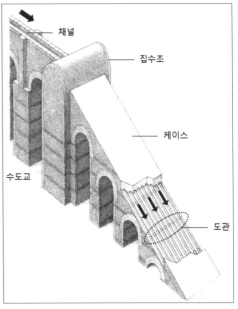

··· 역사이펀의 원리와 로마 수도의 역사이펀(위)
지에르 수도에 있는 역사이펀 유적(아래)

보다 낮아야 반대편으로 물이 흘러갈 수 있다.

수도에 역사이펀 원리를 적용할 때는 일단 수도로 흘러온 물을 수조에 모았다가 지형의 경사를 따라 여러 줄기의 도관으로 흘려보낸다. 역사이펀에는 주로 납 도관을 많이 사용했고 종종 콘크리트나 돌로 만든 케이스로 덮어 도관을 보호하기도 했다. 드물게 점토 도관을 사용할 때는 이음부가 터지지 않도록 납으로 봉하고, 아예 돌로 만든 도관을 사용하기도 했다. 물이 도관을 통해 내려갈 때 압력이 발생해 그 압력으로 물이 공급되지만, 그 때문에 도관이 터질 수 있으므로 도관 보호는 필수였다.

수도교 Aqueduct bridge

뭐니 뭐니 해도 로마 수도 시스템의 결정판은 수도교다. 많은 사람이 '수도교 = 수도'라 알고 있을 만큼 수도교는 매우 인상적이다. 긴 교각에 멋진 아치와 아케이드가 굽이치는 것을 보면, 물이 지나가는 통로라는 것이 아까울 정도고 로마인들의 예술적 감각에 감탄이 절로 나온다.

가장 놀라운 것은 그들의 발상이다. 수원지로부터 먼 거리를 지나 종착점까지 물을 운반하려면 비록 전체 시스템에 일부에 불과할지라도 수도교는 절대적이었다. 수도는 종종 계곡을 건너야 했고, 평지처럼 보이는 곳이라도 높은 곳에서 낮은 곳까지 기울기를 맞추려면 다리가 필요했기 때문이다. 그런데 이런 높고 긴 다리를 만들 수 있었던 비결은 다름 아닌 아치였다.

그런데 아치 구조는 뭔가 대단한 기술이 필요할 것 같은 느낌을 준다. 그것이 수천 년 전에 만들어진 것이라면 더 대단하게 느껴진다. 어떻게 만들었을까? 왜 하필 아치여야 했을까?

'아치'란 문이나 창의 윗부분을 곡선으로 만들어 양쪽 기둥 또는 벽체에 지지되도록 만든 구조물로, 아치가 옆으로 나란히 늘어서 있으면 아케이드arcade, 터널처럼 연속적으로 이어지면 볼트vault, 360° 회전시키면 돔dome이 된다.

이런 구조물들은 훨씬 더 옛날 문명에서도 심심치 않게 발견된다. 예를 들어, 메소포타미아에서는 일찌감치 아치 모양의 갈대집을 만들었고 BC 3,800~BC 4,000년경에 만든 것으로 추정되는 아치 형태의 지하 수로가 수메르의 도시 니푸르에서 발견됐다. 그러니까 아치는 로마의 전유물도 아니고 그들이 아치 구조를 썼다는 것 역시 전혀 신기한 일이 아니다.

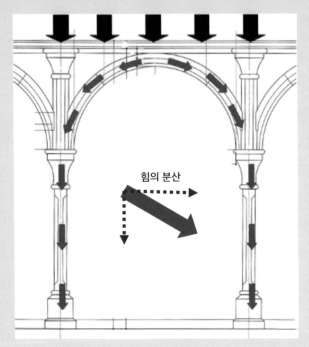

··· 아치 구조에서의 힘의 전달과 분산

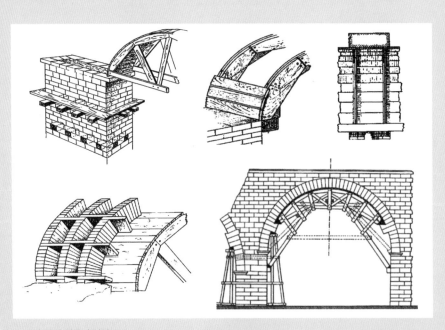

··· 로마 아치 형틀의 상상도

고대인들에겐 아치가 직선 구조물보다 훨씬 유리한 형태였을 수 있다. 아치는 상부에서 오는 하중을 곡선을 따라 분산시키므로 아치 윗부분의 하중이 클 때 직선 형태의 구조보다 더 잘 견딜 수 있고, 아치를 받치는 기둥 간격도 더 넓게 할 수 있다. 특히 서양에서 아치를 즐겨 쓴 것은 고대로부터 그들의 건축재료가 대부분 무거운 돌이나 벽돌이었기 때문일 수 있다. 반대로 가벼운 목재를 주로 쓴 동양 건축에선 아치가 드물다. 반면, 현대 건축물에선 의도하지 않는 한 아치를 잘 만들지 않는데, 철근콘크리트나 철골과 같은 강성이 큰 부재가 상부의 하중을 효과적으로 받아낼 수 있기 때문이다. 덕분에 아치가 아니더라도 기둥의 간격을 넓힐 수 있고 굵기도 줄일 수 있다.

한편, 로마의 아치와 다른 시대의 것과는 제작 과정에서 큰 차이가 난다. 고대에 아치나 볼트를 만드는 방법은, 먼저 양쪽에 아치를 받칠 벽체를 만들고 그 안쪽에 돌, 벽돌, 흙 등을 둥글게 쌓아 놓은 다음, 그 위에 양쪽 끝부터 벽돌이나 돌을 올리고 가운데 쐐기돌keystone(홍예석)을 꽂아 마무리하는 것이다. 그리고 밑에 쌓아 놓았던 재료들을 제거하면 아치가 완성된다.

하지만 로마에는 최신 공법과 장비가 있었다. 로마 수도교 중에는 2층, 3층 구조로 된 것들도 있는데, 고대에 하던 방법대로 아치교를 만들었다면 엄청나게 크고 높은 인공산을 쌓아야 했을 것이다. 그런데 로마인들은 형틀formwork을 개발해 냈다. 현대 공사에서 형틀이라 하면 주로 콘크리트를 부어 넣기 위한 거푸집을 말하지만, 로마인들은 형틀을 이런 용도로 사용하지 않았고, 아치나 볼트, 돔 등의 하부를 받치는 데 주로 썼다.

거기다, 그리스가 개발한 비계 시스템을 발전시켰고, 역시 그리스가 개발한 기중기를 모델로 '트리스파스토스trispastos', '폴리스파스토스polyspastos'

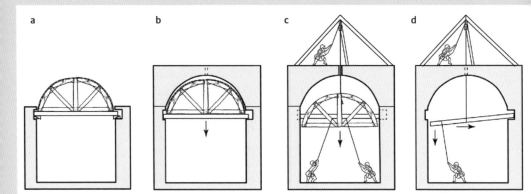

a. 형틀과 형틀을 지지하는 보를 양쪽 지지구조물 위에 설치하고 쐐기로 양 끝에 고정한다.
b. 상부 구조가 완성되면 쐐기를 빼내고 형틀과 보를 상부 구조에서 분리한다.
c. 도르레가 달린 기중기로 형틀을 내린다.
d. 기중기로 형틀지지 보를 내린다.

··· 로마의 아치, 볼트의 형틀 설치 및 해체 상상도

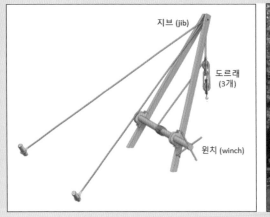

지브 (jib)

도르래
(3개)

윈치 (winch)

··· 로마의 기본 크레인 '트리스파스토스'와 '폴리스파스토스'의 모형

등 최신 기중기를 만들어냈다. 이렇게 높은 곳에 자재를 올리고 사람이 올라가 작업할 수 있는 기술이 마련되었으니, 수십 미터 높은 건축물의 공사도 거뜬히 해낼 수 있었던 것이다.

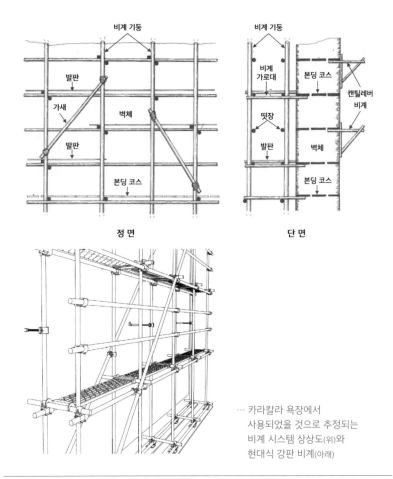

정면

단면

… 카라칼라 욕장에서
사용되었을 것으로 추정되는
비계 시스템 상상도(위)와
현대식 강판 비계(아래)

---

* 비계 가로대 putlog : 짧은 비계목으로 비계 띳장 사이에 수평으로 걸쳐 대어 비계발판을 받는 가로부재 / 띳장 lodger : 수직부재를 고정하기 위해 가로 방향으로 둘러 설치한 부재 / 발판 walkway : 작업자가 서서 작업을 하거나 자재를 올려놓을 수 있는 발판 / 본딩 코스 bonding cource : 벽체를 구성하는 콘크리트 부분을 아래위로 분리하기 위해 벽돌 등으로 만들어 삽입한 켜 / 캔틸레버 비계 cantilevered scaffording, bracket scaffording : 비계의 한쪽만을 벽면에 지지해 하중을 받도록 만든 비계

··· 수도교 공사 현장 상상도

건축재료

수도교의 주요 재료는 돌, 콘크리트, 벽돌이다. 돌은 화산 활동이 활발했던 지역인 만큼 주로 화산재가 퇴적돼 만들어진 응회암 종류가 많이 사용됐고 제정 시대에는 영토가 커진 만큼 지역별로 구하기 쉬운 돌을 사용했다. 로마의 수도가 만들어지기 시작하던 초창기에는 돌로 별다른 무늬 없이 단순한 디자인의 기둥과 아치로 만들어졌고 제국 시대에는 색깔도 다르고 패턴을 넣은 돌을 사용했으며 장식도 많아졌다.

여기서 주목할 것은 콘크리트다. 콘크리트는 수도의 구조체를 완성하는 데 중요한 재료였고, 콘크리트 벽체의 형식을 수도교에서 그대로 찾아볼 수 있다.

예를 들어, 최초의 수도 아피아에는 안쪽 방수에 모르타르를 사용하고 수도교는 돌만을 재료로 한 오푸스 꽈드라툼 방식이었지만, 두 번째 아니오 베투스 수도(BC 269)부터 교각에 투푸석을 사용한 오푸스 레티쿨라툼 방식이 나타난다. 로마가 콘크리트를 처음 사용했다는 시기와 거의 맞아떨어진다. 이 방식은 1세기 초반, 아우구스투스 시대에 지어진 민트루나이 수도Aqueduct at Minturnae의 수도교와 비슷한 시기 프랑스 리옹의 지에르 수도

⋯ 민트루나이 수도교(왼쪽)과 지에르 수도에 있는 수도교(오른쪽)

교Gier aqueduct에서도 찾아볼 수 있다.

　그런가 하면, 네로 황제 때는 돌이 아닌 벽돌로 표면을 덮은 수도교Nero's Aqueduct Arcus Neroniani가 만들어졌다. 오푸스 라테리시움 방식이다. 이 수도에서는 네로의 폭군적인 면모도 볼 수 있는데, AD 64년에 로마를 불태운 후 네로가 크라우디아 수도에서 물을 끌어와 이 수도를 만들었고, 시민들에게 공급한 것이 아니라, 자신의 궁전에 물을 댔다고 한다. 그 모습은 돌을 주재료로 했던 이전의 수도와는 확연히 차이가 나는데, 1700년대 이탈리아 화가 피라네시의 그림을 보면 일부 구간에서 아주 화려한 장식이 있기도 하고, 실제 남아있는 수도교 유적을 보면 아주 매끈한 표면이 현대적인 느낌을 주기도 한다. 콜로세움(AD 72~80)의 주 건축재료가 벽돌이었던 것을 생각해보면 네로 시대 역시 벽돌의 전성시대라 할 수 있고 이 영향이 컸던 것 같다. 이때부터 적어도 이탈리아에 있는 수도는 계속 벽돌 마감으로 지어졌고, 오래된 수도를 보수할 때도 벽돌을 사용했으며, 이런 방법은 세베루스 황제Severus Alexander(AD 208~235) 때 건설된 로마의 11개 수도 중 마

… 이탈리아 화가 조반니 바티스타 피라네시(Giovanni Battista Piranesi, 1720-1778)의 그림
　네로의 수도

지막 수도, 알렉산드리나 수도까지 계속됐다.

콘크리트의 시대가 열렸다고 해서 이후 모든 수도교가 콘크리트 구조로 만들어진 것은 아니었다. 예를 들어, AD 1세기에 스페인에 지어진 세고비아 수도에는 화강석으로 만든 수도교가 있다. 그러니까 시대적인 양식의 변화와 기술적인 발전이 있었겠지만, 어떤 재료가 수도교에 사용되었는가는 주어진 환경과 재료의 가용성이 제일 큰 영향을 미쳤던 것 같다.

한편, 수도교의 아치는 1층에서 3층까지의 구조로 되어있고, 지면에서 얼마 높지 않은 것에서부터 퐁 뒤 가르의 수도교와 같이 엄청난 높이를 자랑하는 것도 있다. 퐁 뒤 가르 수도교는 현대의 빌딩과 비교하면 15~16층 높이와 맞먹는다. 그러나 수도교가 높다는 것, 또는 아치의 층수가 많다는 것은 어디까지나 수원지로부터 경사도를 맞추기 위해, 또는 계곡을 건너기 위한 어쩔 수 없는 선택이었을 뿐, 통과하는 물의 양이나 채널의 개수와는 상관이 없다. 외관이 2~3층이라 해도 물이 지나는 채널은 맨 위층에만 있는 경우가 대부분이다.

··· 세고비아 수도의 수도교

그런데 예외적이면서 재미있는 사례가 있다. 포르타 마조레Porta Maggiore 가 그것으로, '큰 문'이란 뜻의 이 건축물은 로마시의 동쪽 성문 역할을 하면서 아니오 노부스 수도와 클라우디아 수도의 교차점이 되는 일종의 수도교이다. 이 두 수도는 모두 클라우디우스 황제가 지시해 만들어졌으며(AD 52) 수도교의 위층에는 아니오 노부스 수도, 아래층에는 클라우디아 수도의 채널이 지나간다.

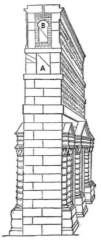

아니오 노부스 수도(A,a)와 클라우디아 수도(B,b)

⋯ 포르타 마조레의 단면과 전경

수도 건설의 비밀, 로마의 측량기술

지금까지 로마 수도의 구성요소와 그 하나하나가 얼마나 대단한지를 설명했는데, 또 하나 빠뜨릴 수 없는 로마의 기술이 있다. 로마의 수도를 보면서 가장 궁금한 것 중 하나는 수십, 수백 km가 넘는 물길을 만들면서 어떻게 정확한 루트를 유지할 수 있었고, 특히 중력식 수도의 생명인 경사도를 유지할 수 있었느냐는 것이다. 아피아 수도의 경우 경사도는 불과 0.06%이다. 전체 길이가 16.5km이니까 이 거리를 직선으로 생각했을 때 수원지로부터 종점까지 높이 차이가 10m도 안 된다는 얘기다. 중간에 조금이라도 역경사가 생긴다면 물이 흐를 수 없다. 132km나 되는 카르타고 수도는 말할 것도 없다. 이 문제를 해결할 수 있었던 것은 로마의 측량기술이었다.

인류 문명은 로마 시대 이전부터 측량에 눈을 뜨게 됐고, 이집트, 그리스 등을 거치면서 여러 기술을 발전시켜왔다.

이집트에선 길이와 각도를 재고, 다림추를 사용할 줄 알았으며 A자형 수평틀, 메르케트와 베이라는 도구를 발명했다. 이집트나 메소포타미아가 발명했다는 그로마는 그리스에 이어 로마의 측량기술을 한층 발전시켰다.

이 외에 로마에 와서 꽃핀 측량 도구들이 있는데, 그중 대표적인 것이 디옵트라dioptra 와 코로베이트chorobate 이다.

디옵트라

디옵트라의 원조 발명가는 고대 그리스로, 기본적인 형태는 소총의 가늠쇠와 가늠자를 연상해보면 쉽게 이해할 수 있다. 군대 다녀온 사람이 아니더라도 누구나 한 번쯤 오락실에서 소총 구경을 해보았을 텐데, 한쪽 눈을 가늠자에 대고 총구 끝에 달린 가늠쇠와 목표물을 일치시키면 오차 없이 일직선을 만들어낼 수 있다. 사실 이집트의 메르케트와 베이, 그로마에도 같은 원리가 적용된다. 디옵트라는 여기에 추가기능으로 톱니바퀴와 나사를 이용해 가늠쇠와 가늠자를 좌우로, 상하로 움직일 수 있게 만들었고 디옵트라가 세워진 지점에서 목표 지점 간의 수평 각도와 수직 각도까지 잴 수 있도록 했다. 그러니까 1차원의 직선과 좌우 2차원의 각도, 상하 3차원의 각도를 측정할 수 있게 된 것이다.

이 디옵트라가 앞에서 나왔던 사모스의 에우팔리노스 터널 공사에 사용되었다는 설이 있는데, 그 원리를 살펴보면 로마의 수도 건설에 딱 맞아떨어진다. 이 공사의 핵심은 양쪽 출구에서 뚫기 시작해 어긋나지 않고 가운데에서 터널을 완성하는 것이었다. 이를 위해선 에우팔리노스 테크닉도 큰 역할을 했겠지만, 이 방법은 만일을 대비한 것이고, 제일 중요한 것은 처음부터 양쪽 출발점에서 터널을 파 들어가는 경로를 어떻게 예측하느냐였다. 그런데 이 문제의 해결책은 의외로 간단한 기하학에서 찾을 수 있었다.

수원지에서 마을까지 산을 우회해서 수평, 수직 방향으로 이동한다고 가정했을 때 수평 거리와 수직 거리를 따로 측정하면 수원지와 마을 간의 직선 경로와 수평, 수직 거리가 이루는 직삼각형을 만들 수 있고, 삼각형의 빗변 각도를 찾으면 각 출발점의 각도를 구할 수 있다. 이 원리는 간단해 보이지만, 문제는 이 우회 길조차 100% 평지가 아니라는 것이다. 따라서 높낮이를 고려해 직선거리를 구할 방법이 필요했고, 그래서 2,700여 년 전 이 공사에서 디옵트라를 활용했거나 적어도 비슷한 장치를 사용했다는 얘기가 나온 것이다. 현대에선 이런 측량을 수준 측량, 또는 고저 측량

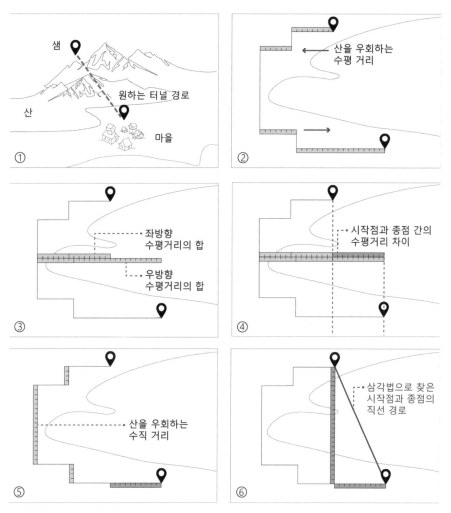

① ② ③ ④ ⑤ ⑥

②
산을 우회하는
수평 거리

③
좌방향
수평거리의 합

우방향
수평거리의 합

④
시작점과 종점 간의
수평거리 차이

⑤
산을 우회하는
수직 거리

⑥
삼각법으로 찾은
시작점과 종점의
직선 경로

①
샘
원하는 터널 경로
산
마을

… 유팔리노스 터널의 직선 경로 찾기

leveling surveying이라고 한다.*

제대로 형태를 갖춘 디옵트라가 한참 뒤에나 발명됐으므로 에우팔리노
스의 터널과는 관계가 없다는 주장도 있다. 그중 하나가 그리스 천문학자

---

* 수준 측량leveling surveying: 기본 수준점(해발 고도를 잴 때 기초가 되는 점) 또는 공공 수준점을 이용하여
  지표면에 있는 여러 위치의 고저 차이를 관측해 그 위치들의 고저(표고)를 결정하는 측량

프톨레마이오스Ptolemaios Klaudios(AD 83~161)가 그의 저서에서* 보여준 디옵트라로, 그는 대선배인 그리스 천문학자 히파르코스Hipparchus(BC 190? ~ BC 125?)가 기원전 2세기에 이 도구를 발명했으며 이것을 이용해 태양과 달의 지름까지 측량했다 설명하고 있다. 이 히파르코스의 작품은 디옵트라의 초기 형태라고나 할까, 고정된 가늠자로 가운데 파놓은 홈에 앞뒤로 움직일 수 있는 가늠쇠를 끼워 넣고 그 끝을 통해 물체를 관측하면서 가늠자와 가늠쇠의 거리로 각도를 잴 수 있었다.

또, 아르키메데스Archimedes와 쌍벽을 이루는 헤론Heron(AD 10~70 추정, 그리스)은 『디옵트라에 관해서De la Dioptra』라는 저서에서 좀 더 화려하고 정밀한 모양의 장치를 소개하고 있다. 각도 눈금이 새겨진 원판 위에 가늠자를 올려놔 360° 회전하며 평면의 각도를 잴 수 있고, 원판을 상하로 움직여 고도까지 측정할 수 있는가 하면, U자 모양의 유리와 구리로 된 관에 물을 채워 수평계 기능까지 겸비한 도구다. 그야말로 천재적인 발명품이었다.

그런데 의아한 것은 히파르코스나 헤론 모두 그리스 사람으로 분류된다는 것이다. 다만, 그들의 시대가 로마가 번성하기 시작했던 때이고 이 디옵트라가 고대 로마의 측량에 한몫했으리란 점에는 학자들 간에 이견이 없는 것 같다.

코로베이트

측량사에서 로마의 또 다른 성과라면 코로베이트를 들 수 있다. 이 도구는 기본적으로 수평을 측정하는 수준기水準器, level로서, 경사를 타고 내려

---

* 프톨레마이오스는 천동설을 주장한 가장 대표적인 학자로, 그의 천문학서 제목은 아랍어로 '천문학의 집대성'이란 뜻의 '메갈레 신탁시스Megale Syntaxis'이고 '가장 위대한 책'이란 뜻으로 '알마게스트Almagest'라 부르기도 한다.

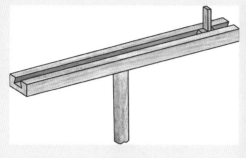

··· 히파르코스의 디옵트라와 천체 관측 모습

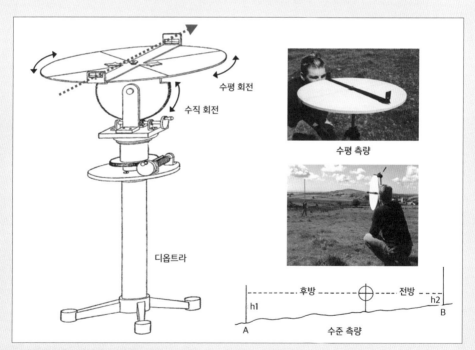

수평 회전

수직 회전

디옵트라

수평 측량

후방   전방

h1

A   h2

                          B

수준 측량

··· 헤론의 디옵트라와 측량 방법

오는 수도 건설에 결정적인 역할을 했다. 물론 건축공사에서도 지면의 기울기나 고저 차이를 잴 때, 그리고 평탄면을 만드는 데에도 유용했을 것이다. 모양은 긴 직사각형의 상판과 네 개의 다리로 구성된 약 6m 길이의 틀로, 상판 위 가운데에는 물을 담을 수 있는 긴 홈을 파 넣고 양 끝에는 가늠자를, 상판 끝 아래쪽으로는 다림추를 달아놓았다. 상판과 다리는 사선의 가새나 수평 부재로 연결했는데, 이 부재들은 코로베이트를 보강해주는 역할을 할 뿐만 아니라 수평 상태에서 수직 방향으로 다림선이 지나가는 길을 표시해놓아 이 틀이 수평을 유지하고 있는지 확인하게 해준다. 상판 위의 담아 놓은 물의 수면 상태로도 수평을 확인할 수 있는데, 바람이 분다든지 다림추를 사용하기에 적합하지 않을 때 유효했으며, 이 원리는 현대의 수준기에서도 그대로 찾아볼 수 있다.

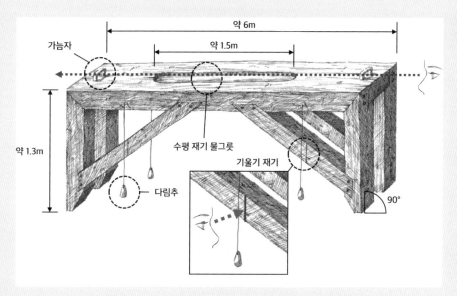

약 6m

약 1.5m

가늠자

약 1.3m

수평 재기 물그릇

기울기 재기

다림추

90°

··· 코로베이트

··· 코로베이트를 사용한 수도 채널 공사

수도의 관리와 운영

대부분의 로마 수도는 전적으로 국가 주도의 공공 프로젝트였다. 일부 개인이 공사비를 부담해서 소유권을 가질 수가 있었다곤 하는데, 아무래도 작은 규모의 지류급 수도였을 것이다. 공공수도의 경우 의사결정권은 최고 계층 권력자에게 달려있었다. 예를 들어, 공화국 시대에 지어진 아쿠아 아피아는 원로원 집정관의 지시가 있었고, 로마의 11개 수도교 중 가장 긴 마르키아 수도도 집정관 퀸투스 마르키우스 렉스Quintus Marcius Rex가 건설했다. 로마가 정복했던 다른 지역에서는 집정관이나 총독에게 결정 권한이 있었다. 제정 시대로 넘어가면 최고 권력자는 당연히 황제였고, 그의 지시가 절대적이었으며 책임도 그의 것이었다.

이 공공 프로젝트에 동원되는 인력은 노예나 강제 집행 노동자들이 일부 있었지만, 대부분 군인이었다. 로마 하면 노예 검투사들이 떠오르다 보니, 수도 건설도 전적으로 노예에 의존했을 것으로 생각하기 쉽지만 그렇지 않았다. 노예들은 주로 채석장에 일하는 인력이었다.

민간 업자와 계약을 해서 공사를 추진하는 일도 드물지 않았는데, 이때 시공자들은 건축 자재에 대한 수치와 품질 기준을 준수해야 했고, 공사가 끝났을 때는 정부의 승인을 받아야 했다.

공공이든 민간이든, 수도를 건설하려면 행정당국에 계획서를 제출해야 했고, 그 수도가 다른 시민들의 물 권리를 침해하지 않아야만 허가를 받을 수 있었다. 로마 정부는 시민들에게 물을 공급해줘야 한다는 사명과 그것이 얼마나 첨예한 사안인지를 잘 알고 있었기 때문에, 사전에 철저한 점검이 필요했으며, 건설 비용과 경로의 효율성, 시민 간의 분쟁 가능성 등을 꼼꼼하게 따졌다. 또 경로를 정할 때는 공동묘지, 무덤, 신전, 성지, 등 신성하고 보존해야 할 곳이 없는지도 살폈고 이런 장소는 피해서 계획했다.

수도가 운영될 때는 시민이 우선이라는 원칙이 확실했다. 가장 먼저 공공 수조나 분수대에서 무료로 물을 공급했고 그다음이 공중목욕탕이었다. 단, 목욕탕을 이용할 때는 소정의 요금을 내야 했다. 산업시설이나 개인적으로 사유 재산에 물을 대는 일도 있었는데, 이때도 반드시 허가가 필요했고 파이프가 클수록, 물의 양이 많을수록 더 큰 비용을 내야 했다. 물론 로마에는 확실한 계급이 존재했으므로 원로원급의 고위층이나 부유한 사람들은 무상으로 물을 사용할 수 있었고, 그들에게 가는 도관에는 스탬프를 찍어 특별히 관리했다. 유상이든 무상이든, 물을 사용할 수 있는 권리를 부여하는 것은 황제나 정부만이 할 수 있는 일이었고, 이 권리를 재산으로 팔거나 상속하는 것은 불법이었다.

몰래 수도의 물을 끌어 쓰는 것, 함부로 시설에 손을 대는 것, 승인받지 않은 수도를 추가로 만들거나 마음대로 도관의 크기를 키우는 일 등은 당연히 불법이었고 처벌이 따랐다. 프론티누스는 그의 보고서에 부정한 개인 사용자와 부패한 공무원, 기술자가 서로 공모해 물 손실과 수도에 피해를 주는 범죄를 저지르고 있고 그들의 범죄를 반드시 밝힐 것이라 기술해 놓았다.

다만, 이런 법과 제도에도 불구하고 암묵적으로 용인되는 부분도 있었다. 즉, 가난한 농부들이 농사철에 허락받지 않고 수도의 물을 쓰는 일이 빈번했는데, 그 일로 처벌받지는 않았다. 농업은 로마의 경제와 부의 핵심이었고 물을 써서 농사가 잘되면 식품의 가격을 낮출 수 있었기 때문이다.

수도 관리를 위한 법도 확실했다. 예를 들어, 도심지 밖 시골에서는 클리어 코리더clear corridor라 해서, 채널이나 도관을 관리할 때 쉽게 접근할 수 있도록 수도가 지나가는 길 양옆에 약 4.5m 폭의 경계면boundary slab을 남겨 둬야 했고, 건물이 빽빽한 지역에선 적어도 양쪽 1.5m를 남겨둬야 했다. 수도의 모든 구조물이 정부나 황제의 소유물이라 해도 경계면에 대해선 사유재산권 논란이 있을 법하지만, 이곳은 공공의 목적을 위해 공공기관이 통행할 권한을 가진 공공용지였다. 따라서 경계면 안에서 채널이나 도관을 가로질러 새로운 길을 낸다든지 새로운 집을 짓거나 경작, 재배, 등 수도를 훼손할 수 있는 어떤 것도 금지됐다. 또 이런 일들을 방지하기 위해 정기적으로 순찰도 돌았다.

시민들이 지켜야 할 사항은 아니었지만, 유지관리와 점검을 위한 시스템도 잘 갖춰져 있었다. 수도에는 침전물과 불순물이 쌓일 수 있으므로 땅에 묻은 수도의 경우, 검사와 출입을 위한 지점을 일정한 간격으로 두어 막힘이나 누수가 의심스러울 때 최대한 물 공급을 방해하지 않는 선에서 조사할 수 있도록 했다. 어떤 도관에는 청소용 막대기를 꽂는 구멍을 만들기도 했다. 이런 관리상의 문제 때문에 도관을 땅에 묻을 때는 얼마나 깊이 묻어야 할지 충분히 고려해야 했다.

수리나 점검을 위해선 일부 구간의 수도를 차단해야 하는 경우가 생길 수 있는데, 이때는 가능한 한 짧은 기간 단수를 하고, 될 수 있으면 물 수요가 낮은 겨울철을 이용해 사용자들의 피해를 줄였다. 또 지역적으로 소규모 보수가 필요할 때면 카스텔룸을 이용해 물 공급량을 조절했으며, 문제가 커져서 수도를 오랜 기간 비워야 할 때는 보수작업이 진행되는 동안 임시로 납 도관을 이어 손상된 부분을 우회해 물을 흘려보낼 수 있도록 했다.

이러한 제도와 운영 시스템을 보면, 상당히 치밀하고 계획적이며, 게다가 약자를 위한 배려까지 고려하고 있음을 알 수 있다.

그런데, 로마인들이 가장 중요하게 생각한 것은 아마도 수질 문제였던 것 같다. 특히 마실 물에 대해선 말할 필요가 없었고, 수도를 통해 시민들에게 공급되는 물의 수질은 나라의 엔지니어들이 직접 관리를 했다.

로마의 엔지니어들은 수질검사도 했다. 현대처럼 약품이나 화학적 분석은 없었지만, 샘물이나 수원지 근처에서 키우는 소가 그 물을 마시고 깨끗하고 질 좋은 우유를 생산하면 좋은 물로 판정했고, 물의 투명도, 맛, 온도, 냄새, 등도 수질 판단에 기준이 됐다. 그 물을 마시는 지역 사람들의 건강 상태도 점검했다. 토양과 암반의 유형도 좋은 지표가 됐는데, 진흙이 있는 곳은 수원으로 적당하지 않았고, 붉은 튜파석 tufa 이 있는 곳에서 발견된 물이 양도 풍부하고 깨끗했다. 평지에서 나오는 샘물은 염분이나 흙가루가 있을 수 있었고, 미지근해서 상쾌하지 않았으므로 가능한 한 산에 있는 샘물을 수원지로 선택했다.

이런 기준으로 판정을 내려 나쁜 물은 인공 호수나 관개용으로 사용하고 가장 좋은 물만 식수로 썼다. 수도의 채널에 뚜껑을 씌운 것도 먼지, 흙, 기타 불순물 등에 의한 오염과 햇볕으로 온도가 올라가는 것을 방지하고 수질을 유지하려는 조치였다.

그런데 이런 전대미문의 수도가 로마제국의 멸망 이후 새로운 건설이 중단되고 사용조차 멈추고 만다. 참으로 허무하고 의아한 일이다. 그 대표적인 원인은 외세의 침입이었다. 서로마제국이 쇠락해가면서 로마의 영토에 침입한 적군들이 군사적 목적으로 수도를 폐쇄하기도 했고, 반대로 로마군이 수도가 적군에서 이용되는 것을 막으려고 일부러 단절시키는 일도 있었다. 결국, 훼손되는 수도가 많아졌고, 전쟁으로 도시의 인구가 줄면서 물 수요 역시 줄어 유지관리가 불가능할 정도로 버려지는 일이 발생했다. 중세 후반까지 로마 시내의 수도 중엔 비르고 수도Aqua Virgo(BC 19)만이 제대로 작동을 했고, 나머지 10개 수도와 지방에 있는 수도 대부분은 제구실을 못 하게 된다. 아이로니컬하게도 로마는 국가 주도로 이 엄청난 수도를 만들어 놓았지만, 모든 권한을 가지고 있던 제국의 힘이 줄어들면서 수도의 운명도 같이 끝나버린 것이다.

그럼에도 불구하고 로마가 남겨놓은 수도는 지금도 그 자리에 굳건히 서 있다. 비록 군데군데 허물어지고 물은 흐르지 않더라도 곳곳에 숨겨진 로마인의 지혜와 기술은 후세의 건축기술에 큰 영향을 미쳤다. 로마에 수도를 만드는 기술이 없었다면, 서양건축사에 나오는 로마의 건축은 훨씬 초라했을지도 모른다.

고대 그리스가 건축기술의 발전에 기틀을 마련했다면, 로마는 기술의 대도약과 패러다임의 변화를 가져왔다. 물론 고대 그리스의 전성기와 로마 시대 간의 시간 차이는 있지만, 그들의 건축기술은 전혀 새로운 면모를 보인다. 콘크리트의 발명과 벽돌의 대량생산, 형틀과 크레인과 같은 건설 기자재의 적용, 현대 기술과 비교해도 손색이 없는 측량 기술 등, 이런 모든 것이 새로운 발상에서 시작됐다. 그들의 현대적인 관리와 운영기술은 또 어떠한가. 영원할 것 같던 로마제국도 결국 쇠망의 길을 걷고 말았지만, 그들이 유럽 구석구석에 남겨놓은 도시와 건축물, 그리고 그것을 완성케 한 건축기술은 중세를 넘어 현대까지 지대한 영향을 미치고 있음이 분명하다.

V 장

마스터 빌더에서 건축가,
건설회사가 탄생하기까지

설계 vs. 시공

고대문명의 건축과 기술을 설명하면서 설계, 엔지니어링, 시공, 공법과 같은 용어들이 자주 등장했다. 또 이 책에서는 고대 건축들을 보면서 "우와~ 멋있다", 보다는 "어떻게 지었을까"에 초점을 둔다고 얘기했었다. 하지만, "누가 참여해서 어떤 역할을 했을까"에 대해선 시대나 지역, 또는 건축물에 따라 살짝만 언급했을 뿐, 전체적인 그림을 보여주진 못했다.

일반적으로 현대 건축에서는 설계와 시공의 업무영역이 확실히 구분되어있다. 건설을 크게 건축과 토목으로 나누었을 때는 세부적인 절차와 내용이 매우 다르고, 특히 설계는 부르는 이름도 달라서, 건축 분야에선 그대로 '(건축) 설계', 토목은 '설계'란 말도 쓰지만 '엔지니어링'이란 용어를 주로 쓴다. 건축 설계는 기획설계, 계획설계, 기본설계, 실시설계의 단계로 나뉘고 단계가 진행될수록 집을 지을 수 있을 만큼 내용이 구체화되면서 구조, 설비, 기계, 조경 등의 도면과 시방서가 같이 만들어진다. 이렇게 해서 설계가 완성되면 그제야 이를 바탕으로 시공자를 선정하고 공사를 개시할 수 있다. 단, 건축주는 이 과정 전체를 프로젝트의 목표에 따라 여러 변화된 방법으로 운영할 수 있고, 설계와 시공을 함께 수행할 수 있는 업체를 한 번에 선정하거나 설계자나 시공자 외에 다른 전문가가 참여할 수 있다. 요즘은 전문적인 역할과 업무영역이 세분되고 특화되어서 건축 과정에 참여하는 회사의 유형과 숫자가 예전에 비해 엄청나게 많아졌다. 이런 추세는 건축과 건설기술이 발전할수록, 사람들의 요구가 다양해질수록, 그리고 IT나 AI처럼 세상을 이끄는 기술이 더 발전하고 새로 생겨날수록 복잡하게 변화해갈 것이다.

필요한 지식의 범위도 넓어졌다. 필자가 '건축공학과'에 입학했을 때[*] 주변에서 "졸업하면 우리 집 하나 지어주면 좋겠다", 또는 "멋진 집 설계해다오"라는 말을 수없이 들었다. 지금도 이 분야를 공부하는 학생들은 이런 부탁을 한 번쯤 들어봤을 거다. 그런데 집 하나, 건물 하나를 짓는 게 쉬운 일이 아니라는 것, 공부할 게 너무 많다는 것을 알게 되는 데에는 그리 오랜 시간이 걸리지 않았다. 설계 수업은 물론이고 구조공학이나 환경, 법규 등의 과목을 수강해야 했고 심지어 건축물을 사용하는 사람들의 행동과 심리까지 알아야 좋은 건축을 할 수 있다는 것을 배웠다. 거기서 그치는 것이 아니었다. 대학 4년 동안 배운 지식만으로 집을 지을 수 있는 도면을 그린다거나 현장에서 시공을 한다는 것은 어림없는 얘기였다. 건축이란 그만큼 다양한 지식과 오랜 경험이 필요한 분야이고 그 과정은 매우 복잡하다. 그렇다면 옛날에는 어땠을까? 누가 어떻게 건축을 한 것일까? 누가 어떻게 설계를 하고 시공을 했을까?

이제부터 그 이야기를 풀어가 보도록 하자.

---

[*] 그 당시에는 지금처럼 '건축학과'와 '건축공학과'의 구분이 없었고 건축을 공부하는 학과의 이름은 대부분 '건축공학과'였다.

파워풀 마스터 빌더

인류가 처음 집을 짓기 시작했을 때부터 건축이 이렇게 복잡하지는 않았을 것이다. 인류의 조상이 동굴에서 벗어나 '집'을 짓고 살기 시작한 것이 30~40만 년 전이라 하는데 그때는 설계하는 사람과 실제 집을 짓는 사람이 따로 있지 않았고, 설계라는 개념도 없었을 것이다. 비바람을 막아주고 외부의 적이나 맹수로부터 나와 가족을 보호할 수 있는 집. 이 단순한 기능과 목적을 충족시키기 위해 주변에서 쉽게 구할 수 있는 재료를 가져다 적당한 크기의 공간을 만들고 지붕을 덮는 것이 고작이었을 거다.

따지고 보면 이 과정에도 건축의 기본 요소는 존재한다. 그 과정을 상상해보면, 내 집이 들어설 자리를 선정하고(대지 선정), 대지 안에 건물이 들어설 위치를 정한 다음(측량), 문이나 칸막이의 위치를 정하고 필요하다면 공간을 구획하며(설계), 벽과 지붕을 받치는 적절한 크기의 통나무를 골라(구조), 가능한 한 튼튼하게 엮는다(시공). 그런데 이 일은 집주인과 가족이 스스로 해야 하는 고된 일이었으며, 설계자나 시공자의 구분이 없었음은 말할 것도 없다. 그러면 현대사회에서 '건축'하면 떠오르는 '건축가'와 '시공자'는 언제부터 등장한 것일까?

모든 사람이 각자 타고난 재주가 있듯 원시 인류 중에도 집을 짓는 데 특별한 재주나 남다른 노하우를 가지고 있어서 뚝딱 집을 지어내는 사람이 있었을 것이다. 또 동네 사람들이 모여 품앗이로 집을 짓는 일도, 또는 무거운 통나무나 돌덩어리를 옮길 때 남들보다 힘이 센 사람을 불러올 수도 있었을 것이다. 조금 확대해 해석하자면 무조건 자신의 집을 스스로 지어야만 했던 것이 아니라 그 일을 전문적으로 하는 사람들이 생겨나고 그들을 고용할 수도 있었을 것이란 얘기다. 게다가 '최초의 집'이라 할 수 있는 '움막'에서 발전해 역사상 가장 오래된 도시 중 하나인 '예리코Jericho'*와 같이 제대로 된 주거와 마을, 나아가 도시가 생겨날 때쯤이라면 이런 역할, 즉 건물을 지을 줄 아는 사람과 그렇지 않은 사람의 구분이 더 명확해졌을 것이다. 그러면 이때가 설계하는 사람, 즉 건축가와 시공을 하는 사람, 즉 시공자나 건설사가 구분되기 시작한 때였을까?

공식적으로 이런 식의 구분이 명확해진 것은 한참 뒤의 일이다. 특히 전문적으로 설계업무만 다루는 건축가, 즉 프로페셔널 아키텍트professional architect가 등장한 것은 19세기 무렵으로, 미국의 예를 보면 1857년에서야 건축가 자격제도licensed architect가 생겼다. 오랜 건축 역사를 고려해볼 때 그리 오래된 일이 아니다. 그 대신 우리가 잘 아는 고대문명에서는 대규모 프로젝트에서 설계와 시공을 모두 책임지는 '마스터 빌더master builder'가 있었다. 메소포타미아나 이집트 지역에서 고대문명이 탄생하면서 왕가의 권위와 권력을 과시하기 위한 목적에서, 또는 종교적인 목적에서 일부 건축물의 규모가 어마어마하게 커졌고 청동이나 철재, 석재 등 새로운 재료들을 사용하게 되면서 설계에서부터 엔지니어링, 시공에 이르기까지 풍부한 경험과 지식을 갖춘 전문가가 필요하게 되었다. 게다가 요즘과 달리 변변한 장비나 기계가 없는 상태에서 주로 인력에 의존해 공사를 해야 했으니, '마스터 빌더'는 그들을 진두지휘할 능력과 권위를 가진 사람들이어야 했다.

본래 '마스터 빌더'는 이탈리아어인 'capomaetro'를 영어로 직역한 'head master'에서 유래된 것으로 중세나 르네상스 시대에 건설프로젝트의 책임

---

* 성서에도 등장하는 고대도시 '예리코Jericho'에서 발견된 가장 오래된 주거는 그 역사가 약 11,000년 전으로 거슬러 올라간다. BC 8000년경에는 이런 주거들이 모여 10에이커 규모의 마을이 형성됐다.

자를 이르는 용어였다. 당시 마스터 빌더는 철저한 도제제도 하에서 건물의 형태를 설계하고 구조적인 문제를 해결하는 방법을 배우고 공사과정을 책임지는 역할을 담당했다. 또 그 시대에는 건축물에 벽돌이나 석재를 쌓아 올리는 공법이 주로 사용된 탓에 '조적공組積工.' 또는 '석공石工'을 의미하는 '마스터 메이슨master mason'이라 불리기도 했다.

  일반적으로 중세의 시작을 5세기쯤으로 보니까 이러한 용어가 생겨난 것이 길게는 대략 1,500년 전이지만, 건축공사에서 이런 역할을 하는 사람이 탄생한 것은 고대문명까지 훨씬 더 역사를 거슬러 올라가야 한다. 그중 많은 사람에게 익숙한 대표적인 인물이 고대 이집트의 임호텝이다. 그는 다양한 직업을 가지고 있었는데, 파라오 조세르의 재상이자 고대 신전 도시 헬리오폴리스Heliopolis에서 태양신 라Ra를 섬기는 대제사장이었으며 의사로서 후세에 '약의 신God of medicine'으로 추앙받기까지 했다. 하지만 현대까지 잘 알려는 그의 대표적인 커리어는 건축 역사에 등장하는 최초의 공

… 임호텝의 동상

학자이자 건축학자, 즉 초기 마스터 빌더 중 한 사람이란 것이다.

임호텝이 조세르의 계단식 피라미드 설계자란 것은 이미 설명했는데, 이 피라미드 주변은 회랑과 정원, 파라오들의 대관식이나 각종 기념식을 치르는 광장, 왕이 죽은 다음 그 영혼이 잠시 머물다가는 공간 등이 함께 있는 대규모 콤플렉스였으므로 마스터 빌더가 없었다면 불가능한, 현대의 기술로도 만만치 않은 거대한 프로젝트였다. 게다가 이 콤플렉스 내부에 조세르 자신의 석상과 그의 가족, 이집트 신들의 조각상까지 놓여있었다니 아무나 마스터 빌더가 될 수 없었음을 짐작할 수 있다.

역사적으로 보면 이집트에서는 임호텝 이후에도 국가 차원의 대규모 건설프로젝트들이 많았으므로 그때마다 마스터 빌더들이 활약했을 것이고, 또 그들의 위상도 임호텝처럼 만만치 않았을 것이다. 이들의 존재와 역할은 설계업무에 중심을 둔 '건축가'라는 개념이 등장할 때까지 오랫동안 계속된다.

건축가의 등장

현대에는 마스터 빌더라 불리는 직업이 없다. 간혹 어떤 회사가 건축주를 위해 프로젝트 전 과정을 관리해줄 수 있다면서 상징적인 의미로 이 용어를 사용하긴 하지만, 이제 건축업계는 크게 설계와 시공으로 구분되어 있다. 그리고 설계의 중심에는 건축가가 있고, 시공은 시공사 또는 건설회사가 맡는다. 그러면 언제부터 이런 구분이 시작된 것이고 마스터 빌더 시대와는 무슨 차이가 있는 것일까?

먼저 건축가에 대해 주목해보자. 본래 건축가를 의미하는 영어 '아키텍트architect'는 그리스어인 '아키텍톤architektōn'에 어원을 두고 있다. 여기서 'arch-'는 '장인' 즉, '마스터master'를 뜻하는 접두사이고 '텍톤tekteon'은 '무엇인가를 만드는 사람faber'를 의미하며 그 시대의 건축양식이 반영되어서인지 주로 '목공장木工匠, chief carpenter'을 그렇게 불렀다고 한다. 이 용어는 고대 로마에서 라틴어 '아키텍투스architectus'로 이어지고 그 뜻은 '마스터 빌더'와 다르지 않았다.

그러다 보니 건축가냐 마스터 빌더냐, 그 역할을 하는 사람을 어떻게 불러야 할지 좀 모호할 수도 있겠는데, 역사적으로 '최초의 건축가'라 불리는 인물이 있다. 바로 고대 로마의 비트루비우스다. 그가 '최초'라 불리게 된 것은 르네상스 시대의 이탈리아 학자 포지오 브라치올리니Gian Francesco Poggio Bracciolini(1380~1459)가 비트루비우스가 저술한 총 10권의 『건축서』를 발굴하고 그에게 '건축 전문가'로서의 의미를 부여한 데서 유래한다. 이 서적은 중세나 르네상스 시대까지 후세 건축가들에게 큰 영향을 미친 것

으로도 유명한데, 많은 문헌에서 비트루비우스를 '건축가'나 '엔지니어'로 얘기하고 있다. 그러나 그의 진짜 역할은 시대적으로 보아 단순히 건물설계에 그치는 것이 아니라 좀 더 종합적인 마스터 빌더였을 것이다.

비트루비우스로부터 영감을 받은 사람으로 이탈리아 르네상스 시대의 레오나르도 다빈치Leonardo Da Vinci(1452~1519)를 빼놓을 수 없다. 그는 비트루비우스가 주장한 '인체의 비례proportions of man'를 접하고 <비트루비안 맨 Vitruvian Man>을 그려냈다.

"인체는 비례의 모범이다. 사람이 팔과 다리를 뻗으면 완벽한 기하학적 형태인 정사각형과 원에 딱 들어맞기 때문이다"라는 비트루비우스의 이론에 따라 성인 남자가 두 팔과 다리를 벌리고 섰을 때 원과 정사각형의 선 안에 합치되는 모습을 그림으로 옮긴 것이다. 다빈치는 이 그림을 비롯해 <최후의 만찬>이나 <모나리자>를 그린 화가라는 이미지가 깊지만,

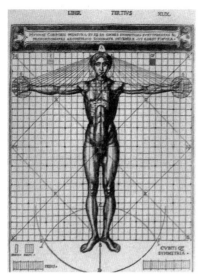
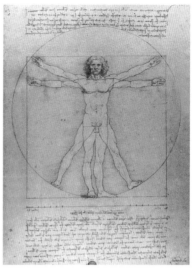

··· 비트루비우스와 다빈치의 〈비트루리안 맨 Vitruvian Man〉

그의 천재성은 미술, 음악, 과학, 철학에 이르기까지 타의 추종을 불허했고 건축가로서의 재능도 예외가 아니었다. 안타깝게도 그가 마스터 빌더로 어떤 건축물을 남겼는지는 확실하지 않은데, 다빈치가 남긴 여러 건물 스케치와 연구자료, 그리고 현존하는 샹보르성Castle of Chambord의 계단 등은 그가 건축가로 역량을 발휘했을 것이라는 증거라 평가되고 있다.

여기서 잠깐 마스터 빌더가 설계하는 모습을 상상해보자. 과거 '설계'하면 커다란 책상 위에서 평행자나 T자, 삼각자, 그리고 이 도구들을 사용해 종이나 트레이싱지*에 작도용 연필이나 펜으로 선을 그어대는 광경을 떠올리곤 했다. 요즘은 건축물의 형태를 잡아가는 초기 단계가 아니면 대부분 종이 위가 아닌 컴퓨터 프로그램CAD으로 도면을 작성하는데, 완성되는

---

* 청사진으로 원도를 복사할 목적으로 도면을 그리는 데 사용하는 반투명의 얇은 종이. 요즘은 프린터와 인쇄기술이 발전해 거의 사용되지 않는다.

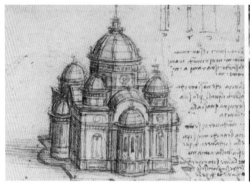

··· 레오나르도 다빈치의 건축 스케치와 샹보르 성의 계단

도면의 형태는 수작업 때나 지금이나 다르지 않다.

그러면 임호텝에서부터 레오나르도 다빈치까지 어떤 방법으로 설계를 했을까? 4,000여 년 전 건물의 평면이나 배치를 돌이나 점토판, 벽화 등에 그려놓은 유물들이 발견되긴 했지만, 이것은 모양도 어설프고 정확도, 디테일 수준에서 설계도면이라 할 수 없는 수준이었다. 시간이 지나 BC 500년경 고대 그리스에서는 '파라데이그마Paradeigma'라는 건축물 일부의 실물 크기 모형을 만들고 '신그라파이Syngra-phi'라는 문서에 치수와 공사방법을 글로 적어 시공자들에게 정보를 제공했다고 하는데, 역시 도면이란 개념은 없었다. 다빈치가 활동했던 시대쯤에 이르러 투시도법*이 완성되기는 했지만, 이 역시 회화의 한 방법이었거나 마스터 빌더가 건축물에 대한 개념을 형상화하는 용도였다. 현대 건축프로젝트에서 그 규모가 크건 작건 도면이 없는 공사라는 것은 상상할 수가 없는데, 마스터 빌더들은 이렇게

---

* 3차원의 대상을 2차원 평면에 그릴 때 기하학적인 원리를 이용해 원근감과 입체감을 표현하는 기법. 사람이 특정한 눈높이로 건물을 바라보면 같은 선상 멀리에 수평선이 생기고 건물의 가로 선은 모두 수평선 선상에 있는 소실점(1점, 2점, 3점 투시도)으로 이어진다는 것이 기본적인 원리로, BC 5세기 아테네의 화가 아가타르코스Agatharkos에 의해서 시작됐다.

단순한 그림이나 투시도를 그려놓고 역사적인 건물을 만들어낸 것이다.

르네상스 시대가 저물어갈 즈음, 마스터 빌더의 세계에 변화가 온다. 여러 가지 법규가 생겨나고 전문 업종에 '자격'이라는 개념이 중요시되면서 예술과 건축, 과학과 엔지니어링, 건축과 시공을 구분하려는 움직임이 시작됐고 '건축가'와 '엔지니어'의 역할도 서서히 차별화된다.

그 징후를 이탈리아의 화가이자 건축가였던 조르조 바사리Giorgio Vasari (1511~1574)의 저서, 『미술가 열전The Lives of the Most Excellent Painters, Sculptors and Architects』(1550)에서 찾아볼 수 있다. 이 책은 이탈리아 르네상스 시대의 예술가 200여 명의 삶과 작품을 기록한 본격적인 예술사 서적으로 화가나 조각가와 차별화되는 '건축가'의 개념을 소개하고 있다.[†] 즉, '건축가'가 마스터 빌더나 예술의 영역에서 독립된 전문영역으로 인식되기 시작한 것이다.

그렇다면 과거와 달라진 것은 무엇이었을까? 이 시기는 종교, 정치, 경제적으로 큰 혼란이 일어난 때로, 여기에 가장 큰 원인은 뜻밖에 흑사병이었다.[‡] 이 재앙은 전 유럽 인구의 1/3 내지 1/4을 희생시킨 엄청난 불행이었지만 커다란 시대적 변화의 계기가 된다. 노동 인력이 부족해졌고 그에 따라 급격한 임금상승이 발생했는가 하면, 아이로니컬하게도 부자들의 숫자도 줄어들면서 살아남은 자들에게 부가 집중되거나 새로운 부유층이 탄생하게 됐다. 흑사병이 끝나갈 무렵, 이 신흥 부자들이 건축 분야에 새로운 투자자로 떠오르는데, 인건비 상승과 전문가의 수적 부족은 건축비의 효율적 사용과 건축에 대한 전문성을 요구하는 계기가 됐다.

바사리의 『미술가 열전』이 정황적 증거라면, 프랑스의 건축가이자 이론

[†] 조르조 바사리는 이 책에서 '르네상스'와 '고딕'이라는 표현을 처음 사용한 것으로도 유명하다.

[‡] 유럽에서 흑사병은 14세기 중반부터 창궐하여 16세기, 길게는 17세기 중반까지 유럽 전역에 영향을 미쳤다.

가였던 필리베르 들로름Philibert Delorme(1512~1570)의 연구는 건축가가 전문적인 직업으로 인식되게 된 결정적인 증거를 제공하고 있다. 르네상스 후반의 시대적 현상과 바사리 등, 이탈리아에 영향을 받은 들로름은 그의 저서, 『적은 돈으로 좋은 건물을 세우기 위한 새로운 연구Nouvells inventions pour bien bâtir et à petits frais』(1561)와, 『건축의 제1권Le Premier tome de l'Architecture, Prime Volume Architecture』(1567)에서 건축주들이 집이나 건물을 지을 때 전문성 없는 예술가나 대목장大木匠, master carpenter, 석공石工, master mason을 고용하는 것보다 '건축가'를 고용하는 것이 훨씬 효과적이라고 주장했다. 그는 또 건축주, 건축가, 건축업자의 역할을 정의하고 예전처럼 단순히 건물의 형태와 모양을 그리는 일과 건축가가 하는 일에는 분명한 차이가 있음을 강조했다. 이쯤 되면 건축가의 전문성과 정체성에 큰 변화를 알리는 신호가 분명하다.

한편, 영국에서는 1563년, 처음으로 'architect'라는 단어가 옥스퍼드 사전English Oxford Dictionary에 등재되고 건축가 존 슈트John Shute(?~1563)가 『건축의 최초이자 주요한 기초The First and Chief Grounds of Architecture』(1563)라는 저서에서 그 자신을 'architect'라 칭했다.

흑사병과는 별개로 이 무렵 건축가의 역할에 큰 의미가 부여된 것은 헨리 8세Henry VIII(1491~1547)가 단행한 종교개혁의 영향이라는 의견도 있다. 이전까지 교회가 소유하고 있었던 종교적, 정치적, 경제적 파워를 왕권이 흡수하면서 대부분의 종교건축을 교회 내에서 설계했던 것과는 달리 '건축가', '설계자'의 역할을 외부의 개인 전문가에 맡기는 쪽으로 변화한 것이다. 예전엔 교회 내부에서 조용히 행해졌던 설계업무가 개인 건축가의 손에서 이루어지기 시작했고, 비로소 많은 사람이 어떤 건물을 누가 설계했는지 알게 되었으며, 그들은 비즈니스 홍보 차원에서도 자신들을 건축가라 소개했다.

건축 교육의 시작

이때까지도 건축가를 양성하는 과정은 과거와 같이 철저한 도제 시스템에 의존했다. 스승에서 제자로, 또 그다음 제자로 이어지는 지식과 경험이 유일한 교육 방법이었고 회화는 물론 건축에서도 수년간의 수습 기간이 있어야 마스터 빌더든 건축가든 홀로 설 수 있었다. 동시대의 회화나 건축물들이 유사한 모습을 띠고 있는 것도 이런 전통에 기인한 바가 크다.

그러다가 17세기 중반, 프랑스에 정식으로 건축을 가르치는 교육기관이 탄생한다. 프랑스 국립고등미술학교 에콜 데 보자르École des Beaux-Arts가 바로 그것으로, 시작은 이탈리아 출신 추기경 마자랭Cardinal Jules Mazarin(1602~1661)이 1648년 설립한 왕립회화조각학교Académie Royale de peinture et de sculpture였다. 이 학교에서는 회화, 조각, 건축 등의 분야에 걸쳐 재능 있는 학생들을 선별해 교육했으며, 낭비벽으로 유명했던 루이 14세가 왕궁을 꾸미는 데 이 학교 졸업생들을 동원해서 그 명성이 더 높아졌다. 당연히 이 학교를 거쳐 간 예술가나 건축가들의 자부심도 대단했다.

건축 분야로는 1671년 루이 14세의 대신이었던 장 밥티스트 콜베르Jean-Baptiste Colbert(1619~1683)가 별도로 설립한 왕립건축학교Académie Royale d'Architecture가 있었지만, 1816년 에콜 데 보자르로 두 기관이 합병된다. 재미있는 것은, 마자랭이나 콜베르 두 사람 모두 정치가로서 유명했을 뿐, 그들의 화려한 경력 중에 예술가나 건축가로서의 면모는 찾아볼 수 없다는 것이다.* 반면 이런 예술학교의 설립이 정치적, 정책적인 차원에서 중요했음을 보여주는 것이므로 건축이라는 분야가 당대에 다른 예술 분야 못

---

* 왕립건축학교의 설립자는 전공자가 아니었지만, 초대 교장은 수학자이자 공학자, 건축가였던 프랑수아 블롱델François Blondel(1618-1686)이 맡았다.

··· 프랑스 파리의 에콜 데 보자르 전경

지않게 큰 비중을 차지하고 있었고 교육의 중요성 또한 인식되고 있었음을 알 수 있다.

　이렇게 프랑스에서 시작된 건축 교육 시스템은 이후 유럽 전역으로 퍼져나간다. 그리고 시간이 흐를수록, 건축에 대한 과학적인 접근 방식이 필요하다는 인식이 커졌고, 19세기로 넘어가면서 프랑스, 독일, 러시아 등의 국가에서 건축공학과 토목공학을* 가르치는 기술학교가 생겨났다. 그 결과, 과거 건축을 예술의 한 분야로만 인식해왔다면, 이와 대비되는 즉, 공학적인 측면과 실용성을 강조하는 그룹이 생겨났다.

---

* 　우리나라의 경우, 대학과정부터 건축공학architectural engineering과 토목공학civil engineering을 구분하고 건축공학은 건축물을, 토목공학은 도로나 교량, 철도 등 우리가 토목시설물이라 부르는 구조물을 대상으로 한다. 그러나 대부분의 외국에서 일컫는 'civil engineering'은 우리식 토목공학과는 달리 그 대상에 건축물과 토목시설물 모두를 포함하는 경우가 많다. 'civil'이라는 용어는 18세기 이전, 엔지니어링을 필요로 하는 시설물이 대부분 군대 시설이었던 반면, 산업혁명이 일어나고 민간 부문의 건설이 확대, 발전되면서 'military engineering'에 반대되는 개념으로 사용되기 시작했다. 물론 건축물만을 대상으로 하는 공학 분야에 'architectural engineering'이란 용어도 사용된다.

사실 건축을 예술로 볼 것이냐 공학으로 볼 것이냐는 현대에도 계속되고 있는 토론 거리다. 입체적이고 조각품 같은 건물이 있는가 하면, 단순한 박스 모양이지만 높게 솟은 고층빌딩도 있듯이 예술성과 공학적 해결은 서로의 조화가 필요한 부분이지 우선순위의 문제는 아니다. 그래도 건축에 대한 일반적인 인식은 아직도 예술 쪽에 치우쳐있는 느낌이긴 하다.

건축가의 자격과 건축사

이제 마스터 빌더라는 개념에서 벗어나 '건축가'라는, 설계에 관한 전문성을 갖춘 직종이 자리 잡아가는 시대가 되었다. 그런데 건축가라는 직종이 여타의 것과 다른 가장 큰 차이는 건축가로 활동하기 위해 국가 차원에서 관리하는 '자격'을 취득해야 한다는 것이다. 이 자격을 따려면 어느 나라에서든 정해진 교육과정을 이수하고 일정한 기간 실무경험을 쌓은 뒤[†] 국가나 공인기관이 시행하는 시험에 합격해야 한다. 이 자격을 따기 위해 이렇게 많은 시간과 노력이 필요한 것은 사람이 거주하고 사용하는 건물을 설계하는 직업이므로 그만큼 경험과 전문성이 중요하기 때문이다.

지금까지 이 책에서 '건축가'라는 단어를 계속 사용해왔지만, 엄밀히 말하면 자격을 취득한 사람은 '건축사licensed architect'라 부르는 것이 맞고 이 '건축사'만이 법으로 정하는 공식적인 업무를 수행할 수 있다. 다시 말해 설계는 누구나 할 수 있지만, 자격증이 없는 사람이 작성한 도면은 관청

[†] 우리나라 건축사법 시행령 제13조(실무수련): 건축사 자격시험에 응시하려면 대통령령으로 정하는 건축사사무소에서 3년 이상 대통령령으로 정하는 바에 따라 실무수련을 받아야 한다. 다만, 외국에서 건축사 면허를 받거나 자격을 취득한 사람 중 이 법에 따른 건축사의 자격과 같은 자격이 있다고 국토교통부장관이 인정하는 사람으로서 통틀어 5년 이상 건축에 관한 실무경력이 있는 사람은 실무수련을 받지 아니하고도 건축사 자격시험에 응시할 수 있다.

의 인·허가 절차를 통과할 수 없으며, 그 사람은 자신의 이름으로 건축사 업무를 볼 수도 없다. 그래서 건축사 자격은 없지만, 실질적인 설계업무를 행하면서 작품 활동을 하는 사람들, 또는 뭔가 예술적 이미지를 지향하는 사람들은 '건축가'라는 용어를 더 선호하는 경향이 있다. 그러다 보니 '누구누구의 설계'로 유명한 건축물이지만 정작 자격증이 없는 건축가의 작품인 경우도 종종 있다. 어쨌든 역사적으로 볼 때 마스터 빌더와 대비되는 건축가가 생겨난 19세기 중후반쯤 건축가에게 자격을 부여하는 움직임이 유럽과 미국 등에서 일어나게 되었다.

나라마다 차이는 있지만, 이 시기를 전후해서 건축가들의 지위와 권리를 보호해 줄 수 있는 건축가 단체들도 나타난다. 그중 가장 오래된 단체로, 1834년에 설립된 '영국 왕립 건축가 협회The Royal Institute of British Architects, RIBA'와 1857년 미국의 '미국 건축가협회American Institute of Architects, AIA'가 있다. 우리나라에서는 1945년 '조선건축사회'가 만들어졌고, 뒤를 이어 1955년 '대한건축사협회'가 발족했으며 1965년 법정단체로 인정받게 된다.

'건축가' 하면, 예나 지금이나, 또 우리나라를 포함한 선진국에서 사회적으로 인정받고 선망의 대상이 되는 직업인데 왜 그들은 이런 단체를 만들어야 했을까? 그 첫 번째 이유로 설계가 사용자의 안전과 직결돼있는 만큼 건축가의 지식과 기술을 검증하고 유지해야 하며, 따라서 철저한 관리가 필수적이라는 점을 들 수 있다. 그런데 또 다른 이유로 18~19세기까지만 해도 건축가가 그들의 업무에 대해 충분한 대가와 인정을 받지 못했다는 현실을 빼놓을 수 없다.

여기서 미국 최초의 '전문 건축가professional architect'라 불리는 찰스 불핀치 Charles Bulfinch(1763-1844)의 일생을 예로 들어보자. 1784년 하버드 대학에서 수학과 투시도법을 전공한 불핀치는 미국을 떠나 건축을 공부하기 위해 유럽으로 향한다. 그는 영국, 프랑스, 이탈리아를 여행하면서 위대한 건축물들을 조사하고 스케치하면서 예술과 건축을 공부한 뒤 1786년 보스턴으로 돌아와 건축가로 활동을 시작한다. 그런데 그의 야망을 실현하는 데에는, 정확히 말해 건축가로서 성공하는 데에는 결정적인 문제가 있었다. 그 당시 미국에서는 건축가라는 직업이 전문 직종으로 인식되지 못했고 그저 돈 많은 아마추어들의 취미나 소일거리, 또는 건축을 좀 아는 사람들의 부업 정도에 불과했다. 개중에는 본업이 사업이거나 대학교수인 사람들까지 있었고 그들은 건설과정에 적극적으로 참여하지도 않았다. 무엇보다 황당한 것은, 설계업무의 성과물에 대해 적절한 금전적 보상이 따라주지 않았다는 것이다.

미국에는 18세기 후반까지 건축을 전문적으로 가르치는 학교나 육성 프로그램도 없었고, 그들의 이익을 대변할 단체는 물론이고 설계 실무나 비즈니스에 대한 기준도 존재하지 않았다. 무엇보다 건축가로서 제대로 된 설계비를 받을 방법도 없었다. 불핀치는 꽤 든든한 가문에서 태어났기에 미국으로 돌아온 뒤 건축가로서 첫발을 디디는 데에는 큰 문제가 없었지만, 초기에 맡았던 홀리스 스트리트 교회Hollis Street Church(1788) 재건축, 매사추세츠 주의회 의사당Massachusetts State House(1798) 프로젝트 등에서 대부분 무보수로 일을 했고 페더럴 스트리트 극장Federal Street Theater(1793)은 최초의 미국인 전문 건축가가 설계한 건물이었음에도 '선물'로 인식됐을 정도였다. 불핀치도 극장의 주인에게서 선물을 받았는데 그 선물이란 것이 달랑 황금 메달에 불과했다고 한다. 그가 얼마나 우수한 역량을 갖추고 있었던지와는 상관없이 불핀치는 아무도 알아주지 않는 건축가에 불과했고 결

a. 페더럴 스트리트 극장 　　　　　　　　b. 매사추세츠 주의회 의사당

… 찰스 불핀치의 작품

국, 건축가로서가 아닌 보스턴의 타운하우스 개발 사업Franklin Place 또는 Tontine Crescent(1793~1795)에 참여했다가 파산하고 만다. 1844년 세상을 떠날 때까지 불핀치는 미국 태생의 최초 전문 건축가로서 많은 설계 프로젝트를 남겼지만, 그의 일생은 그 시기에 건축가에 대한 인식이 지금과 얼마나 달랐는지를 보여주는 사례가 되고 말았다.

현대에 와서 건축가가 하는 일은 단순히 건물의 형태를 디자인하고 도면을 그리는 일에 국한되지 않는다. 건축물에 대한 조사나 감정, 현장조사, 사업 기획, 공사비 견적, 건축주를 위한 인가·허가·승인·신청 등의 업무 대행, 공사감리 등 다양한 업무를 수행하고, 건축물의 설계와 관련된 구조, 설비, 토질 및 지질 조사 등에 대한 책임도 진다. 한 마디로 건축물을 세우는 데 필요한 모든 정보를 사전에 마련해 주는 것이 그들의 임무이고 마스터 빌더 시대와는 달리 시공에 직접 참여하지 않을 뿐, 그들의 업무는 점점 더 전문화, 첨단화되고 있다.

시공자 또는 건설사

사람들은 건설프로젝트의 또 다른 주인공을 들라면 대부분 '시공자'를 떠올릴 것이다. 개인적으로 필자는 이 용어를 별로 좋아하지 않는다. '시공'이란 단어는 왠지 그 일이 단순하다는 느낌, 전문성이 모자란 것 같은 느낌, 그래서 격이 떨어지는 느낌을 주기 때문이다. 그래서 좀 더 종합적인 의미의 '건설'이란 표현을 선호하고, 업계에서도 '건설업체', '건설사(회사)'라는 용어를 많이 쓴다. 하지만, 여기서는 설계와 구분하는 의미에서 우선 '시공자'라는 표현으로 시작해보자.

앞서 건축가라는 직업이 어떻게 탄생했는가를 살펴봤다. 시공자도 어느 순간에 '탄생'한 것일까? 사실 시공자에게 이런 말을 붙이기엔 좀 애매한 점이 있다. 시공은 마스터 빌더나 건축가처럼 어느 개인에 의해 이루어지는 것이 아니고, 또 그 역할이 어느 시점부터 구분된 것이 아니라 집과 건축물이 생겨난 것 자체가 곧 시공의 시작이자 시공 활동이라고 볼 수 있기 때문이다. 요즘이야 '시공자'라고 하면 자연스럽게 '시공회사' 또는 '건설회사'를 의미하지만, 애초부터 '회사'의 형태로 존재했던 것도 아니다. 집이 필요한 사람이라면 자기 손으로, 또는 가족이나 주변 사람들의 도움을 받았을 것이고, 좀 더 진화한 후라면 집을 짓는 기술이 있는 사람들을 고용하기 시작했을 것이다.

이때 고용된 사람 중 우두머리가 지속적인 사업의 하나로 기술자나 인부들을 이끌고 다녔다면 그것이 '업체' 또는 '회사'의 시작이라고도 볼 수 있겠지만, 인류 역사에서 누가, 어디서 이런 비즈니스를 처음 시작했을지는 알 수가 없다. 게다가 '건설업체', '건설회사'라 하면 우리나라를 대표하는 대형 건설회사에서부터 동네 보수공사, 인테리어 업체에 이르기까지 규모와 하는 일이 천차만별이다. 그러니 모든 경우를 다 따져서 어떤 업체나 회사가 최초인지 확인할 방법도 없다. 다만, 건설공사에 참여한 인력이 어떻게 변화되어왔는지, 그들의 역할과 분야는 어떻게 발전했는지 정도는 여러 사료를 통해 짚어볼 수 있다.

시공인력의 변화

아주 옛날, 건설공사에 투입된 인력은 어떤 사람들이었을까? 여기서 자기 집을 자기 손으로 짓는 사람들, 작은 규모의 건물이나 주택 등은 예외로 하고, 많은 인력이 투입됐을 것 같은 대규모 사례들을 대상으로 생각해보자. 예를 들자면 이집트의 피라미드나 그리스의 신전 등이 있겠다. 물론이때는 마스터 빌더의 시대였지만 그들이 손수 벽돌과 돌덩어리를 옮기거나 쌓았을 리는 없고, 그렇다면 누가 이런 일을 했을까? 그 당시에도 전문적인 기술자 장인이 있었던 것일까? 종종 할리우드 영화에서 보듯이 이런 일들은 주로 핍박받는 노예들의 몫이었을까? 결론부터 말하면 고대문명 시기에도 보수를 받는, 즉 국가나 귀족들이 고용한 건설인력과 장인들이 있었다.

고대 이집트가 남긴 초대형 프로젝트 피라미드를 예로 들어보자. 그리스의 역사가 헤로도토스는 그의 저서, 『역사The History』(BC 450~BC 425)에서 쿠푸의 대피라미드 건설과정을 설명해 놓았는데, 그는 당시 소모되었던 식량을 근거로 3개월에 10만 명의 인력이 동원되었고, 약 20년의 기간이 걸렸다고 추정했다. 현대의 건설기술로도 감당하기가 만만치 않을 이 초대형 프로젝트라면 그 정도 인력 규모가 일리 있어 보인다. 여기에 더해 일부 현대 학자들은 20년이라는 공사 기간을 전제로, 이 피라미드를 구성하고 있는 230만 개의 돌 블록을 쌓아 올리려면 2~3만 명의 인부가 2분에 한 개꼴로 작업을 해야 하고, 피라미드 건설현장에는 적어도 매일 6~7천 명의 인력이 동원됐을 것이라는 이론을 내놓기도 했다. 이 중에는 돌을 다루는 수천 명의 기능공과 또 다른 수천 명의 단순 노동자가 있었으며 이들의 의식주를 지원하던 인력까지 포함하면 그 몇 배의 인력이 필요했을 것이다.

실제 정확한 인원은 알 수 없지만, 학자들의 공통된 의견은 이때 동원된 인력의 역할과 기술 수준에 분명한 구분이 있었다는 것이다. 예를 들어 석재를 채석하는 일, 그것을 운반하고 쌓는 일, 높은 곳까지 닿을 수 있도록 램프를 만드는 일, 연장을 만드는 일 등, 그룹별로 역할이 나뉘어 있었고 여기에는 각 작업에 기술을 갖춘 기술자와 단순히 힘을 쓰는 인부의 구분이 있었다. 게다가 '왕가의 계곡'에 가서는, 앞서 보았던 것처럼, 인력 구조가 좀 더 세분되어 있음을 알 수 있다.

이때 단순 노동자들은 대부분 나일강이 범람하는 시기, 즉 농사를 지을 수 없을 때 일거리를 찾아온 농부이거나 정해진 기간을 전제로 징집된 사람들이었고 '왕가의 계곡'에 '데이르 엘 메디나'라는 '노동자의 마을'이 있었듯이 그들 역시 피라미드 마을pyramid village에 거주했고, 각자의 역할에 맞는 보수를 받았다.

헤로도토스는 피라미드 건설에 동원된 인력 대부분이 노예였다고 주장했지만, 현대 학자들은 쿠푸왕 시기에 이집트가 이 정도 규모의 노예를 보유하지 못했고, 설령 그랬다고 해도 이 인력을 동시에 투입할 수 없었을 것이라 보고 있다. 고대 이집트인들은 그들의 역사를 그림으로 남기길 좋아했던지라 피라미드 건설과정도 예외가 아니었는데, 여태껏 발견된 사료를 보면, '노예' 하면 떠오르는 감독자의 채찍질 같은 장면은 전혀 찾아볼수가 없고, 그것이 또 다른 증거라는 주장도 있다.

고대 이집트, 특히 출애굽 상황을 배경으로 하는 할리우드 영화들 때문에 피라미드 건설에 당연히 이스라엘 민족이 노예로 일했을 것이라는 인식도 있지만, 이들이 이집트를 탈출한 것이 BC 15세기 중엽의 일이고 대피라미드의 건설과는 1,000여 년의 시차가 있으니 이것 또한 '피라미드 노예설'과 대치되는 것이다.

정리해보면, 수천 년 전부터 공사와 작업에 숙련된 장인과 기술자, 그리고 단순 노동자들의 구분이 있었고, 건설인력에 대한 고용 구조도 존재했었다. 물론 노예도 동원됐겠지만, 자유인 신분의 노동사들은 적정한 대가를 받았다. 설계를 포함해 전체 프로젝트를 진두지휘하던 마스터 빌더와는 달리 바로 이들이 진정한 시공자였고, 특히 장인과 기술자들은 대를 이어 그들의 기술을 전수했다. 이러한 건설인력의 구조와 전통은 고대 그리스와 로마 시대에도 이어진다.

··· 고대 이집트의 목수와 피라미드 석공사 그림

건설 길드의 출현

그러다가 중세시대로 들어서면서 단순 인부든 기술자든 정식으로 품삯을 받은 고용 구조가 정착되었고, 11세기 후반부터 본격적으로 체제를 갖추기 시작한 '길드guild'가 건설 기술자를 길러내고 그들의 권익을 보호하는 중요한 시스템으로 떠오르게 된다.* '길드'란 동종 업계에 종사하는 상공업자나 장인들craftsman이 모여 만든 조합이자 이익단체를 말하는데 건축, 건설 분야에서는 목수와 조적공의 길드가 대표적이었다. 근현대의 직종별 노동조합trade union의 전신이라 할 수 있는 길드는 회사에 고용된 사람이 회원이 되는 현대 노동조합과는 달리, 주로 기술자나 장인이면서 자영업자인 사람들의 조직으로, 길드 회원이 되어야만 관련 분야에서 영업할 수 있었다. 길드가 경제적으로나 사회적으로 유럽세계에 미친 영향은 막강했고 아직도 그 전통을 이어받은 단체들이 존재한다. 하지만, 시간이 흐르면서 비조합원들에 대한 배타성과 폐쇄성이 오히려 산업과 시장의 발전을 저해하게 되고 결정적으로 수공업과 개인의 기술을 대체하는 근대적 산업기술발전 때문에 16세기 이후 쇠퇴의 길을 걷게 되었다.

그러나 이 길드가 건축 분야에 남긴 변화와 전통은 지금도 계속되고 있다. 그 대표적인 것 중 하나가 '직종별trade' 구분이 뚜렷해지고 공식화됐다는 것이다. 하나의 건축물을 완성하기 위해선 다양하고 세분화된 전문기술이 필요한데, 이런 필요성은 근현대로 넘어오면서 직종별 또는 건설용어로 '공종工種별 전문건설회사trade contractor 또는 specialty contractor'를 탄생시킨다.

---

* 로마시대에도 초보적인 형태의 길드가 존재했으며, 이러한 시스템이 로마 건축기술의 발전과 계승에 원동력이 됐다.

기술을 전수하고 기술자를 길러내는 시스템도 변화했다. 길드는 '장인',[†] 또는 '숙련공'journeyman 또는 tradesman, skilled worker[‡] 그룹과 그 밑에서 일을 배우는 '견습공'apprentice' 그룹으로 구분됐고, 견습공은 일정 기간 훈련과 교육을 거쳐 숙련공이나 장인급으로 올라갈 수 있었다. 하염없이 스승만 바라봐야 했던 과거의 도제제도와 비교하면 조금 더 체계화된 것이다. 현대 유럽이나 미국 등지에서는 아직도 공종별 노동조합을 통해 이런 단계적 교육 훈련 시스템이 이어져 오고 있다.[§]

길드가 만들어지기 시작한 중세시대를 이어받은 르네상스 시대에도 다빈치와 같이 마스터 빌더는 있었다. 그 외에 피렌체 산타마리아 델 피오레 대성당의 돔Cathedral of Santa Maria del Fiore(1436) 건축으로 유명한 이탈리아의 필리포 브루넬레스키Filippo Brunelleschi(1377~1446)나 산 피에트로 바실리카St. Peter's Basilica의 돔을 설계한 미켈란젤로 부오나로티Michelangelo Buonarroti(1475~1564) 등이 이 시대의 대표적인 마스터 빌더다.

그러나 르네상스가 저물어가면서 '건축가'의 신분이 등장하고 건축가와 시공자의 구분이 확실해진다. 이때 시공자라 함은 길드를 기반으로 한 서로 다른 직종, 공종별 시공업자들이었고 시공에 관한 한 그들이 직접 책임졌으며 건축가들은 설계업무에 주력할 수 있게 됐다. 다만, 건축가는 설계대로 공사가 진행되는지를 확인하고 한 프로젝트에 10~20개

[†] 장인 중에서도 지휘자급에 해당하는 자를 '마스터'master, master craftsman 라 불렀다. 단, 이때의 '마스터'가 '마스터 빌더'를 의미하는 것은 아니다.

[‡] 숙련공을 의미하는 영어단어 'journeyman'에서 'journey'는 일반적으로 알고 있는 '여행, 여정'이라는 의미가 아니라 '하루' 또는 '일당'을 뜻하는 불어 'journée'에서 유래했다. 즉, 하루씩 그날 일한 대가를 받아가는 노동자를 뜻한다.

[§] 현대 미국의 경우, 공종별 노동조합이나 교육기관의 견습공 교육프로그램apprenticeship program을 거쳐 숙련공이 되기까지는 2~4년 정도의 기간이 소요된다. 국내 건설 관련 노동조합에는 이런 교육 프로그램이 존재하지 않는다.

··· 필리포 브루넬레스키의 산타마리아 델 피오레 대성당

··· 미켈란젤로 부오나로티의 산 피에트로 바실리카

의 시공업자가 참여하게 되므로 이들에 대한 관리와 조정 역할을 계속 수행했다.

산업혁명과 건설

한편, 산업혁명을 전후로 급격한 기술발전이 일어나면서 시공업계에도 큰 변화가 찾아온다. 산업혁명 이전에 시공이라 하면, 장인들이 오랜 기간 터득하고 물려받은 기술에 의존했지만, 철, 유리, 콘크리트 등 새로운 자재와 사람의 힘을 대체하는 동력기관과 기계의 등장으로 장인의 손끝에서 이루어지던 작업이 공장에서 생산된 제품들을 조립하는 것으로 단순화되거나 전혀 새로운 방식으로 바뀌게 된다. 이제 장인들의 기술로 가치가 평가되던 많은 일들이 누구나 할 수 있는, 그에 맞는 품삯만 지급하면 되는 것으로 바뀌어 버렸고, 특히 신흥 강자로 떠오른 미국의 경우, 몰려드는 이민자들의 값싼 노동력 때문에 이런 흐름이 가속화됐다. 이제 장인 개개인의 기술에 의존하는 것이 아니라, 시공 전체를 책임질 주체가 필요하게 된 것이다.

산업혁명이 가져온 변화는 또 있다. 건축계와 건설산업에 일어난 가장 큰 변화라 해도 과언이 아닌데 건축물과 시설물의 유형이 다양해졌다는 것이다. 과거의 대형 건축프로젝트들은 왕궁이나 종교시설 중심이었다. 이집트의 피라미드나 로마의 콜로세움같이 특별한 용도의 건축물이 있지만, 이것들도 막강한 왕권의 상징이었다. 그런데 산업혁명은 하잘것없던 수공업을 공장생산으로 바꾸어 놓았고, 기계를 사용해 각종 제품을 대량생산해내면서 자본가와 기업가를 탄생시켰다. 이와 맞물려 대형 건축의 건축주가 왕이나 귀족, 종교의 수장이었던 시대는 끝이 나고 이제 건축의 주도권이 이들에게 넘어가 버렸다. 공장을 지어야 했고, 상업 시설과 오피스 빌딩이 생겨났으며, 주거의 개념도 바뀌어 버렸다. 그뿐인가. 상업과 거래가 활성화되면서 도로나 철도도 새로 놓아야 했고, 이른바 사회간접자

본시설에 대한 투자도 급격히 늘었다. 결국, 더이상 마스터 빌더나 건축가가 이 다양해진 건축물 모두 다룬다는 것은 능력 밖의 일이 되고 말았으며, 옛날식 장인의 개념은 사라져 갔지만, 시공의 전문성은 더욱 강조되게 되었다. 설계와 시공이 완전히 분리되는 계기가 된 것이다.

이런 시대적 변화와 함께 등장한 것이 바로 'General Contractor'다. 건설업계에선 두 단어를 축약해 GC라고도 하는데, 일반 사람들에겐 생소한 용어일 것 같다. 특히, 'General'이란 단어가 생뚱맞게 느껴질 수 있는데, 어떤 의미일까?

영어권 영화나 드라마를 보면, 어떤 사람의 직업을 지칭할 때 'contractor'라는 단어가 나오곤 한다. 'contract'이란 단어는 '계약'을 뜻하니까 'contractor'라면 '계약자' 또는 '계약을 맺고 일하는 사람'을 말할 텐데, 보통 이 단어는 자연스럽게 시공업자, 건설업자, 또는 그 일을 하는 회사를 뜻한다. 이 단어가 이렇게 사용되기 시작한 것은 18세기 초 영국에서부터로, 당시 등대나 교량과 같은 일부 공공건설공사에서 발주기관과 계약을 맺고 공사를 수행하는 사람들을 부를 때, 특히 설계나 엔지니어링과 구분하기 위한 목적으로 그렇게 불렀다고 한다. 여기에 'general'이란 단어가 붙은 것은 발주자가 공사를 발주할 때나 시공자가 계약을 따낼 때, 이전에는 다수의 시공자를 고용해 각자 해오던 전문분야에 대해서만 공사를 맡기던 것과는 달리 '공사 전반'에 대한 책임을 하나의 계약으로 통합해 시행했던 데에서 유래한다. 그래서 'general contractor'가 등장할 시기에 이런 계약을 'whole contact' 즉, '전체 계약'이라고도 불렀고, 의역하자면 발주자와 시공자 간 하나의 계약만이 존재하므로 'whole contract = 단일 계약'이라고도 할 수 있겠다. 우리나라의 현대적 용어로 표현하면 '원도급 계약'이 이에 해당하고 이 계약자는 다시 '하도급 계약'을 통해 다수의 전문분야 공사업체를 고용해 공사를 수행한다.* 이때 'general contractor'가 하도급 계약으로 계약을 맺는 업체들을 'subcontractor' 또는 'trade contractor'라고 하고, 건설 분야에서는 이 'trade'란 용어를 '공사의 종류'란 뜻에서 '공종工種'이라 표현한다.

우리나라 법에서는 건설업을 하는 자 또는 회사를 통칭해 '건설사업자'라 하고 'general contractor'가 하는 일에 대해선 '종합공사', 'trade' 즉, 공종별 공사는 '전문공사'로 규정하고 있다. 여기서 '종합공사'란 "종합적인 계획, 관리 및 조정을 하면서 시설물을 시공하는 건설공사", 전문공사는 "시설물의 일부 또는 전문분야에 관한 건설공사"로 정의되고, 이런 사업을 하는 업체를 각각 '종합건설업자', '전문건설업자'라 부른다.

---

* '원도급자'이나 '하도급자'란 표현은 전래적으로 사용되는 용어로서, 법적으론 발주를 받는 '수급인' 그리고 '하수급인'이란 표현을 쓴다.

종합건설업의 시작

현대에는 종합건설업자가 공사를 이끌어가는 계약형태가 대부분의 건설 프로젝트에 적용되고 있으므로, 이와 같은 건설업자, 계약방식의 출현은 건설산업에 있어 매우 중요한 이정표이자 전환점이 됐다. 시작은 18세기 초반이라 했지만, 종합건설업자에 의한 원도급 계약이 본격적으로 체제를 갖춘 것은 19세기에 들어서면서부터이고, 그 중심에 영국과 미국이 있었다.

조금 빨랐던 것은 영국으로, 건설업자 토마스 큐빗Thomas Cubitt(1788~1855)이 선구자 역할을 했다. 19세기 이전까지만 해도 시공자들을 고용하는 역할을 주로 건축가가 했었는데, 이후 건축가 외에 주된 공종, 즉 전문공사를 맡은 건설업자나 측량업자 등이 원도급자로 직접 공사를 맡는 일이 빈번해졌다. 특히 이 당시에는 나무나 벽돌이 주된 건축 재료이자 공사방식이었으므로 목공사木工事, carpentry나 조적공사組積工事, mason를 하는 업체가 전체 공사를 도급받고 다른 분야의 기술자들을 그때그때 고용해 공사하는 것이 일반적이었다.

목수 출신이었던 큐빗 역시 이런 방식으로 건설업을 해왔는데, 관리해야 할 기술자와 업자의 수가 늘어나면서 품질과 공사 일정을 맞추는 데 어려움을 겪게 되었고 결국 모든 전문 기술자들을 직접 고용하는 한편, 하도급을 주던 업자들과 결별하고 만다. 그는 당시 최대의 교육기관이던 '런던 인스티튜션London Institution, Finsbury Circus in London'(1815)의 확장공사 프로젝트에서 이런 고용 구조를 처음 시행했고, 이 사업을 위해 그가 고용한 일꾼들은 1,000여 명에 달했다. 그 이전에도 이와 유사한 계약방식이 있었고 단일 계약으로 공사를 수행한 첫 번째 건설업체는 아니었지만, 영국의 건축역사

··· 토머스 큐빗의 동상과 런던 인스티튜션의 전경

가 호브하우스Mary Hermione Hobhouse(1934~2014)는 건축공사의 규모를 놓고 볼 때 큐빗이 대형 건설회사를 세우고 근대화시킨 창시자라 규정했다.

한편, 미국에서 종합건설업과 원도급 계약이 발전하는 데에는 두 회사가 큰 역할을 한다. 제임스James A. Norcross(1831~1903)와 올란도Orlando W. Norcross(1839~1920) 형제가 설립한 노크로스 브라더스The Norcross Brothers, Contractors and Builders(1869)와 조지 풀러 George A. Fuller (1851~1900)가 세운 조지 풀러 컴퍼니George A. Fuller Company(1882)가 그 주인공이다. 이중 노크로스 형제가 설립한 회사는 이들이 목수로 커리어를 시작했다는 점, 하도급 체계에 의존하지 않고 직접 기술자들을 고용하는 원도급 방식으로 공사를 수행했다는 점 등에서 영국의 큐빗과 많이 닮아있다.

사업수단이 뛰어났던 노크로스 형제는 특히 석조 건축에 전문성이 뛰어나 교회나 도서관, 공공건물, 그리고 상업용 빌딩에 이르기까지 대형 건축공사에서 큰 성공을 거뒀고, 후에 철도와 교량 건설공사에도 참여하게 된다. 그 결과 전성기에 이 회사는 상시 고용인 수가 1,000명이 넘는 대형

··· 노크로스 브라더스가 시공한 보스턴의 트리니트 교회Trinity Church(1877)

회사로 발전했고 대규모 사업에서 새로운 계약방식을 적용했다는 점에서 초기의 종합건설업자라 부를 만하다.

반면, 진정한 최초의 종합건설업자로 평가되는 것은 조지 풀러로, 그가 활동했던 시기와 장소가 그의 명성에 직접적인 영향을 미쳤다.

풀러는 보스턴 기술대학Boston School of Technology에서 건축을 공부하고 시카고로 자리를 옮겨 그의 이름을 딴 회사를 설립했다. 시카고는 1871년 대화재Great Chicago Fire로 도시의 약 1/3이 소실돼 버렸지만, 오히려 이를 기회로 삼아 미국은 물론이고 세계적인 건축의 흐름을 바꾸어 놓은 근현대 건축의 중심지로 다시 태어나게 된다. 화재 이전에 이미 미국 경제의 중심지였던 시카고시는 도시 재건에 박차를 가해 건설 붐이 일어났으며 건축 역사상 최초의 '스카이스크레이퍼skyscraper'가 등장하게 된다. 지금으로선 보잘것없어 보이지만, 이 당시 세워진 '스카이스크레이퍼' 즉, 고층건물들은 화재에 강하고 구조적으로 효율적인 철골로 만들어졌으며, 풀러는 시카고에서 이 기회를 누구보다 잘 활용했다. 그 결과, 풀러 컴퍼니는 시카고 오페라 하우스(1885)를 시작으로 지상 12층의 루커리 빌딩Rookery Building (1888), 13층의 타코마 빌딩Tacoma Building(1889), 10층의 랜드 맥널리 빌딩Rand McNally Building(1889), 지금까지도 뉴욕의 랜드마크로 사랑받는 22층의 플래트리온 빌딩Flatiron Building (또는 풀러 빌딩Fuller Building, 1901) 등을 연달아 건설하면서 스카이스크레이퍼 건축의 최고 회사로 성장하게 된다.

노크로스 형제와 풀러가 건설업을 시작한 시기는 비슷했지만, 철골이라는 건축자재와 그것을 현장에서 다뤄야 했던 기술은 이 두 회사의 사업방식을 구분 짓게 했다. 즉, 고층건물의 철골공사, 그리고 이에 수반되는 콘크리트 공사나 기타 공사는 목공사나 조적공사와 비교할 때 기술력이나 전문성에서 큰 차이가 났고 이 부분에 투입되는 전문건설업자들의 면모도 한층 발전해 있었다. 이런 차이점 때문에 현장의 기술자들을 모두 고용했던 노크로스와는 달리, 풀러는 전격적인 하도급 방식을 채택했고 결국, 전체 계약은 원도급자로서 수주하되 전문건설업자들을 하도급으로 관리하는 '현대적 의미의 General Contract' 방식을 완성하게 되었다.

… 조지 풀러와 풀러 컴퍼니가 시공한 시카고 오페라 하우스 및 뉴욕의 플래트리온 빌딩

그 외의 주인공들, 미래의 건설

지금까지 스스로 집을 지어야 했던 원시시대부터 고대문명의 마스터 빌더, 그리고 설계하는 건축가와 시공을 담당했던 시공자, 건설업자의 출현 얘기를 해봤다. 그런데 집과 건물을 지으려면 그들만 있으면 될까? 건축가, 종합건설업자, 전문건설업자만 모이면 건축이 될까? 우리가 사는 주택이나 아파트, 매일 일하러 가는 오피스, 삶의 질을 높여주는 각종 공연장과 체육시설 등을 둘러보면 쉽게 답을 찾을 수 있다. 어림없는 얘기다.

인류가 집을 짓기 시작한 이후, 수천 년, 제대로 된 빌딩을 짓게 된 이후로 수백 년, 현대 건축물이 들어서게 된 이후로도 수십 년 동안 어마어마한 기술발전이 있었고 건축을 접하는 사람들의 요구도 과거와는 크게 달라졌다. 기술의 경계도 허물어져 요즘 건축물에는 IT, IoT, AI, AR, VR, 3D 프린팅, 자동화, 로봇 등, 시대를 이끄는 첨단 기술들이 앞다투어 적용되고 있다. 우리는 이런 기술을 다루는 사람들 모두가 집을 짓는 시대에 살고 있다.

전통적인 설계 분야만 보아도 건축, 토목, 구조, 기계, 전기 분야의 설계가 함께 이루어져야 건물 설계가 제구실을 할 수 있고, 시공 분야는 건축물의 유형별로, 또 그 건물에 사용되는 자재나 용도별로 전문화되고 특화된 전문건설업체들이 생겨났다. 그뿐만 아니라, 설계와 시공을 효율적으로 완성하기 위해 다양한 컨설턴트가 프로젝트에 참여한다. 건설프로젝트를 종합적으로 관리해주는 컨설턴트, 설계나 시공과정에 특별히 특화되고 전문적인 지식을 갖춘 컨설턴트, 등 그 종류는 매우 다양하고 점점 세분되고 있다. 옛날의 마스터 빌더와 같이 설계, 시공 구분 없이 한 업체와 계약

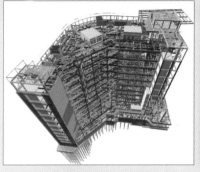

Building Information Modeling(BIM)

건설 가상현실·증강현실 기술(VR, AR)

3D 프린팅

건설 드론

건설 자동화 장비

건설 로봇

··· 첨단 미래 건설기술

을 맺는 계약방식이 복귀하는가 하면, 프로젝트의 단계와 상관없이 다수의 계약자가 시작부터 동시에 프로젝트에 참여하는 방식 등, 계약방식에도 프로젝트의 목표와 특징, 건축주의 요구 등에 따라 새로운 시도가 나타난다.

이런 얘기를 하는 이 순간에도 세상 어디에선가 새로운 얘깃거리가 등장하고 있을 것이다. 새로운 기술, 새로운 재료와 장비, 새로운 계약방식, 새로운 전문분야 등, 건축과 건설은 이런 변화에 적응하고 진화하고 있다. 이 책에선 과거 얘기만 했지만, 앞으로 건설의 새로운 미래는 무궁무진하게 펼쳐질 것이다.

에필로그

메소포타미아, 이집트, 그리스, 로마. 이 외에도 잘 알려진 인더스 문명과 황하 문명, 대륙을 넘어 중남미의 마야, 잉카, 아스테카 문명에 이르기까지, 고대인들은 여러 시대, 여러 지역에 걸쳐 놀라운 문명을 남겨놓았다.

그중에서도 이 책에서 소개된 네 개 문명은 세계 문화의 중심이었던 서구 유럽의 뿌리가 되었고, 그들이 남긴 유물과 발명품들은 현대에도, 심지어 지구 반대편에 사는 우리 주변에서도 쉽게 찾아볼 수 있다. 예를 들어, 바퀴나 도자기, 벽돌이나 자물쇠 등은 너무나 당연한 것 아닌가. 우리는 그것이 그들이 만든 것이었는지, 수천 년 전부터 우리 곁에 있었는지 인식하지 못할 뿐이다.

하지만, 고대인들이 남겨놓은 것 중에 아직도 생생히 살아있고 누구나 그들의 작품인지를 알고 있으며, 언제봐도 항상 그 경이로움에 감탄을 금치 못하는 것이 있다. 바로, 건축물이다.

그 경이로움은 어디서 오는 것일까.

무려 6,000년 전 벽돌만으로 거대한 타워, 지구라트를 쌓아 올린 메소포타미아. 그보다 1,500년쯤 뒤에 거의 50층 건물과 맞먹는 대피라미드를 돌로 쌓아 올린 이집트. 지금도 서양 건축의 모델이 되는 그리스와 로마의 건축물들. 그 당시 기준으로 본다면 이 건축물 앞에 섰을 때 갖는 느낌은 100층짜리 초고층 빌딩이나 수만 관중을 수용하는 거대한 스타디움에 압도되는 것과 다르지 않았을 것 같다.

그 오랜 옛날에 이런 건축을 할 수 있었다는 것이 말이나 되는 얘기인가. 현대의 첨단 재료나 기계, 장비도 없이 말이다. 이집트의 피라미드가 외계인의 작품이라는 설도 그럴듯하게 들릴 정도다. 결론적으로 그런 환경에서 그들이 보여준 지혜는 현대인 못지않았으며, 그래서 경이롭지 않을 수 없다. 그리고 그 지혜와 경이로움의 본질은 그들이 펼쳐 놓은 건축 기술이다.

그런 점에서 이 책에선 각 문명의 대표적인 건축 사례를 놓고 그들의 놀라운 기술을 들여다봤다. 서언에 쓴 것처럼, "우와~ 멋지다"에 그치지 않고 "도대체 그 옛날에 이런 건물을 어떻게 지은 거지?"라는 궁금증을 조금이라도 풀어보려 했다. 다만, 그 많은 고대의 유산 중에 극히 일부만 다룰 수밖에 없었다는 것은 조금 아쉽다. 또 인류의 선조가 남긴 위대한 건축 유산에 비하면 너무나 작고 좁은 지식에 불과하다. 그래서 이 책을 마무리하며, 이런 시도가 앞으로 더 많아졌으면 좋겠다는 바람이다.

마지막으로, 또 한 가지 남기고 싶은 말이 있다. 책을 기획하면서, 내용을 써가면서, 그리고 이전에 출간한 『건축의 발명』을 쓸 때도 같은 마음이었다.

대학에 들어와 건축을 배울 때 교수님들과 선배들에게 이런 말을 자주 들었다. '건축의 꽃'은 설계라고. 어렸던 필자의 생각도 다르지 않았다. 설계가 아니면 무엇이 건축의 꽃이겠는가? 또 어떤 이들은 건축은 예술이며, 적어도 예술적인 가치가 제일 크다고 강조한다. 건축을 바라보는 일반인의 시각도 그럴 것 같다. 그러나 설계가 아닌 다른 분야를 공부하고 연구하면서, 건축을 다른 관점에서 바라보게 됐고 생각이 바뀌었다. 설계가 중요하지 않다는 얘기가 아니다.

건축은 특정한 목적을 가지고 행해진다. 우리가 사는 아파트든, 고층빌딩이든, 공연장, 전시관, 종교 건축도 마찬가지다. 이 책에서 소개된 고대의 유명 건축물들도 분명한 목적과 용도가 있었다. 설계는 그 건물들을 멋지게 만들어 준다. 그러나 건축이 벽에 걸린 명화나 미술관에 놓여있는 조각상이 아닐지언정 생김새만으로는 예술이 될 수 없다. 역학과 공학, 매니지먼트가 받쳐줬기 때문에 고대의 건축물들이 남아있을 수 있었고, 그들의 지혜와 기술은 정말 놀라웠다. 고대의 건축기술이 이럴진대, 현대는 어떠하겠는가?

그런데 우리는 건축을 어떻게 바라보고 있을까. 내가 살고 일하는 건물이 어떻게 지어졌을까 생각해보면 금세 아무나 할 수 있는 일이 아니란 것을 알 수 있지만, 멋진 건물이 생기면 건축가가 누구인지는 궁금해해도 엔지니어링은 누가 했는지, 시공은 누가 했는지, 별로 관심이 없다. 게다가 크고 작은 사고가 있을 때마다 건축은 사회적 비난의 대상이 되곤 한다. 드라마나 영화에서 악행을 저지르는 많은 악역이 건설 업체 사장이고, 세계에서 제일 높은 초고층 빌딩을 짓는 기술력을 가진 우리 건설이지만, 국내에선 작은 하자에도 건물이 무너질 것처럼 난리가 난다. 어설픈 설정이나 사실과 다른 정보가 돌아다닐 때마다 안타깝기 그지없다. 건축이나 건설에 대한 이미지가 이렇다. 건축을 전공한 사람으로서 매우 부끄럽고, 이 분야에 몸담고 있는 모든 사람의 반성이 필요한 부분이다.

건물의 품질이 왜 이렇게 형편없냐고? 이런데도 건축기술이 경이롭다고? 건축이 첨단을 달리는 과학기술의 집합체라고? 하지만, 이런 질문에 답하고 해결책을 찾기 위해 수많은 사람이 사무실에서 현장에서, 그리고 대학과 연구소에서 그들에게 맡겨진 일들을 묵묵히 수행하고 있다. 최고의 품질을 만들어내고 경이로우며 첨단을 달리는 건설 기술을 창조하기 위해서 말이다. 고대에도 그랬고, 현대에도 그러하며 미래에도 그럴 것이다.

그래서 이제 건축을 보는 눈에도 변화가 있었으면 좋겠다. 눈에 보이는 것만이 아니라는 것, 다른 어떤 것이 건축을 있게 만들었는지 한 번 더 생각해봤으면 좋겠다. 설계뿐만 아니라, 다른 모든 것들의 가치를 생각해보면 좋겠고 그 가치를 인정하고 존중하는 마음도 있었으면 좋겠다.

다시 한번 당부해본다. 이제 거리를 지나다 멋진 건물이 보이면, '우와~ 멋지다'도 좋지만 '도대체 어떻게 지었을까'도 한 번쯤 생각해보자. 누가 아나. 고대의 건축기술이 경이로웠다면 미래세대가 현재의 건축기술이 그 어느 것보다 경이로웠다고 평가할지.

참고문헌

1장. 최초의 문명. 메소포타미아의 건축기술

Carole Raddato, "Tepe Sialk, Iran - Illustration", World History Encyclopedia, 2021

Abdulameer Al-Dafar Hamdani, "Kingdom of Reeds:The Archaeological Heritage of Southern Iraqi Marshes", The American Academic Institute in Iraq, 2014

Alev Erarslan, "The Plano-Convex Bricks in Ancient Mesopotamian Architecture", Proceeding for the 6th International Conference, 2018

Al-Temimi, Abas A., "Mud Bricks in Ancient Iraq, Production and Patterns", in Arabic. Sumer 38, 1982

Bertman, S. (2003). Handbook to life in ancient mesopotamia. New York : Oxford University Press. Breyer, M. (1999). Ancient Middle East. Westminster: Teacher Created Sources.

Broadbent, G., "The Ecology of the Mudhif," in: Geoffrey Broadbent and C. A. Brebbia, Eco-architecture II: Harmonisation Between Architecture and Nature, WIT Press, 2008

Elena Kapogianni, "Geotechnical Structures in the Ancient World - The Case of the Ziggurat Of Ur in Mesopotamia", 12th International Conference on Structural Analysis of Historical Constructions, 2020

Entidhar Al-Taie, Nadhir Al- Ansari, Sven Knutsson, "Progress of Building Materials and Foundation Engineering in Ancient Iraq", Advanced Materials Research, 2012

F. M. Fales and R. Del Fabbro, "Back to Sennacherib's Aqueduct at Jerwan: A Reassessment of the Textual Evidence", Iraq, 2014

Frederick Mario Fales and Roswitha del Fabbro, "Back To Sennacherib'S Aqueduct at Jerwan: A Reassessment of the Textual Evidence", Iraq, British Institute for the Study of Iraq, 2014

Galal Ali Hassaan, "Mechanical Engineering in Ancient Egypt, Part 52: Mud-Bricks Industry", International Journal of Advanced Research in Management, Architecture, Technology and Engineering, 2017

Iran Safar Travel Co. Ltd, "What is a Ziggurat?", 2021

J. Connan, "Use and trade of bitumen in antiquity and prehistory: molecular archaeology reveals secrets of pas civilizations", The Royal Society, 1999

Jaafar Jotheri, "Recognition criteria for canals and rivers in the Mesopotamian floodplain", Aquatic Societies and Technologies from the Past and Present. UCL Press., 2018

James Henry Breasted, Thomas George Allen, "Sennacherib's Aqueduct at Jerwan", The University of Chicago Oriental Institute Publications, 1995

Jason Ur, "Sennacherib's Northern Assyrian Canals: New Insights from Satellite Imagery and Aerial Photography" Iraq, British Institute for the Study of Iraq, 2005

John H. Lienhard, "Ziggurats", Cullen College Of Engineering, The Engines Of Our Ingenuity, University of Houston

Kadim Hasson Hnaihen, "The Appearance of Bricks in Ancient Mesopotamia", Athens Journal of History, 2020

Larry Solomon, "The History of the Log Cabin", The Great Lodge, 2021

Masoud Saatsaz & Abolfazl Rezaei, "The technology, management, and culture of water in ancient Iran from prehistoric times to the Islamic Golden Age", Humanities and Social Sciences Communications, 2023

Moorey, P., "Ancient Mesopotamian Materials and Industries: The Archaeological Evidence", Winona Lake, Ind., 1999: Eisenbrauns

N. Adamo, N. Al-Ansari, "The Sumerians and the Akkadians: The Forerunners of the First Civilization (2900-2003BC)", History Journal of Earth Sciences and Geotechnical Engineering, 2020

Patrick J. Kiger, "9 Ancient Sumerian Inventions That Changed the World", History Channel, 2023,

Piotr Bienkowski, Dictionary of the Ancient Near East. University of Pennsylvania Press, Alan Millard, 2010

Stephanie Rost, "Water management in Mesopotamia from the sixth till the first millennium B.C.", Wiley Periodicals , Inc., 2017

The Encyclopedia of Crafts in Asia Pacific Region, "Al-mūḍif (reed house)",

Thorkild Jacobsen and Seton Lloyd, "Sennacherib's Aqueduct at Jerwan", The University of Chicago Press, 1955

Wilson, Andrew. "Hydraulic Engineering and Water Supply", Handbook of Engineering and Technology in the Classical World, New York: Oxford University Press., 2017

반기성, "메소포타미아 문명과 기후 2", 지구과학산책, 2017

2장. 신비한 나라 이집트의 신비한 건축기술

Aedeen Cremin, "Archaeologica: the world's most significant sites and cultural treasures", Fances Lincolln, 2007

Akio Kato, "How They Moved and Lifted Heavy Stones to Build the Great Pyramid", Archaeological Discovery, Scientific Research, 2020

Alicja Zelazko, "Were All Egyptian Pharaohs Buried in Pyramids?", Britanica

Ans Hekkenberg, "Ancient Egyptians transported pyramid stones over wet sand", PHYS ORG, 2014,

Chris Massey, "The Pyramids of Egypt: How Were They Really Built?", Book Guild Ltd, 2012

Davies, W.V., "Djehutyhotep's colossus inscription and Major Brown's photograph", Studies in Egyptian antiquities, The British Museum, 1999

Dieter Arnold, "Building in Egypt: Pharaonic Stone Masonry", Oxford University Press., 1991

Fall, A., Weber, B., Pakpour, M., Lenoir, N., Shahidzadeh, N., Fiscina, J., Wagner, C., Bonn, D.Sliding "Friction on Wet and Dry Sand", Univ. of Amsterdam, 2014,

Fareeha Arshad, "Pharaohs stopped building pyramids 1700 years ago", Medium

Franz Löhner, "Building the Great Pyramid - How to solve the transport problems, Rails or rollers - or - rolls on rails?", https://www.cheops-pyramide.ch/khufu-pyramid/sledge-tracks.html

Franz Löhner, "Shipping the stone blocks for the pyramids on the Nile and the Nile channel", 2006 https://www.cheops-pyramide.ch/khufu-pyramid/nile-shipping.html

Henry Lyons, "Ancient Surveying Instruments", The Geographical Journal, Vol. 69, No. 2, 1927, The Royal Geographical Society

Hsu, Shih-Wei, 'The Palermo Stone: the Earliest Royal Inscription from Ancient Egypt', Altoriental. Forsch., Akademie Verlag, 37, 2010

James A. Harrell and Per Storemyr, "Ancient Egyptian quarries – an illustrated overview", Geological Survey of Norway Special Publication, 2009

James A. Harrell and Per Storemyr, "Limestone and Sandstone Quarrying in Ancient Egypt: Tools, Methods, and Analogues", An International Journal For Archaeology, Story and Archaeometry of Marbles And Stones. 2013

Jason Baldridge, "Moving and Lifting the Construction Blocks of the Great Pyramid", 1996 https://www.ling.upenn.edu/~jason2/papers/pyramid.htm

Jimmy Dunn, "Tomb Building in the Valley of the Kings", Tour Egypt

John D. Bush, "Building Pyramids", Science Digest, 1978

Joshua J. Markby, "Ancient Egypt", World History Encyclopedia, 2009

Laura Etheredge, 'Palermo Stone', Britannica

Mark H. Stone, 'The Cubit: A History and Measurement Commentary', Journal of Anthropology, Volume 2014

Mark Lehner, "The Complete Pyramids: Solving the Ancient Mysteries", Thames & Hudson, 2020

Marshall Clagett, 'Ancient Egyptian science: a source book', Philadelphia: American Philosophical Society, 1989

Michael Rice, "Who is who in Ancient Egypt", Routledge, London, 1999

Michael Slackman, "In the Shadow of a Long Past, Patiently Awaiting the Future", The New York Times, 2018

NOVA online, "Cutting Granite with Sand", PBS, 2000

Peter Moorey, Roger Stuart, "Ancient Mesopotamian Materials and Industries: The Archaeological Evidence", Eisenbrauns, 1999

Robert G. Moores Jr., "Evidence for Use of a Stone-Cutting Drag Saw by the Fourth Dynasty Egyptians", Journal of the American Research Center in Egypt, Vol. 28, American Research Center in Egypt, 1991

The British Museum, "The Rhind Mathematical Papyrus", 2022

Tom Heldal & Per Storemyr, "Fire on the Rocks: Heat as an Agent in Ancient Egyptian Hard Stone Quarrying", Engineering Geology for Society and Territory, Springer, 2014

Wilhelm Jansson, "To Move an Obelisk Wilhelm Jansson", Institutionen för arkeologi och antik historia, 2019

Wilhelm Jansson, "To Move an Obelisk", Institutionen för arkeologi och antik historia, Uppsala Universitet, 2019

Willeke Wendrich, "Rope and Knots in Ancient Egypt", Encyclopedia of the History of Science, Technology, and Medicine in Non-Western Cultures, 2008,

YouTube - Granite Cutting and Drilling, https://www.youtube.com/watch?v=qeS5lrmyD74&list=WL&index=128

YouTube - How were the pyramids of egypt really built - Part 1, https://www.youtube.com/watch?v=TJcp13hAO3U&t=0s

YouTube - How were the pyramids of egypt really built - Part 2, https://www.youtube.com/watch?v=rxFXsoqbfrk&t=0s

Alessandro Pierattini, "Interpreting Rope Channels: Lifting, Setting and the Birth of Greek Monumental Architecture", The Annual of the British School at Athens, The Council, British School at Athens, 2019

Alison Burford, "The Builders of the Parthenon", Greece & Rome Vol. 10, Supplement: Parthenos and Parthenon, Cambridge University Press, 1963

Allan Marquand, "Greek architecture", The Macmillan Company, 1909

Antonio Corso, "Drawings in Greek and Roman Architecture", Archaeopress Publishing Ltd. 2016

Claire Halconruy, "Why are marble scuptures do popular?", Artsper Magazine, 2022,

Evan Hadingham, "Unlocking Mysteries of the Parthenon", Smithsonian Magazine, 2008

Harry Pettit, "Mystery of how Ancient Greeks built temples SOLVED after 'world's first crane' found", The Irish Sun, 2019

Henry George Liddell, Robert Scott, "A Greek-English Lexicon", on Perseus Digital Library

History.com Editors, "Parthenon: Definition, Facts, Athens & Greece ", History Channel, 2023

Hurwit, Jeffrey M., "The Parthenon and the Temple of Zeus at Olympia", Periklean Athens and Its Legacy: Problems and Perspectives. University of Texas Press, 2005

J. J. Coulton, "Lifting in Early Greek Architecture", The Journal of Hellenic Studies, The Society for the Promotion of Hellenic Studies, 1974

Jim J. Coulton, "Greek architects and the transmission of design", Publications de l'École française de Rome, 2018

John Summerson, "The Classical Language of Architecture", Thames and Hudson World of Art series, 1980

Konstantinos Papadopoulos, Elizabeth Vintzileou, "The new 'poles and empolia' for the columns of the ancient Greek temple of Apollo Epikourios", Built Heritage 2013 Monitoring Conservation Management, 2013

Manolis Korres, Cornelia Hadziaslan, "The Construction of an Ancient Greek Temple", A Day at the Centre for the Acropolis Studies,

N. Toganidis, "Parthenon Restoration Project", XXI International CIPA Symposium, 2007

R. S. Stanier, "The Cost of the Parthenon", The Journal of Hellenic Studies, The Society for the Promotion of Hellenic Studies, 1953

Shimon Epstein, "Organizing Public Construction in Ancient Greece", Review Article on "Organization of Public Construction Works in Ancient Greece" by V.D. Kuznetsov,

Stanier R. S., "The Cost of the Parthenon", The Journal of Hellenic Studies, The Society for the Promotion of Hellenic Studies, 1953

The British Museum, Temple of Athena Polias (Priene), https://www.britishmuseum.org/collection/object/G_1870-0320-88

YouTube - Antiot Design Studio, "Acropolis Museum Inauguration - the construction of the Parthenon", https://www.youtube.com/watch?v=uxF70Uljk7Y

Ancient Coastal Settlements, Ports and Harbors, "Vitruvius' Methods", https://www.ancientportsantiques.com/ancient-port-structures/vitruvius/

A. Angelakis, Demetris Koutsoyiannis, "Urban water engineering and management in ancient Greece", Encyclopedia of Water Science, 2003

A.T. Hodge, "Siphons in Roman Aqueducts", Publications of the British School at Rome (PBSR): Rome, Italy, 1985

Aaron, "This Ancient Roman Tunnel In Jordan Is Believed To Be Longest Of Antiquity", The Travel, 2023

Alexis Arevalo-Perez, "From Mountain to Fountain: Rome's Aqueducts", Engineering Rome, 2022

Amos Frumkin, Aryeh Shimron, "Tunnel engineering in the Iron Age: Geoarchaeology of the Siloam Tunnel, Jerusalem", Journal of Archaeological Science, 2006

Bruun, C., "The Water Supply of Ancient Rome, a Study of Roman Imperial Administration". Helsinki, Finland: Societas Scientiarum Fennica, 1991

Christopher Brandon, "How did the Romans form concrete underwater?", Historic Mortars Conference, Prague. 2010

David L. Chandler, "Riddle solved: Why was Roman concrete so durable?, An unexpected ancient manufacturing strategy may hold the key to designing concrete that lasts for millennia", MIT News Office, 2023

DeLaine, J., "Production, transport and on-site organisation of Roman mortars and plasters". Archaeological Anthropological Sciences, 2021

Dominic Lieven, "Empire: A Word and its Meaning", Yale University Presss.

E.J. Dembskey, "The aqueducts of Ancient Rome", Master Thesis, University of South Africa, 2009

Eduardo Souza, "How were the Walls of Roman Buildings Constructed?", International Conference on Mosque Architecture, ICMA, 2020

Engineering Rome, "Ancient Structures in Rome: The Colosseum & Pantheon", https://engineeringrome.org/ancient-structures-in-rome-the-colosseum-pantheon/

Evan J. Dembskey, "The aqueducts of Ancient Rome", Master Thesis, University of South Africa, 2009

Harm-Jan Van Dam, "P. Papinius Statius, Silvae Book II: A Commentary", Leiden: E.J. Brill, 1984

Herbert L. Needleman, "History of Lead Poisoning In the World", The Center for Disease Control, 1999

J. Landels, "Engineering in the Ancient World", London: Constable & Robinson Ltd., 2000

Kenneth D. Matthews, "Roman Aqueducts - Technical Aspects of their Construction", Expedition Magazine, 1970

List of aqueducts in the city of Rome, Wikipedia, https://en.wikipedia.org/wiki/List_of_aqueducts_in_the_city_of_Rome

Lynne C. Lancaster, "Innovative Vaulting in the Architecture of the Roman Empire", Cambridge University Press, 2015

P. Brune & R. Perucchio, A.R. Ingraffea, M.D. Jackson, "The toughness of imperial roman concrete", Fracture Mechanics of Concrete and Concrete Structures, 2010

Paul M. Kessener, "Roman Water Transport: Pressure Lines", The Special Issue Water Engineering in Ancient Societies, 2022

Roger D. Hansen, "Water and Wastewater Systems in Imperial Rome", Water History.org, http://www.waterhistory.org/histories/rome/

Roman Aqueduct, "Basins in Roman aqueducts", 2019, http://www.romanaqueducts.info/castellaeintro/castellae.htm

Virtual Museum, 'Diopter', https://catalogue.museogalileo.it/indepth/Diopter.html

YouTube – Alpha Helix, "Roman Engineering – Aqueducts" https://www.youtube.com/watch?v=kLCDoHIp_XA

5장. 마스터 빌더에서 건축가, 건설회사가 탄생하기까지

Christopher Francese, "Ancient Rome in So Many Words'", Hippocrene Books, 2007

Designing Building, the Construction Wikw, "The architectural profession", 2021, https://www.designingbuildings.co.uk/wiki/The_architectural_profession

Facts and Details, "Labor Used To Build The Pyramids", 2018, https://factsanddetails.com/world/cat56/sub365/entry-6093.html

Jackie Craven, "How Did Architecture Become a Licensed Profession?", 2020, https://www.thoughtco.com/architecture-become-licensed-profession-177473

Joyce Tyldesley, "The Private Lives of the Pyramid-builders", BBC History, 2011, https://www.bbc.co.uk/history/ancient/egyptians/pyramid_builders_01.shtml

Olga Popovic Larsen, Andy Tyas, "Conceptual Structural Design: Bridging the Gap Between Architects and Engineers", ICE Publishing, 2003

Sara E. Wermiel, "Norcross, Fuller, and the Rise of the General Contractor in the United States in the Nineteenth Century", Proceedings of the Second International Congress on Construction History, 2006

The Guardian, "Great Pyramid tombs unearth 'proof' workers were not slaves", 2010, https://www.theguardian.com/world/2010/jan/11/great-pyramid-tombs-slaves-egypt

William G. Ramroth, Jr., "Risk Management for Design Professionals", Kaplan Publishing, 2007

두산백과, "필리베르 들로름", https://terms.naver.com/entry.naver?docId=1085632&cid=40942&categoryId=34372

리처드 카벤디쉬, '죽기 전에 꼭 봐야 할 세계 역사 유적 1001', 김희진 역, 마로니에북스, 2009